ARITHMÉTIQUE

ÉLÉMENTAIRE

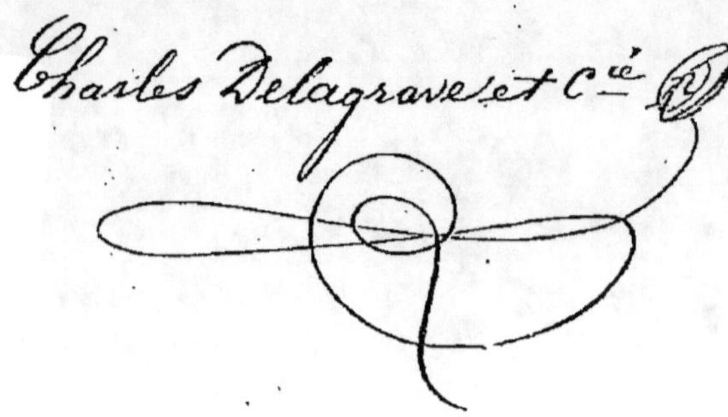

DU MÊME AUTEUR.

—

Géométrie élémentaire, *année préparatoire,* commencement de la Géométrie plane. 1 vol. in-18 jésus.

Géométrie élémentaire, *première année,* suite et fin de la Géométrie plane. 1 vol. in-18 jésus.

Géométrie élémentaire, *deuxième année,* Géométrie dans l'espace. 1 vol. in-18 jésus.

Notions sur les courbes usuelles, *quatrième année.* 1 vol. in-18, jésus.

1455. — Abbeville, imp. Briez, C. Paillart et Retaux.

ARITHMÉTIQUE

ÉLÉMENTAIRE

A L'USAGE

DE TOUS LES ÉTABLISSEMENTS D'INSTRUCTION PRIMAIRE

CONTENANT

UN GRAND NOMBRE DE PROBLÈMES ET D'EXERCICES

PAR

H. BOS

ANCIEN ÉLÈVE DE L'ÉCOLE NORMALE SUPÉRIEURE
INSPECTEUR D'ACADÉMIE.

—————

OUVRAGE ADOPTÉ POUR LES ÉCOLES DE LA VILLE DE PARIS.

PARIS

CH. DELAGRAVE ET Cᴵᴱ, LIBRAIRES-ÉDITEURS

58, RUE DES ÉCOLES, 58

AVIS ESSENTIEL

—

Ce petit ouvrage a été rédigé conformément au programme des écoles de la ville de Paris, et de manière à pouvoir servir à la fois au cours moyen et au cours supérieur. Les parties imprimées en gros caractère renferment les matières du cours moyen ; dans le cours supérieur, on doit étudier le livre en entier, en insistant un peu plus sur les parties imprimées en petit caractère.

TABLE DES MATIÈRES.

—

ARITHMÉTIQUE ÉLÉMENTAIRE

LIVRE I

NOMBRES ENTIERS,

NOTIONS PRÉLIMINAIRES.

1. Quand on a sous les yeux des objets de même nature, comme des arbres, des livres, des pièces de monnaie, etc., et qu'on demande *combien* il y en a, la réponse à cette question est ce qu'on appelle un *nombre*; et pour trouver ce nombre, il faut *compter* les arbres, les livres, etc.

S'il n'y a qu'un seul objet, le nombre qu'on obtient est *un* ou *l'unité*; quand il y a plusieurs objets de même nature, les nombres obtenus peuvent être regardés comme formés par la réunion de plusieurs unités ; c'est pourquoi nous dirons qu'*un nombre est l'unité ou la collection de plusieurs unités.*

2. L'idée de nombre est absolument indépendante de l'espèce des objets que l'on a comptés; ainsi quand on dit qu'une bourse contient *cinq francs*, qu'une étoffe a *cinq mètres* de longueur, qu'une horloge a sonné *cinq coups*, il n'y a dans toutes ces phrases qu'un seul nombre, le nombre *cinq*. Le nombre considéré ainsi, en faisant abstraction de la nature des objets que l'on a

1

comptés, s'appelle *nombre abstrait;* et par opposition, on appelle *nombres concrets* les nombres à la suite desquels on indique l'espèce des unités qu'ils représentent : *trois, vingt, cent* sont des nombres abstraits; *huit mètres, dix kilogrammes, sept heures* sont des nombres concrets.

3. Les nombres se forment en ajoutant le nombre *un* à lui-même autant de fois qu'on veut : ainsi un et un font *deux;* deux et un font *trois;* trois et un font *quatre*, et ainsi de suite indéfiniment. Il résulte de là que la suite des nombres est illimitée; car quelque grand que soit un nombre, on pourra toujours l'augmenter en ajoutant encore *un*.

4. L'*Arithmétique* est la science des nombres : elle a pour objet essentiel d'apprendre à *calculer*, c'est-à-dire à exécuter sur les nombres certaines opérations que nous définirons ultérieurement. Les procédés employés dans le calcul sont fondés sur un système particulier de nomenclature et d'écriture des nombres que nous allons d'abord exposer.

RÉSUMÉ.

1. Du nombre, de l'unité; un nombre est l'unité ou la collection de plusieurs unités. — 2. Nombres abstraits, nombres concrets. — 3. Formation des nombres. — 4. L'Arithmétique est la science des nombres.

CHAPITRE I.

Numération.

5. La *numération* apprend à nommer les nombres, en n'employant qu'un petit nombre de mots, et à les écrire avec un petit nombre de signes ou caractères particuliers. On considère séparément la *numération parlée*, c'est-à-dire l'art de nommer les nombres ou de compter, et la *numération écrite*, qui est l'art d'écrire les nombres.

6. NUMÉRATION PARLÉE. Les premiers nombres sont désignés par des mots particuliers, qui sont :

Un, deux, trois, quatre, cinq, six, sept, huit, neuf, dix.

On ne pourrait pas continuer ainsi à créer un mot spécial pour chaque nombre : on convient alors de regarder le nombre *dix* ou la collection de dix unités comme une unité nouvelle, à laquelle on donne le nom de *dizaine*, et de compter par dizaines comme par unités simples jusqu'à dix dizaines ; on obtient ainsi les nombres suivants :

Une	dizaine	ou	*dix,*
deux	dizaines		*vingt,*
trois	id.		*trente,*
quatre	id.		*quarante,*
cinq	id.		*cinquante,*
six	id.		*soixante,*
sept	id.		*soixante-dix,*
huit	id.		*quatre-vingts,*
neuf	id.		*quatre-vingt-dix,*
dix	id.		*cent.*

Pour nommer les nombres compris entre dix et vingt, entre vingt et trente, entre trente et quarante, etc., on énonce successivement le nombre des dizaines et le nombre des unités simples contenues dans ces nombres; ainsi, le nombre formé de *quatre* dizaines et de *sept* unités s'énoncera *quarante-sept*; le nombre formé de *six* dizaines et de *deux* unités simples s'énoncera *soixante-deux*; etc.

Exceptions : au lieu de *dix-un, dix-deux, dix-trois, dix-quatre, dix-cinq, dix-six,* on dit *onze, douze, treize, quatorze, quinze* et *seize ;* et par une conséquence nécessaire, on dit aussi *soixante-onze, soixante-douze,..... soixante-seize,* au lieu de *soixante-dix-un, soixante-dix-deux,..... soixante-dix-six ;* et aussi, *quatre-vingt-onze, quatre-vingt-douze,..... quatre-vingt-seize,* au lieu de *quatre-vingt-dix-un, quatre-vingt-dix-deux,.... quatre-vingt-dix-six.*

7. Pour nommer les nombres supérieurs à cent, on convient de regarder ce nombre cent, qui est la collection de dix dizaines, comme une nouvelle unité qu'on appelle *centaine,* et de compter par centaines comme par dizaines ou par unités simples, c'est-à-dire jusqu'à dix centaines ; on a ainsi les nombres :

Une   centaine ou *cent*,
deux   centaines   *deux cents*,
trois   id.   *trois cents*,
quatre   id.   *quatre cents*,

. . . .

neuf   id.   *neuf cents*,
dix   id.   *mille*.

Quant aux nombres qui sont compris entre cent et deux cents, entre deux cents et trois cents, entre trois cents et quatre cents, etc., on les nomme en énonçant successivement les centaines, les dizaines et les unités qu'ils contiennent ; ainsi le nombre formé de *trois* centaines, *huit* dizaines et *cinq* unités s'énoncera *trois cent quatre-vingt-cinq*.

8. Pour compter au-delà de mille, on regarde encore ce nombre mille comme une nouvelle unité qu'on appelle le *mille*, et on compte par mille comme par unités jusqu'à dix mille ; ce nombre, à son tour, est considéré comme une nouvelle unité qu'on appelle la *dizaine de mille* ; puis on compte par dizaines de mille jusqu'à dix dizaines de mille, ou une *centaine de mille*, et enfin on compte par centaines de mille, jusqu'à dix centaines de mille ou mille mille ; ce dernier nombre a reçu le nom de *million*. Cela revient, en définitive, à compter par mille comme par unités simples, depuis un mille jusqu'à neuf cent quatre-vingt-dix-neuf mille.

Les nombres intermédiaires, c'est-à-dire ceux qui sont compris entre deux nombres consécutifs de mille, se nomment en énonçant successivement les mille, les centaines, les dizaines et les unités qu'ils contiennent ; ainsi un nombre composé de

trois   centaines de mille,
sept   dizaines de mille,
cinq   mille,
huit   centaines,
neuf   dizaines,
deux   unités,

s'énoncera *trois cent soixante-quinze mille huit cent quatre-vingt-douze*.

9. Pour nommer les nombres supérieurs à un million, on emploie toujours le même procédé : on compte par millions comme par unités et par mille jusqu'à mille millions, nombre qu'on appelle un *billion* ou un *milliard* : puis on compte par billions jusqu'à mille billions ou un *trillion*, et ainsi de suite ; il est bien rare d'ailleurs qu'on ait besoin d'énoncer des nombres plus grands qu'un trillion.

10. En résumé, nous voyons qu'on peut nommer tous les nombres, quelque grands qu'ils soient, avec un petit nombre de mots ; à la rigueur, treize mots suffiraient pour compter jusqu'à un million ; en réalité, on en emploie vingt-six. On est arrivé à ce résultat par un moyen très simple, qui consiste à considérer la collection de dix unités d'une espèce comme formant une nouvelle unité, de telle sorte qu'un nombre quelconque, énoncé dans notre système de numération, est décomposé en unités de dix en dix fois plus grandes.

11. Ces diverses espèces d'unités, unités simples, dizaines, centaines, mille, etc., s'appellent unités du *premier ordre*, du *second ordre*, du *troisième ordre*, etc. L'unité du second ordre ou la dizaine, vaut *dix* unités du premier ordre ; l'unité du troisième ordre, ou la centaine, vaut *dix* unités du second ordre ; l'unité du quatrième ordre, ou le mille, vaut *dix* unités du troisième ordre, et ainsi de suite. En général, *une unité d'un ordre quelconque vaut dix unités de l'ordre immédiatement inférieur.*

12. Parmi ces unités des différents ordres, on a souvent besoin de considérer plus particulièrement l'unité simple, le mille, le million, le billion, etc. Il résulte de ce que nous avons expliqué précédemment, que le million vaut *mille* mille, le billion, *mille* millions, le trillion, *mille* billions, etc,; en d'autres termes, ces unités sont de mille en mille fois plus grandes ; on leur donne le nom d'unités *principales* ou *ternaires*. La considération de ces unités conduit à grouper les unités des différents ordres en *classes* : la première classe renferme les unités simples, les dizaines et les centaines, c'est-à-dire les unités des trois premiers ordres ; la seconde classe comprend les mille, les dizaines de mille et les centaines de mille, c'est-à-dire les unités du quatrième, du cinquième et du sixième ordre ; la troisième classe contient les millions, les dizaines de millions et les centaines de millions, c'est-à-dire les unités du septième, du huitième et du neuvième ordre, et ainsi de suite. Voici le tableau des unités des trois premières classes et des neuf premiers ordres :

Première {Unités du Premier ordre, ou Unités simples.
CLASSE. { id. Deuxième ordre, ou Dizaines.
Unités simples { id. Troisième ordre, ou Centaines.

Deuxième { id. Quatrième ordre, ou Mille.
CLASSE. { id. Cinquième ordre, ou Dizaines de mille.
Mille { id. Sixième ordre, ou Centaines de mille.

Troisième { id. Septième ordre, ou Millions
CLASSE. { id. Huitième ordre, ou Dizaines de millions.
Millions { id. Neuvième ordre, ou Centaines de millions.

13. REMARQUE. On donne le nom de numération *décimale* au système que nous venons d'exposer, parce que les unités qu'on y considère sont de *dix* en *dix* fois plus grandes.

14. NUMÉRATION ÉCRITE. Le but de la numération écrite est d'écrire tous les nombres à l'aide d'un petit nombre de caractères particuliers.

Ces caractères, qu'on appelle *chiffres*, sont au nombre de dix ; les neuf premiers, qu'on nomme chiffres *significatifs*, servent à représenter les neuf premiers nombres ; nous verrons plus tard l'usage du dernier qu'on appelle *zéro* ; ces chiffres sont :

1, 2, 3, 4, 5, 6, 7, 8, 9, 0.
un, deux, trois, quatre, cinq, six, sept, huit, neuf, zéro.

15. La convention fondamentale de la numération écrite, convention qui nous permet de représenter tous les nombres au moyen des dix caractères qui précèdent, est la suivante :

Tout chiffre placé à la gauche d'un autre, représente des unités dix fois plus grandes que cet autre.

Il résulte de cette convention que, dans un nombre écrit en chiffres, le premier chiffre à partir de la droite représentera des unités, le second, des dizaines, le troisième, des centaines, et ainsi de suite. Or un nombre quelconque peut se décomposer en unités, dizaines, centaines, etc., et comme il n'y a jamais plus de neuf unités de chaque ordre, il suffira pour représenter ce nombre, d'écrire successivement en allant de droite à gauche les chiffres indiquant combien il y a d'unités, de dizaines, de centaines, etc.

Proposons-nous, par exemple, d'écrire en chiffres le nombre : *quarante-huit mille six cent quatre-vingt-douze ;* on peut le décomposer ainsi :

deux unités,	ou 2 unités,
neuf dizaines,	ou 9 dizaines,
six centaines,	ou 6 centaines,
huit mille,	ou 8 mille,
quatre dizaines de mille,	ou 4 dizaines de mille.

Alors ce nombre s'écrira :

48692.

16. Mais lorsqu'on décompose un nombre en unités simples, dizaines, centaines, etc., il arrive souvent que les unités d'un certain ordre manquent ; ainsi le nombre *six cent quatre* contient 4 unités et 6 centaines ; mais il ne contient pas de dizaines ; on ne peut donc pas appliquer la règle précédente, parce qu'il n'y a pas de chiffre des dizaines. On emploie alors le dixième chiffre, le zéro, et on le met à la place des unités qui manquent dans le nombre ; ainsi le nombre *six cent quatre* s'écrira :

604.

On voit par là que le zéro n'a pas de valeur par lui-même, et ne représente aucun nombre ; il marque simplement l'absence des unités d'un certain ordre dans un nombre, et permet de conserver aux autres chiffres de ce nombre le rang qui correspond aux unités qu'ils représentent.

17. En définitive, on voit qu'on peut écrire tous les nombres imaginables avec les dix chiffres ; et la règle à suivre peut être formulée ainsi :

Pour écrire un nombre en chiffres, on le décompose en unités, dizaines, centaines, mille, etc. ; et on écrit successivement en allant de droite à gauche les chiffres qui indiquent combien il y a d'unités, de dizaines, de centaines, etc. S'il manque des unités d'un certain ordre, on met un zéro à la place qu'occuperaient ces unités.

EXEMPLES. Écrire les nombres *dix; quarante; soixante-neuf ; deux cent quarante-huit ; quatre cent dix ; huit cent sept ; neuf cents.*

Le nombre *dix* ne contient pas d'unités simples, et contient 1 dizaine ; on mettra donc un zéro à la place qu'occuperaient les unités simples, c'est-à-dire à droite ; puis on mettra à gauche le chiffre 1 des dizaines, ce qui donnera : 10.

En raisonnant de même sur les autres nombres, on les écrit sans difficulté : 40 ; 69 ; 248 ; 410 ; 807 ; 900.

Il est bon de remarquer que, dans un nombre écrit en chiffres, le rang qu'occupe un chiffre quelconque à partir de la droite est égal à l'ordre des unités que représente ce chiffre ; ainsi les unités simples ou unités du 1er ordre occupent le 1er rang à partir de la droite ; les dizaines ou unités du 2e ordre occupent le 2e rang ; les centaines ou unités du 3e ordre occupent le 3e rang, et ainsi de suite.

Lorsqu'un nombre est écrit en chiffres, il est facile de le *lire*, c'est-à-dire de l'énoncer suivant les règles de la numération parlée : il suffit *d'énoncer l'un après l'autre tous les chiffres à partir de la gauche, en faisant suivre chacun d'eux du nom de l'unité qu'il représente ;* on néglige d'ailleurs les zéros qui peuvent se trouver dans les nombres puisqu'ils indiquent seulement l'absence des unités d'un certain ordre. Ainsi le nombre 652 contient 2 unités 5 dizaines et 6 centaines ; on l'énoncera donc *six cent cinquante-deux.* Le nombre 4076 contient 6 unités 7 dizaines et 4 mille ; on l'énoncera *quatre mille soixante-seize.*

18. Les règles générales que nous venons de donner pour écrire et pour lire les nombres, sont d'une application facile, lorsque les nombres que l'on considère ne dépassent pas *mille ;* ils ont alors trois chiffres au plus, et l'on arrivera bien vite à les décomposer mentalement en unités, dizaines et centaines, et par suite à les écrire en chiffres sous la dictée, ou à les énoncer quand ils sont écrits en chiffres ; mais quand les nombres ont beaucoup de chiffres, la décomposition en unités des différents ordres devient trop longue, et il convient de recourir à un autre moyen plus expéditif, qui consiste à décomposer les nombres en unités des diverses classes,

c'est-à-dire en unités simples, mille, millions, billions, etc.

Proposons-nous, par exemple, de lire le nombre 34 607 813 459 ; j'écris au-dessous de chacun des chiffres le nom de l'unité qu'il représente :

3 4	6 0 7	8 1 3	4 5 9
dizaines de billions...... billions.....................	centaines de millions.... dizaine de millions........ millions...................	centaines de mille........ dizaine de mille........... mille......................	centaines.................. dizaines................... unités.....................
BILLIONS	**MILLIONS**	**MILLE**	**UNITÉS**

ce tableau montre que le nombre formé par les trois premiers chiffres à partir de la droite, 459, représente des centaines, des dizaines et des unités simples ; le nombre 813, formé par les trois chiffres suivants vers la gauche, représente des centaines de mille, des dizaines de mille et des unités de mille ; le nombre 607, formé par les trois chiffres suivants, représente des centaines, des dizaines et des unités de millions ; et ainsi de suite, résultat que nous pouvons énoncer ainsi :

Lorsqu'on partage un nombre en tranches de trois chiffres à partir de la droite, la première tranche à partir de la droite représente des unités; la deuxième, des mille ; la troisième, des millions ; la quatrième, des billions ; et ainsi de suite.

Il est alors bien aisé de lire le nombre donné ; il suffit d'énoncer séparément chaque tranche comme si elle était seule, en indiquant les unités principales qu'elle représente ; ce qui donnera pour l'exemple précédent,

34 billions 607 millions 813 mille 459 unités, ou *trentequatre billions six cent sept millions huit cent treize mille quatre cent cinquante-neuf.*

RÈGLE. *Pour lire un nombre de plus de trois chiffres, on le divise mentalement en tranches de trois chiffres à*

partir de la droite, la dernière à gauche pouvant d'ailleurs n'avoir qu'un ou deux chiffres. Puis on lit successivement, et de gauche à droite, chaque tranche comme
si elle était seule, en énonçant à la suite de chacune le
nom de l'unité principale qu'elle représente.

EXEMPLE. Lire le nombre 684546809 ; je partage ce
nombre en tranches de trois chiffres, soit mentalement,
soit en mettant un point entre les diverses tranches,
comme il suit :

$$684.546.809 ;$$

en même temps, je vois que la première tranche à
gauche représente des millions ; donc le nombre se lira

$$684 \text{ millions } 546 \text{ mille } 809 \text{ unités.}$$

Il est bien évident d'ailleurs que si l'une des tranches
de trois chiffres ne contenait que des zéros, il faudrait
la passer sous silence en lisant le nombre ; ainsi le
nombre 6 000 420 000 se lit simplement 6 billions 420
mille, parce qu'il ne contient ni millions ni unités
simples.

Pour écrire sous la dictée un nombre plus grand que
1000, on s'appuie de même sur la décomposition de ce
nombre en unités des diverses classes, c'est-à-dire en
unités simples, mille, millions, etc., et on arrive ainsi
à la règle suivante qui est une conséquence évidente de
la précédente :

RÈGLE. *Pour écrire sous la dictée un nombre plus grand
que mille, on écrit successivement et à mesure qu'on les
dicte, les unités des différentes classes, par tranches de
trois chiffres ; et s'il manque dans le nombre une classe
d'unités, on remplace la tranche correspondante par trois
zéros.*

EXEMPLES. 1° Ecrire le nombre *vingt-deux millions six
cent cinquante-quatre mille huit cent quinze.* J'écris
successivement la tranche des millions, celle des mille
et celle des unités simples, ce qui donne

$$22\ 654\ 815.$$

2° Ecrire le nombre *cinq cent billions trois cent huit
millions sept cent trois.* J'écris successivement la tranche
des billions et celle des millions ; comme il n'y a pas de
mille, je remplace la tranche des mille par trois zéros,
et j'écris à la suite la tranche des unités ; j'ai ainsi

$$500\ 308\ 000\ 703.$$

3º Ecrire le nombre *dix-huit millions vingt-huit mille cinq*. La tranche des mille ne contenant pas de centaines de mille, on mettra un zéro pour en tenir la place ; de même, la classe des unités simples ne contenant ni centaines ni dizaines, on commencera cette tranche par deux zéros pour tenir la place des centaines et des dizaines, et on aura ainsi

$$18\,028\,005.$$

19. A la seule inspection d'un nombre écrit en chiffres, on peut dire combien il contient en tout de dizaines, ou de centaines, ou de mille, etc. Cherchons, par exemple, combien le nombre 68445 contient de centaines ; je sépare par un point sur la droite de ce nombre les chiffres qui représentent les unités inférieures à la centaine, et le nombre restant, 684, indique combien il y a de centaines dans le nombre donné. En effet, le mille vaut 10 centaines, et la dizaine de mille vaut 10 fois 10 centaines ou 100 centaines ; par conséquent, le chiffre des mille du nombre peut être regardé comme représentant des dizaines de centaines, et le chiffre des dizaines de mille comme représentant des centaines de centaines ; donc enfin le nombre donné contient 4 centaines, 8 dizaines de centaines, et 6 centaines de centaines ou 684 centaines. Le raisonnement est général et conduit à la règle suivante :

Règle. *Pour déterminer le nombre d'unités d'un ordre quelconque contenues dans un nombre écrit en chiffres, on met un point après le chiffre des unités de l'ordre indiqué, et on lit le nombre restant à gauche.*

RÉSUMÉ.

5. Objet de la numération ; numération parlée, numération écrite. — 6, 7, 8, 9. Enumération des nombres jusqu'à cent, puis jusqu'à mille, jusqu'à un million, etc. ; dizaine, centaine, mille, million, etc — 11. Unités des différents ordres ; rapport de chacune d'elles à la précédente. — 12. Unités principales ou ternaires ; leurs rapports. — 13. Le système de numération s'appelle numération décimale.

14. Numération écrite, chiffres. — 15. Convention fondamentale de la numération écrite. — 16. Emploi du zéro. — 17. Règles générales pour écrire un nombre en chiffres, et pour lire un nombre écrit en chiffres. 18. Décomposition d'un nombre écrit en chiffres en unités simples, mille, millions, etc.; règles simples pour lire et pour écrire les nombres plus grands que 1000. — 19. Un nombre étant écrit en chiffres, trouver combien il renferme en tout de dizaines, de centaines, de mille, etc.

EXERCICES.

1. Quelle est l'unité du quatrième ordre, celle du septième, du troisième, du huitième, etc ?

2. Quel est l'ordre du mille, de la centaine de mille, de la dizaine de millions, etc. ?

3. Écrire en chiffres les nombres suivants :
   Vingt-sept ;
   Quarante ;
   Quatre-vingt-quatorze ;
   Trois cents ;
   Six cent cinquante-neuf ;
   Huit cent soixante-dix ;
   Deux cent six ;
   Cinq cent trois ;
   Neuf cent quatre-vingt-deux ;
   Neuf cent quatre-vingt-dix-neuf.

4. Énoncer les nombres suivants :
   36 ; 45 ; 87 ; 60 ; 400 ; 319 ; 748 ; 615 ; 801 ; 707 ; 670 ; 490.

5. Écrire en chiffres les nombres suivants :
   Deux mille cinq cent quarante-cinq ;
   Huit mille neuf cent soixante-douze ;
   Six mille deux cent soixante ;
   Cinq mille trois cent quatre ;
   Quatre-mille quatre-vingt-douze ;
   Sept mille trois cents ;
   Six mille huit ;
   Quatorze mille ;
   Vingt-neuf mille huit cent cinquante-six ;
   Soixante-trois mille sept cent douze ;
   Cinq cent trente-neuf mille soixante-quatre ;
   Huit cent mille trois cent vingt-quatre ;
   Neuf cent dix-neuf mille ;
   Trois millions cinq cent quarante-cinq mille huit cent quarante-six ;
   Dix-sept millions ;
   Cinquante-deux millions trente mille cinq ;
   Huit cent trente millions quatorze mille ;
   Deux cent dix-huit millions trois ;
   Sept billions neuf cent onze millions sept cent trente-deux mille dix-sept ;
   Cinquante-deux billions deux cent quarante mille cinq cents.

6. Énoncer les nombres suivants :
   3452 ; 6019 ; 4000 ; 8507 ; 16000 ; 20405 ; 56008 ; 80003 ; 60002 ; 850076 ; 700050 ; 3604832 , 9000000 ; 1408700 ; 28000000 ; 50302080 ; 300007008 ; 8005006007.

7. Quel est l'ordre des plus hautes unités d'un nombre de 4 chiffres, de 6 chiffres, de 10 chiffres, de 8 chiffres, etc. ?

8. Combien faut-il de chiffres pour écrire un nombre dont les plus hautes unités sont des centaines de mille, ou des dizaines de millions, ou des billions, etc. ?

9. Combien y a-t-il de dizaines, de centaines, de mille, etc. dans le nombre 65815, dans le nombre 608435, dans le nombre 3547816 ?

10. Écrire en chiffres les nombres suivants :

Vingt-huit *centaines* ;
Quarante-cinq *dizaines* ;
Deux cent seize *dizaines de mille*;
Quarante-trois *centaines de mille*.

CHAPITRE II.

Addition des nombres entiers.

20. Les quatre règles. — Le calcul comprend quatre opérations fondamentales que l'on nomme communément les *quatre règles* ; ce sont *l'addition*, la *soustraction*, la *multiplication* et la *division*.

21. Définition de l'addition. — *L'addition a pour but, étant donnés plusieurs nombres, d'en former un autre qui contienne à lui seul autant d'unités qu'il y en a dans tous les nombres donnés* ; ou plus brièvement, *elle a pour but de réunir plusieurs nombres en un seul.*

Le résultat de l'opération se nomme *somme* ou *total*.

Supposons, par exemple, qu'une école renferme trois classes, la première de 20 élèves, la seconde de 35 élèves et la troisième de 48 élèves ; pour savoir combien il y a en tout d'élèves dans cette école, il faudra faire l'addition des nombres 20, 35 et 48.

Le cas le plus simple de l'addition est celui où il faut additionner un nombre d'un seul chiffre avec un autre nombre quelconque. Supposons, par exemple, qu'on veuille ajouter 6 à 28 ; il suffit évidemment d'ajouter à 28 successivement chacune des unités de 6, de la manière suivante :

28 et 1 font 29 ; 29 et 1 font 30 ; 30 et 1 font 31 ; 31 et 1 font 32 ; 32 et 1 font 33 ; 33 et 1 font 34. Mais avec un peu d'habitude du calcul, on arrive à faire de mémoire ces additions simples sans décomposer le plus petit nombre en unités, et à dire immédiatement : 28 et 6 font 34.

22. Passons maintenant au cas général ; voici la règle :

RÈGLE. *Pour additionner plusieurs nombres, on les écrit les uns au-dessous des autres, de manière que les unités du même ordre soient dans une même colonne verticale, c'est-à-dire que les unités simples soient sous les unités simples, les dizaines sous les dizaines, les centaines sous les centaines, etc. ; puis on souligne le tout pour séparer les nombres donnés de leur somme.*

On fait ensuite successivement l'addition de chaque colonne en commençant par la droite ; quand le total d'une colonne ne dépasse pas 9, on l'écrit au-dessous; s'il dépasse 9, on écrit seulement les unités de ce total, et on retient les dizaines pour les additionner avec la colonne suivante à gauche. On continue ainsi jusqu'à la dernière colonne, au-dessous de laquelle on écrit la somme telle qu'on la trouve.

EXEMPLE. Supposons que quatre sacs d'argent renferment, le premier 544 francs, le second, 438 fr., le troisième, 604 fr. et le dernier 725 fr., et qu'on réunisse dans un même sac le contenu des quatre premiers ; si l'on veut savoir combien on aura ainsi d'argent, il faudra additionner les nombres 544, 438, 604 et 725. Pour cela j'écris ces nombres comme l'indique la règle, en plaçant les unités sous les unités, les dizaines sous les dizaines, etc., et je souligne le tout.

$$
\begin{array}{r}
544 \\
438 \\
604 \\
725 \\
\hline
\text{Total . . . } 2311
\end{array}
$$

Puis j'additionne d'abord la première colonne à droite, en disant :

> 4 et 8... 12, et 4... 16, et 5... 21 ;

comme le total 21 de cette colonne dépasse 9, je n'écris au-dessous de la première colonne que le chiffre des unités qui est 1, et je retiens le chiffre des dizaines, 2, pour l'ajouter à la colonne suivante ; c'est ce qu'on exprime en disant: je pose 1 et je retiens 2.

Je fais de même pour les autres colonnes :

> 2 de retenue et 4... 6, et 3... 9, et 2... 11 ; je pose 1 et je retiens 1.

1 de retenue et 5... 6, et 4... 10, et 6... 16, et 7... 23 ; je pose 3 et j'avance 2.

Le total est 2311 ; les quatre sacs réunis renferment donc 2311 fr.

23. DÉMONSTRATION. Pour réunir en un seul nombre toutes les unités contenues dans les nombres donnés, on peut évidemment ajouter successivement leurs unités simples, leurs dizaines, leurs centaines, etc.; c'est pour faciliter ces additions partielles qu'on dispose les nombres, comme l'indique la règle, unités sous unités, dizaines sous dizaines, etc. En additionnant les unités, on trouve 21 ; ce nombre contient 2 dizaines et 1 unité ; j'écris seulement 1 unité au-dessous de la colonne des unités, et je retiens les 2 dizaines pour les ajouter aux dizaines que contiennent les nombres. En additionnant les dizaines, on trouve 11 dizaines, c'est-à-dire, 1 dizaine et 1 centaine : j'écris seulement 1 dizaine au-dessous de la colonne des dizaines et je retiens 1 centaine pour l'ajouter aux centaines de la colonne suivante. Enfin je trouve que la somme des centaines est 23 centaines, c'est-à-dire 3 centaines et 2 mille ; j'écris les 3 centaines au-dessous de la colonne des centaines, et les 2 mille à gauche, puisqu'il n'y a pas d'autres mille dans les nombres. Le nombre 2311 est bien la somme des nombres donnés, puisqu'il contient à lui seul toutes les unités, toutes les dizaines, et toutes les centaines de ces nombres.

24. REMARQUE. Le raisonnement qui précède fait voir pourquoi il convient de commencer l'addition par la droite ; lorsque le total d'une colonne dépasse 9, on peut facilement reporter à la colonne de gauche les unités d'ordre supérieur contenues dans ce total ; tandis que si l'on commençait par la gauche, on serait obligé de corriger les chiffres déjà écrits, toutes les fois que la colonne suivante donnerait une somme supérieure à 9.

25. PREUVE DE L'ADDITION. On appelle *preuve* d'une opération une seconde opération que l'on fait pour s'assurer de l'exactitude de la première.

RÈGLE. *Pour faire la preuve de l'addition, on la recommence en sens inverse ; c'est-à-dire qu'on additionne chaque colonne de bas en haut si on l'avait d'abord additionnée de haut en bas, ou inversement ; on doit trouver le même total.* Cela est évident.

EXEMPLE. Faisons la preuve de l'addition que nous avons faite précédemment ; nous dirons :

5 et 4... 9, et 8... 17, et 4... 21 ; je pose 1 et je retiens 2 ;

2 de retenue et 2... 4, et 3... 7, et 4... 11 ; je pose 1 et je retiens 1 ;

1 de retenue et 7... 8, et 6.., 14, et 4... 18, et 5... 23 ; je pose 3 et j'avance 2.

On retrouve le même total 2311 ; il est alors très-*probable* que l'addition est exacte ; toutefois cela n'est pas tout à fait certain, parce qu'on aurait pu faire deux erreurs précisément égales dans l'addition et dans la preuve.

26. SIGNE DE L'ADDITION. On indique que plusieurs nombres doivent être additionnés en les séparant par le signe +, qu'on prononce *plus* ; ainsi pour indiquer la somme des nombres 27, 34, 908 et 719, on écrira

$$27 + 34 + 908 + 719.$$

L'égalité de deux nombres s'indique par le signe = qu'on prononce *égale* ; si l'on veut écrire, par exemple, que la somme des nombres 8, 6 et 24 est égale à 38, on écrira :

$$8 + 6 + 24 = 38.$$

RÉSUMÉ.

20. Les quatre règles. — 21. Définition de l'addition. — Addition d'un nombre d'un seul chiffre avec un autre nombre quelconque. — 22. Règle générale de l'addition des nombres entiers. — 23. Démonstration. — 24. Pourquoi commence-t-on l'addition par la droite ? — 25. Preuve de l'addition. — 26. Signe de l'addition.

EXERCICES.

1. Additionner 7 à 20 ; 6 à 342 ; 8 à 957 ; 5 à 363 ; 4 à 2927 ; 9 à 845 ; 3 à 245 ; etc.

2. Faire les additions suivantes :

52 + 67 + 115 ;

39 + 46 + 57 + 223 + 617 ;

324 + 539 + 918 ;

715 + 7207 + 347 + 915 + 2019 ;

854 + 2932 + 17 + 5615 + 18017 ;

5314 + 4952 + 6013 + 658 + 3954 ;

45613 + 8715 + 2714 + 91728 + 57316 ;

416308 + 248009 + 736427 + 856999 ;

846316 + 69745 + 7859 + 12634 + 712859 + 569 + 852 ;

736 + 465 + 2928 + 76 + 944 + 276 + 4912 + 791 + 59 + 216 + 631 + 458 + 857 + 5613 + 471.

3. Une école est partagée en trois classes : la 1re contient 20 élèves, la 2e, 35 et la 3e, 48 ; combien y a-t-il d'élèves en tout dans cette école ?

4. Une maison a trois étages ; du rez-de-chaussée au 1er étage, on compte 21 marches, du 1er au 2e étage, 20 marches, et du 2e au 3e, 18 marches ; combien l'escalier a-t-il de marches en tout ?

5. Les longueurs des chemins de fer français étaient en 1867

Nord	1430	kilomètres.
Est	2654	—
Ouest	2154	—
Orléans	3525	—
Paris-Lyon-Méd.	3731	—
Midi	1706	—
Ceinture	17	—
Victor-Emmanuel	116	—

Trouver la longueur totale des chemins de fer français à cette époque.

6. En 1867, les fabriques de sucre ont produit :

Dans le départ. du Nord	77000	tonnes
— de l'Aisne	39000	—
— de l'Oise	16000	—
— de la Somme	24000	—
dans les autres départements	22000	—

Quelle est la production totale du sucre en France ?

7. Les villes qui ont plus de 100000 habitants en France sont :

Paris	1825274	habitants.
Lyon	325954	—
Marseille	300131	—
Bordeaux	194241	—
Lille	154749	—
Toulouse	126936	—
Nantes	111956	—
Rouen	100671	—

Quelle est la population totale de ces huit villes ?

8. La distance de Paris à Marseille par le chemin de fer du Bourbonnais se décompose ainsi :

de Paris à Montargis	118	kilomètres.
de Montargis à St-Germain-des-Fossés	237	—
de St Germain-des-Fossés à Nîmes	370	—
de Nîmes à Tarascon	27	—
de Tarascon à Marseille	100	—

Quelle est la distance de Paris à Marseille par cette ligne ?

9. Le département de l'Yonne comprend 5 arrondissements dont la population et la superficie sont indiquées dans le tableau suivant :

	Population.		Superficie.	
Arrond. d'Auxerre	118764	hab.	194828	hectares
— d'Avallon	45200	—	95090	—
— de Joigny	98491	—	188056	—
— de Sens	67310	—	116414	—
— de Tonnerre	42824	—	116181	—

Trouver la population et la superficie totales du département de l'Yonne.

10. Le total des naissances pour toute la France a été :

En 1861	de	1005078
1862	—	995167

En 1863	de	1012794
1864	—	1005880
1865	—	1005753
1866	—	1006248

Combien y a-t-il eu de naissances en France pendant ces six années ?

11. Pendant le même temps, le nombre total des décès a été :

En 1861	de	866597
1862	—	812978
1863	—	846917
1864	—	860330
1865	—	921887
1866	—	884573

Quel a été le nombre total des décès en France pendant ces six années ?

12. Pendant l'année 1862, la culture des céréales en France a occupé les superficies contenues dans le tableau suivant :

Froment	7457000	hectares.
Avoine	3324000	—
Seigle	1928000	—
Orge	1087000	—
Méteil	514000	—
Sarrazin	669000	—
Maïs	587000	—

Quelle est la superficie totale consacrée à la culture des céréales ?

13. Les mines de houille françaises ont produit en 1864 les quantités suivantes :

Dép. du Gard	1180000	tonnes
— de la Loire	3048000	—
— du Nord	1845000	—
— du Pas-de-Calais	1295000	—
les autres départements	3074000	—

Quelle a été la quantité totale de houille extraite en France ?

CHAPITRE III.

Soustraction des nombres entiers.

27. DÉFINITION. *La soustraction a pour but, étant donnés deux nombres, de trouver combien il faut ajouter d'unités au plus petit pour obtenir le plus grand.*

Le résultat de l'opération se nomme *reste* de la soustraction, *excès* du plus grand nombre sur le plus petit, ou *différence* des deux nombres.

Supposons, par exemple, que d'une bourse renfermant 52 pièces de monnaie on retire 35 pièces, et qu'on

veuille savoir combien il en reste, il faudra soustraire
35 de 52.

28. Remarquons que la soustraction est une opération inverse
de l'addition : l'addition sert à trouver la somme de deux ou de
plusieurs nombres, et la soustraction a, au contraire, pour but de
décomposer la somme de deux nombres en deux parties; ainsi
dans l'exemple qui précède, 52 est la somme de 35 et d'un autre
nombre inconnu ; c'est ce nombre que la soustraction apprend à
calculer.

29. Le cas le plus simple de la soustraction est celui
où la différence des deux nombres donnés est inférieure
à 10 ; il est clair que cette condition est remplie si le
plus petit nombre, augmenté de 10, donne un total supérieur au plus grand nombre. On voit, par exemple,
que si l'on retranche 47 de 52, le reste sera moindre
que 10 ; car en ajoutant 10 à 47, on obtient le nombre
57 qui est plus grand que 52 ; donc il faut ajouter moins
de 10 unités à 47 pour avoir 52 ; en d'autres termes, la
différence des nombres 52 et 47 est inférieure à 10. Cela
posé, pour trouver cette différence on ajoutera au plus
petit nombre assez d'unités pour obtenir le plus grand ;
ce nombre d'unités est le reste ; on dira donc :

47 et 1 ... 48 ; et 1 ... 49 ; et 1 ... 50 ; et 1 ... 51 ; et
1 ... 52 ;
on voit par là qu'il faut ajouter 5 unités à 47 pour avoir
52; la différence de ces deux nombres est donc de 5.

Dans la pratique, ces soustractions simples doivent se
faire de mémoire ; ainsi dans l'exemple précédent, il faut
dire : si de 52 on ôte 47, il reste 5 ; ou, plus brièvement,
47 de 52 .... 5.

30. Je considère maintenant le cas général de la soustraction, celui où le reste a plusieurs chiffres. Pour faire
l'opération dans ce cas, on peut retrancher successivement les unités simples du plus petit nombre des unités
simples du plus grand, les dizaines du plus petit nombre
des dizaines du plus grand, les centaines du plus petit
nombre des centaines du plus grand, et ainsi de suite ;
pour faire toutes ces soustractions partielles, on dispose
les deux nombres de manière que les unités de même
ordre soient dans une même colonne verticale ; on a
coutume de plus de placer le plus petit nombre au-dessous du plus grand.

Proposons-nous, par exemple, de retrancher 4572 de 8795 ; j'écris les deux nombres l'un au-dessous de l'autre de manière que les unités du plus petit nombre soient placées sous les unités du plus grand, les dizaines du plus petit nombre sous les dizaines du plus grand, etc. ;

$$
\begin{array}{r}
8795 \\
4572 \\
\hline
\end{array}
$$

Reste...   4223

Je retranche ensuite successivement les unités, les dizaines, les centaines et les mille du plus petit nombre des unités, des dizaines, des centaines et des mille du plus grand, en disant :

2 de 5 ... 3 ; 7 de 9 ... 2 ; 5 de 7 ... 2 ; 4 de 8 ... 4 ; le reste est 4223.

31. Dans l'exemple qui précède, toutes les soustractions partielles sont possibles, parce que chaque chiffre du plus petit nombre est plus petit que le chiffre correspondant du plus grand nombre ; mais il arrive souvent que cette condition n'est pas remplie ; et alors il faut recourir à une méthode connue sous le nom de *méthode de compensation*. Elle repose sur le principe suivant, qu'on peut regarder comme évident :

La différence de deux nombres ne change pas si on les augmente tous les deux d'un même nombre.

On peut faire comprendre aisément la vérité de ce principe : supposons, par exemple, qu'on ait deux règles d'inégale longueur, comme AB et CD, et qu'on veuille trouver la différence de longueur de ces deux règles ; on les juxtaposera, comme l'indique la figure, de manière

que les extrémités A et C se touchent ; et la distance des deux autres extrémités B et D sera l'excès de la longueur AB sur la longueur CD. Cela posé, si l'on augmente les deux règles d'une même longueur à gauche, leurs extrémités de droite resteront fixes, les deux autres bouts seront reportés à une même distance à gauche en E et en F, mais seront toujours en contact, et la différence des longueurs sera la même qu'auparavant.

Considérons encore trois villes situées sur une même ligne de chemin de fer, par exemple Amiens, Douai et Lille ; la distance d'Amiens à Lille est de 119 kilomètres,

|————————————|————————————|————————————|

Paris.   Amiens.   Douai.   Lille.

et celle d'Amiens à Douai est de 87 kilomètres ; il en résulte évidemment que la distance de Douai à Lille, s'obtiendra en retranchant 87 kilomètres de 119 kilomètres. Supposons maintenant qu'on parte de Paris au lieu de partir d'Amiens, et qu'on donne les distances de Paris à Lille et de Paris à Douai, 250 kilomètres et 218 kilomètres ; la différence de ces distances sera comme précédemment la distance de Douai à Lille ; or en comptant les distances à partir de Paris au lieu de les compter à partir d'Amiens, on les a augmentées toutes les deux d'une même quantité, qui est la distance de Paris à Amiens ; et la différence n'a pas changé, puisqu'elle représente toujours la distance de Douai à Lille.

32. Proposons-nous maintenant de retrancher 4853 de 7638 ; je dispose d'abord les nombres comme dans l'exemple précédent,

$$7638$$
$$4853$$

Reste.   2785

je retranche ensuite les 3 unités du plus petit nombre des 8 unités du plus grand ; le reste est 5 que j'écris au-dessous de la colonne des unités. On ne peut pas retrancher de même les 5 dizaines du plus petit nombre des 3 dizaines du plus grand ; on ajoute alors 10 dizaines au plus grand nombre, ce qui en fait en tout 13, et on dit : 5 dizaines de 13 dizaines, restent 8 dizaines qu'on écrit à la colonne des dizaines. On a ajouté 10 dizaines au nombre supérieur ; pour que la différence des deux nombres ne change pas, il faut augmenter aussi le plus petit nombre de 10 dizaines ou, ce qui revient au même, d'une centaine. Et comme il en contient déjà 8, il faudra lui en attribuer 9 dans la suite de l'opération.

La même difficulté se présente pour les centaines ; on ne peut pas soustraire 9 centaines de 6 centaines. On ajoute alors 10 centaines au plus grand nombre, et par compensation, on ajoutera ensuite 1 mille au nombre inférieur. On soustrait donc 9 centaines de 16 centaines, ce qui donne 7 centaines qu'on écrit au reste. Puis on augmente de 1 le chiffre des mille du plus petit nombre, ce qui donne 5 mille, et en les retranchant des 7 mille du plus grand nombre, on achève la soustraction. Le reste est 2785.

Dans la pratique, on s'exprime ainsi :

3 de 8 ... 5 ; 5 de 13 ... 8, et je retiens 1 ; 8 et 1 de retenue ... 9, de 16 ... 7, et je retiens 1 ; 4 et 1 de retenue ... 5, de 7 ... 2.

On voit que la méthode que nous venons de suivre revient, en définitive, à augmenter en même temps le plus grand nombre de 10 unités d'un certain ordre, et le plus petit nombre d'une unité de l'ordre supérieur, ce qui établit la compensation.

33. *RÈGLE. Pour soustraire deux nombres l'un de l'autre, on écrit le plus petit au-dessous du plus grand, en plaçant les unités de même ordre dans une même colonne verticale, et on souligne le tout. On retranche ensuite chaque chiffre du plus petit nombre du chiffre placé au-dessus, en commençant par la droite, et on écrit le reste au-dessous. Si l'un des chiffres du plus petit nombre surpasse le chiffre placé au-dessus, on augmente ce dernier de 10 pour rendre la soustraction possible, et on augmente d'une unité le chiffre inférieur suivant vers la gauche.*

34. REMARQUES. Il faut commencer la soustraction par la droite comme l'addition, et pour un motif analogue, à cause des retenues ; toutefois, si chaque chiffre du plus petit nombre était inférieur ou égal au chiffre de même rang du plus grand nombre, on pourrait commencer l'opération indifféremment par la gauche ou par la droite.

Si le petit nombre a moins de chiffres que le plus grand, il faut opérer comme s'il y avait des zéros à la gauche du nombre inférieur. Ex. soit à soustraire 418 de 78615, on dira :

$$
\begin{array}{r}
78615 \\
418 \\
\hline
\text{Reste.} \quad 78197
\end{array}
$$

8 de 15 ... 7, et je retiens 1 ; 1 et 1 de retenue ... 2, de 11 ... 9, et je retiens 1 ; 4 et 1 de retenue ... 5, de 6 ... 1 ; 0 de 8 ... 8 ; 0 de 7 ... 7. Le reste est 78197.

35. PREUVE DE LA SOUSTRACTION. *Pour faire la preuve*

de la soustraction, on ajoute le reste au plus petit nombre, et on doit retrouver le plus grand, d'après la définition même de la soustraction.

Ex. Prenons la soustraction suivante :

$$\begin{array}{r} 62416 \\ 21348 \\ \hline \text{Reste.} \quad 41068 \\ \hline 62416 \end{array}$$

Pour faire la preuve, on ajoute le plus petit nombre au reste, en disant : 8 et 8 .... 16 ; je pose 6 et je retiens 1 ; 1 de retenue et 4 ... 5, et 6 ... 11 ; je pose 1 et je retiens 1 ; 1 de retenue et 3 ... 4 ; 1 et 1, 2 ; 2 et 4 ... 6 ; on retrouve le plus grand nombre 62416 ; il est donc probable que la soustraction est exacte.

36. SIGNE DE LA SOUSTRACTION. La soustraction de deux nombres s'indique en écrivant le plus petit nombre à la suite du plus grand, et les séparant par le signe —, qui se prononce *moins* ; ainsi, dans l'exemple précédent, on peut écrire :

$$62416 - 21348 = 41068.$$

RÉSUMÉ.

27. Définition de la soustraction. — 28. La soustraction et l'addition sont deux opérations inverses. — 29. Cas où le reste n'a qu'un chiffre. — 30. Cas où chaque chiffre du plus petit nombre peut se retrancher du chiffre de même rang de l'autre nombre. — 31. Principe de la méthode de compensation. — 32. Cas général de la soustraction. — 33, 34. Règle générale et remarques. — 35. Preuve de la soustraction. — 36. Signe de la soustraction.

EXERCICES.

1. Soustraire 9 de 16, 17 de 25, 37 de 43, 69 de 73, 28 de 35, 18 de 27, etc.

2. Faire les soustractions suivantes :

482 — 261 ;	19936 — 4712 ;
759 — 306 ;	296637 — 81400 ;
4865 — 2514 ;	614728 — 211405 ;

3. Faire les soustractions suivantes :

617 — 345 ;	57000 — 35813 ;
845 — 576 ;	324815 — 108936 ;
4615 — 3846 ;	100000 — 68224 ;
5745 — 2587 ;	9514203 — 836269 ;
81816 — 46234 ;	4035006 — 1263672 ;

4. La somme de deux nombres est égale à 5815, le plus petit est égal à 1978 ; quel est le plus grand ?

5. Le reste de la soustraction de deux nombres est 458 et le plus grand est 975 ; quel est le plus petit ?

6. Un particulier a touché 514 francs, il paie une dette de 176 francs ; combien lui reste-t-il ?

7. Napoléon est né en 1769, et est mort en 1821 ; quel âge avait-il ?

8. En 1826, la population de la France était de 31858937 habitants ; en 1866, elle était de 38007094 habitants ; de combien s'est-elle augmentée pendant cette période de 40 ans ?

9. En 6 ans, de 1861 à 1866, il est né en France 6030920 enfants ; et il est mort 5193282 personnes ; de combien a augmenté la population de la France pendant ces six années ?

10. Sur le chemin de fer de Paris à Lyon, la distance de Paris à Dijon est de 315 kilomètres, et celle de Paris à Sens est de 113 kilomètres ; quelle est la distance de Sens à Dijon ?

11. En 1830, la France a exporté des marchandises pour une valeur de 452 millions de francs ; en 1866, elle en a exporté pour 2825 millions ; quelle est la différence ?

12. En 1840, la France avait 427 kilomètres de chemins de fer ; en 1867, elle en avait 15720 kilomètres ; combien a-t-on construit de kilomètres de chemin de fer de 1840 à 1867 ?

13. Le Mont-Blanc, la plus haute montagne d'Europe, a 4815 mètres d'élévation ; la plus haute montagne du monde, le Gaourichnaka, dans la chaîne de l'Himalaya, a 8840 mètres d'altitude ; de combien de mètres cette montagne est-elle plus élevée que le Mont-Blanc ?

CHAPITRE IV.

Multiplication des nombres entiers.

37. PROBLÈME. Un mètre de drap coûte 6 francs ; quel sera le prix de 4 mètres de drap ? Pour répondre à cette question, il faut *répéter* 4 fois le prix d'un mètre, c'est-à-dire 6 francs, et on y arrive à l'aide d'une opération qui s'appelle la *multiplication*.

DÉFINITION. *La multiplication des nombres entiers est une opération qui a pour but de répéter un nombre appelé* multiplicande *autant de fois qu'il y a d'unités dans un autre nombre appelé* multiplicateur. Le résultat de l'opération se nomme *produit* ; le multiplicande et le multiplicateur s'appellent les *facteurs* du produit.

Il résulte de cette définition que la multiplication de deux nombres peut se faire par une addition ; en effet, multiplier 9 par 5, par exemple, c'est répéter 5 fois le nombre 9 ; en d'autres termes, c'est faire la *somme* de

5 nombres égaux au multiplicande 9 ; écrivons donc 5 fois le nombre 9, et faisons l'addition.

$$
\begin{array}{r}
9 \\
9 \\
9 \\
9 \\
9 \\
\hline
45
\end{array}
$$

le total, 45, est le produit de 9 multiplié par 5. Mais cette méthode devient impraticable quand le multiplicateur est un peu considérable ; et on a recours alors à des procédés plus expéditifs que nous allons exposer.

Nous distinguerons trois cas principaux dans la multiplication des nombres entiers.

38. 1er Cas. *Multiplication de deux nombres d'un seul chiffre.*

Dans ce cas, on peut procéder par addition ; mais comme il est indispensable de savoir de mémoire tous les produits de deux nombres d'un seul chiffre, on les a réunis dans la table suivante, qu'on appelle *table de multiplication* et aussi *table de Pythagore*, parce qu'on en attribue l'invention à Pythagore.

1	2	3	4	5	6	7	8	9
2	4	6	8	10	12	14	16	18
3	6	9	12	15	18	21	24	27
4	8	12	16	20	24	28	32	36
5	10	15	20	25	30	35	40	45
6	12	18	24	30	36	42	48	54
7	14	21	28	35	42	49	56	63
8	16	24	32	40	48	56	64	72
9	18	27	36	45	54	63	72	81

Pour former cette table, on écrit d'abord les 9 premiers nombres sur une ligne horizontale.

Puis on ajoute chacun de ces nombres à lui-même pour former la 2ᵉ ligne ; cette ligne contiendra donc les 9 premiers nombres répétés 2 fois, ou, en d'autres termes, les produits des 9 premiers nombres par 2.

La 3ᵉ ligne horizontale se forme en additionnant chaque nombre de la 1ʳᵉ ligne au nombre correspondant de la 2ᵉ ; elle contient alors les nombres de la 1ʳᵉ ligne répétés deux plus une fois ou 3 fois, c'est-à-dire les produits des 9 premiers nombres par 3.

On forme la 4ᵉ ligne en ajoutant les nombres de la 1ʳᵉ ligne à ceux de la 3ᵉ, ce qui donne les produits des 9 premiers nombres par 4.

On continue ainsi jusqu'à la 9ᵉ ligne qui contient les produits des 9 premiers nombres par 9.

Il faut apprendre cette table par cœur en la lisant ainsi :

1ʳᵉ ligne : 1 fois 1... 1 ; 1 fois 2... 2 ; 1 fois 3.,. 3 ; etc. ; 1 fois 9... 9.

2ᵉ ligne : 2 fois 1... 2 ; 2 fois 2... 4 ; 2 fois 3... 6 ; etc. ; 2 fois 9... 18.

3ᵉ ligne : 3 fois 1... 3 ; 3 fois 2... 6 ; 3 fois 3... 9 ; etc. ; 3 fois 9... 27.

et ainsi de suite.

39. 2ᵉ CAS. *Multiplication d'un nombre de plusieurs chiffres par un nombre d'un seul chiffre.*

Proposons-nous, par exemple, de multiplier 6327 par 6 ; l'opération peut se faire, comme nous le savons, en additionnant 6 nombres égaux au multiplicande 6327 ; je fais cette addition.

$$
\begin{array}{r}
6327 \\
6327 \\
6327 \\
6327 \\
6327 \\
6327 \\
\hline
\end{array}
$$

Produit.   37962

L'addition de chaque colonne peut être remplacée par une multiplication ; ainsi, au lieu d'additionner 6 nombres égaux à 7, en disant : 7 et 7... 14, et 7... 21, et 7... 28, et 7... 35, et 7... 42, on peut dire immédiatement : 6 fois 7... 42, je pose 2 et je retiens 4 ; il en est de même pour les autres colonnes. On dispose alors l'opération de la manière suivante :

Multiplicande . . . 6327
Multiplicateur . . . 6
Produit 37962

et on dit : 6 fois 7... 42 ; je pose 2 et je retiens 4 ; 6 fois 2... 12, et 4 de retenue ... 16 ; je pose 6 et je retiens 1 ; 6 fois 3... 18, et 1 de retenue ... 19 ; je pose 9 et je retiens 1 ; 6 fois 6... 36, et 1 de retenue ... 37 ; je pose 7 et j'avance 3. Le produit est 37962.

RÈGLE. *Pour multiplier un nombre de plusieurs chiffres par un nombre d'un seul chiffre, on multiplie successivement chaque chiffre du multiplicande par le multiplicateur, en commençant par la droite ; on écrit les unités de chacun de ces produits sous le chiffre correspondant du multiplicande, et on retient les dizaines pour les ajouter au produit suivant. On continue ainsi jusqu'au dernier produit qu'on écrit tel qu'on le trouve. On a alors le produit demandé.*

40. 3e CAS. *Multiplication d'un nombre quelconque par un nombre de plusieurs chiffres.*

Nous subdiviserons ce cas en plusieurs autres.

1° *Le multiplicateur est formé de l'unité suivie d'un ou de plusieurs zéros.*

RÈGLE. *Pour multiplier un nombre quelconque par l'unité suivie d'un ou de plusieurs zéros, on écrit à la droite de ce nombre autant de zéros qu'il y en a au multiplicateur.*

Proposons-nous, par exemple, de multiplier 953 par 100 ; il faudra écrire deux zéros à la droite de 953, ce qui donnera 95300. En effet, en mettant deux zéros sur la droite du nombre 953, j'ai reculé tous les chiffres significatifs de ce nombre de deux rangs vers la gauche ; chacun d'eux exprime donc des unités 100 fois plus grandes qu'auparavant, et par suite le nouveau nombre 95300 est 100 fois plus grand que le premier ; en d'autres termes, 95300 est le produit de 953 par 100.

Le raisonnement est général, et montre que pour multiplier un nombre par 10, 100, 1000, 10000,... il suffit d'écrire 1, 2, 3, 4.... zéros sur sa droite.

On voit par là que, pour rendre un nombre entier 10 fois, 100 fois, 1000 fois, etc. plus grand, il suffit d'écrire un, deux, trois, etc. zéros sur sa droite ; d'où il résulte que, si un nombre entier est terminé par des zéros, on le rendra 10 fois, 100 fois, 1000 fois, etc. plus petit, en effaçant un, deux, trois, etc. zéros sur sa droite.

41. 2° *Le multiplicateur est formé d'un seul chiffre significatif suivi d'un ou de plusieurs zéros,*

Soit, par exemple, 614 à multiplier par 400 ; pour faire cette multiplication, je suppose qu'on écrive 400 fois le nombre 614, et qu'on fasse l'addition de tous ces nombres :

$$
\left.\begin{array}{l} 614 \\ 614 \\ 614 \\ 614 \end{array}\right\} \text{ 4 fois 614 ou 2456}
$$

$$
\left.\begin{array}{l} 614 \\ 614 \\ 614 \\ 614 \end{array}\right\} \text{ 4 fois 614 ou 2456}
$$

$$
\left.\begin{array}{l} 614 \\ 614 \\ \ldots \\ \ldots \end{array}\right\} \ldots \ldots \ldots
$$

je pourrai partager cette suite de nombres en groupes de 4 nombres égaux à 614 ; et j'aurai 100 de ces groupes, puisque 100 fois 4 donnent 400, ainsi qu'on vient de le démontrer ; or, chaque groupe de 4 nombres vaut 4 fois 614 ou 2456 ; et comme il y a 100 de ces groupes, la somme de tous ces nombres s'obtiendra en répétant 100 fois le nombre 2456, ce qui donnera 245600.

En résumé, pour multiplier 614 par 400, il faut le multiplier par 4, et écrire deux zéros à la droite de ce produit.

RÈGLE. *Lorsque le multiplicateur est formé d'un chiffre significatif suivi d'un ou de plusieurs zéros, on multiplie le multiplicande par le chiffre significatif, et on met à la droite du produit autant de zéros qu'il y en a au multiplicateur.*

L'opération se dispose comme dans le 2e cas ; voici la multiplication de 614 par 400.

```
Multiplicande . . .      614
Multiplicateur . . .     400
                        ______
Produit . . . . . .     245600
```

42. REMARQUE. Le raisonnement qui nous a conduits à la règle précédente s'appliquerait encore si le multiplicateur était formé de plusieurs chiffres significatifs suivis d'un ou de plusieurs zéros ; ainsi, pour multiplier un nombre quelconque par 387000, il faut le multiplier par 387 et écrire trois zéros à la droite du produit ; et généralement, *lorsque le multiplicateur est terminé par des zéros, on les néglige pour faire la multiplication ; puis on écrit à la droite du produit autant de zéros qu'il y en avait au multiplicateur.*

43. 3° *Le multiplicateur est un nombre quelconque de plusieurs chiffres.*

RÈGLE. *Pour multiplier deux nombres quelconques, on multiplie le multiplicande successivement par chacun des chiffres du multiplicateur. On écrit ces produits partiels les uns au-dessous des autres, de manière que le premier chiffre à droite de chacun d'eux soit placé sous le chiffre du multiplicateur qui a servi à le former. On additionne ensuite les produits partiels ainsi disposés, et le total de cette addition est le produit demandé.*

EXEMPLE. Soit 6474 à multiplier par 549, j'écris d'abord le multiplicande et le multiplicateur l'un au-dessous de l'autre, et je souligne le tout ;

```
Multiplicande        6474
Multiplicateur        549
                    _______
            ⎧        58266
Produits    ⎨        25896
partiels    ⎩        32370
                    _______
Produit total       3554226
```

Je multiplie ensuite 6474 par 9, en suivant la règle donnée pour le 2ᵉ cas, et j'écris le produit partiel 58266, de manière que le premier chiffre à droite, 6, soit placé sous le chiffre 9 du multiplicateur qui sert à former ce produit partiel. Je multiplie de même 6474 par le second chiffre 4 du multiplicateur, ce qui donne 25896, et j'écris ce produit partiel au-dessous du précédent, de manière que son premier chiffre à droite soit placé sous le chiffre

4 du multiplicateur qui sert à le former. Je multiplie
ensuite 6474 par le troisième chiffre 5 du multiplicateur,
et j'écris le produit partiel 32370 de manière que son
premier chiffre à droite soit au-dessous du chiffre 5 du
multiplicateur. Enfin je souligne ces produits partiels
ainsi disposés, et je les additionne ; le total, 3554226 est
le produit de 6474 par 549.

DÉMONSTRATION. Multiplier 6474 par 549, c'est répéter
549 fois le multiplicande, ce qui peut évidemment se
faire en le répétant successivement 9 fois, 40 fois et 500
fois, et additionnant tous ces résultats.

Nous savons répéter 9 fois le multiplicande ; c'est une
multiplication par un nombre d'un seul chiffre (2e cas) ;
ce produit partiel est 58266 que j'écris comme il a été
expliqué plus haut.

Il faut maintenant répéter 40 fois le multiplicande
6474, c'est-à-dire, le multiplier par 40 ; or nous avons
vu que pour faire cette opération, il faut multiplier 6474
par 4, ce qui donne 25896 et mettre un zéro à la droite
de ce nombre ; mais on peut se dispenser d'écrire ce
zéro pourvu qu'on place le premier chiffre 6 du produit
au rang des dizaines ; nous avons déjà placé le produit
partiel précédent de manière que ses unités soient sous
le chiffre des unités du multiplicateur ; donc pour mettre
le chiffre 6 du second produit partiel au rang des dizaines,
il faut le placer sous le chiffre des dizaines du multiplicateur, c'est-à-dire sous le chiffre 4 qui a servi à le
former.

Il reste à multiplier 6474 par 500 ; or pour faire cette
multiplication, il faut, comme nous l'avons démontré,
multiplier 6474 par 5, ce qui donne 32370, et écrire
deux zéros à la droite de ce produit ; mais on peut encore se dispenser d'écrire ces zéros en plaçant le produit
partiel de manière que son premier chiffre à droite soit
au rang des centaines, et on y arrive simplement en
écrivant ce chiffre au-dessous des centaines du multiplicateur, c'est-à-dire au-dessous du chiffre 5 du multiplicateur qui sert à former le produit partiel.

Les produits partiéls étant ainsi disposés les uns au-
dessous des autres de manière que les unités de même
ordre soient dans la même colonne verticale, il suffit de
les additionner pour avoir le produit demandé.

44. Remarque. Si le multiplicateur contient des zéros placés entre des chiffres significatifs, la règle et le raisonnement qui précèdent s'appliquent sans modification.

Exemple. Soit 3412 à multiplier par 6008 ; pour faire l'opération, il faut répéter 3412 successivement 8 fois et 6000 fois, et ajouter les deux produits. La multiplication de 3412 par 8 se fait sans difficulté, et donne le produit partiel 27296 qu'on écrit de manière que le premier chiffre à droite soit placé sous le chiffre 8 du multiplicateur Il faut ensuite multiplier 3412 par 6000, ce qui se fait en multipliant 3412 par 6, et écrivant trois zéros à la droite du produit ; mais on se dispense de mettre ces zéros en écrivant le premier chiffre à droite de ce produit partiel au rang des mille, c'est-à-dire sous le chiffre du multiplicateur qui sert à le former ; on a ainsi l'opération suivante :

$$
\begin{array}{lr}
\text{Multiplicande} & 3412 \\
\text{Multiplicateur} & 6008 \\
\hline
\text{Produits partiels} \left\{ \begin{array}{r} 27296 \\ 20472 \end{array} \right. & \\
\hline
\text{Produit total} & 20499296
\end{array}
$$

45. Multiplication de deux nombres terminés par des zéros. La règle générale de la multiplication se simplifie lorsqu'un des deux facteurs ou tous les deux sont terminés par des zéros ; voici la règle à suivre dans ce cas.

Règle. *Pour multiplier deux nombres terminés par des zéros, on fait la multiplication sans tenir compte des zéros, et on met à la droite du produit ainsi obtenu autant de zéros qu'il y en avait en tout dans le multiplicande et dans le multiplicateur.*

Exemple. Multiplier 12800 par 62000. Je supprime les zéros sur la droite de chacun des facteurs, et je multiplie 128 par 62, ce qui donne 7936 :

$$
\begin{array}{r}
128 \\
62 \\
\hline
256 \\
768 \\
\hline
7936
\end{array}
$$

et j'écris à la droite de ce produit autant de zéros qu'il y en avait au multiplicande et au multiplicateur, c'est-à-dire cinq ; et j'ai ainsi pour le produit demandé 793600000.

Démonstration. En effet, nous avons vu que lorsque

le multiplicateur est terminé par des zéros, on peut les négliger pour faire la multiplication, sauf à les rétablir à la droite du produit ; donc, pour multiplier 12800 par 62000, on peut multiplier 12800 par 62, et mettre ensuite trois zéros à la droite du produit. D'autre part, pour multiplier 12800 par 62, je remarque que le multiplicande 12800 se compose de 128 *centaines*, et pour le répéter 62 fois, il suffit de répéter 62 fois 128, et d'exprimer que le produit représente des centaines ; 62 fois 128 donnent 7936 ; donc 62 fois 128 centaines donnent 7936 centaines ou 793600. Le produit de 12800 par 62 étant égal à 793600, le produit de 12800 par 62000 sera 793600000. On voit qu'en définitive, pour obtenir ce produit, on a multiplié 128 par 62, et qu'on a ensuite placé à la droite du résultat autant de zéros qu'il y en avait dans les deux facteurs, ce qui est conforme à la règle précédente.

46. Signe de la multiplication. La multiplication de deux nombres s'indique en écrivant le multiplicateur à la suite du multiplicande, et les séparant par le signe $\times$, qui se prononce *multiplié par* ; ainsi le produit de 35 multiplié par 17 s'indique 35×17.

Preuve de la multiplication. La preuve de la multiplication se déduit d'un principe très-important que nous allons démontrer.

47. Théorème (1). *Le produit de deux nombres ne change pas si l'on intervertit l'ordre des facteurs, c'est-à-dire si l'on prend le multiplicande pour multiplicateur et inversement.*

Ainsi je vais démontrer, par exemple, qu'on obtient le même produit, soit en multipliant 5 par 3, soit en multipliant 3 par 5. En effet, j'écris sur une même ligne horizontale autant d'unités qu'il y en a dans le nombre 5, et je forme trois lignes pareilles ; j'ai ainsi le tableau suivant :

$$
\begin{array}{ccccc|c}
1 & 1 & 1 & 1 & 1 & \ldots\ldots\ 5 \\
1 & 1 & 1 & 1 & 1 & \ldots\ldots\ 5 \\
1 & 1 & 1 & 1 & 1 & \ldots\ldots\ 5 \\
\hline
3 & 3 & 3 & 3 & 3 &
\end{array}
$$

(1) On donne le nom de *théorème* à une proposition dont la vérité n'est pas évidente d'elle-même et a besoin d'être démontrée.

Comptons maintenant toutes les unités que contient ce tableau ; on peut opérer de deux manières :

1° Chaque ligne horizontale contient 5 unités ; et comme il y a 3 lignes pareilles, la somme de toutes ces unités est égale à 3 fois 5, ou à 5×3.

2° Chaque colonne verticale contient 3 unités et comme il y a 5 colonnes pareilles, la somme de toutes ces unités est égale à 5 fois 3 ou à 3×5.

Il résulte de là que les deux produits 5×3 et 3×5 sont égaux, puisque chacun d'eux représente la somme de toutes les unités du tableau.

48. RÈGLE. *Pour faire la preuve de la multiplication, on recommence l'opération en renversant l'ordre des facteurs, c'est-à-dire, en prenant le multiplicateur pour multiplicande, et inversement; on doit retrouver le même produit.* C'est ce que nous venons de démontrer.

EXEMPLE. Soit à multiplier 569 par 2415 ; après avoir fait cette multiplication, je multiplierai 2415 par 569, et si les deux opérations sont bien faites, je trouverai le même produit. Voici les deux opérations :

Multiplication.	Preuve.
569	2415
2415	569
2845	21735
569	14490
2276	12075
1138	1374135
1374135	

49. REMARQUE. Comme le produit de deux facteurs est le même quel que soit l'ordre de ces facteurs, on peut prendre celui des deux que l'on veut pour multiplicande ; cette remarque permet souvent de simplifier l'opération. Ainsi, au lieu de multiplier 6 par 3465, il vaut mieux multiplier 3465 par 6, le calcul est plus court ; et le résultat est le même.

50. DÉFINITION. On appelle *multiples* d'un nombre les produits de ce nombre par 2, 3, 4, 5, 6...; le produit d'un nombre par 2 s'appelle le *double* du nombre ; le produit de ce nombre par 3 en est le *triple* ; les multiples suivants s'appellent de même le *quadruple,* le *quintuple,*... du nombre.

EXEMPLE. Former les multiples successifs du nombre 468. Il est commode d'opérer par l'addition, en additionnant 468 à lui-même, ce qui donne le double du nombre, puis ce double au nombre lui-même, ce qui en donne le triple, et ainsi de suite. Voici le tableau des neuf premiers multiples du nombre 468.

$$
\begin{array}{rl}
468 \dots & 1 \\
936 \dots & 2 \\
1404 \dots & 3 \\
1872 \dots & 4 \\
2340 \dots & 5 \\
2808 \dots & 6 \\
3276 \dots & 7 \\
3744 \dots & 8 \\
4212 \dots & 9
\end{array}
$$

51. USAGES DE LA MULTIPLICATION. La multiplication a de nombreux usages qu'il serait trop long d'énumérer ; elle sert, par exemple, à rendre un nombre donné un certain nombre de fois plus grand, à calculer le prix de plusieurs objets pareils, connaissant le prix de l'un d'eux, etc. Dans toutes ces questions qui se résolvent par une multiplication, *le multiplicateur est un nombre abstrait*, puisqu'il marque combien de fois l'on doit répéter le multiplicande ; de plus, si le multiplicande est un nombre concret, *le produit représente des unités de même espèce que le multiplicande* ; car le produit est la somme de plusieurs nombres égaux au multiplicande.

EXEMPLES. 1° Une main de papier contient 25 feuilles ; combien y a-t-il de feuilles dans 18 mains ?

Il est clair qu'il faut répéter 18 fois 25 feuilles, ce qui se fait en multipliant 25 par 18 ; le produit est 450 ; donc 18 mains de papier contiennent 450 feuilles.

2° Un mètre d'étoffe coûte 4 francs ; combien coûteront 46 mètres de la même étoffe ?

Il faut répéter 46 fois le prix d'un mètre, c'est-à-dire multiplier 4 francs par 46 ; pour la simplicité du calcul, on peut multiplier 46 par 4, ce qui donne 184 ; mais il ne faut pas oublier que ce produit représente des francs comme le multiplicande ; donc 46 mètres d'étoffe coûteront 184 francs.

DES PRODUITS DE PLUSIEURS FACTEURS.

52. On appelle produit de plusieurs nombres le produit qu'on obtient en multipliant le 1er nombre par le 2e, puis le produit obtenu par le 3e nombre, ce nouveau produit par le 4e nombre, et ainsi de suite. Les nombres donnés s'appellent les *facteurs* du produit, et le produit s'indique en écrivant les facteurs les uns à la suite des autres, et les séparant par le signe $\times$. Ainsi le produit

$$5 \times 4 \times 3 \times 10$$

doit se faire en multipliant d'abord 5 par 4, ce qui donne 20, puis 20 par 3, ce qui donne 60, et enfin 60 par 10 ce qui donne 600.

53. THÉORÈME. *Le produit de plusieurs facteurs ne change pas quand on intervertit d'une manière quelconque l'ordre des facteurs.*

Nous avons déjà démontré le théorème pour le cas de deux facteurs ; nous allons faire voir qu'il est vrai pour un nombre quelconque de facteurs ; la démonstration se divise en plusieurs parties.

1° Dans un produit de trois facteurs, on peut changer l'ordre des deux derniers facteurs sans changer le produit.

En effet, considérons par exemple le produit $6 \times 5 \times 3$; pour effectuer ce produit, il faut d'abord répéter 5 fois le nombre 6, ce qui peut se faire par l'addition, en écrivant 5 nombres égaux à 6 et les additionnant ; je ne fais qu'indiquer cette opération, et j'ai ainsi :

$$6 + 6 + 6 + 6 + 6 ;$$

On doit ensuite répéter 3 fois le produit 6×5, ce qui peut se faire en écrivant trois lignes égales à la précédente, et on a le tableau suivant :

$$6 + 6 + 6 + 6 + 6$$
$$6 + 6 + 6 + 6 + 6$$
$$6 + 6 + 6 + 6 + 6$$

En additionnant tous les nombres de ce tableau par lignes horizontales, on obtient le produit $6 \times 5 \times 3$, comme nous venons de l'expliquer ; mais si l'on fait l'addition par colonnes verticales, chacune contenant 3 fois le nombre 6 est égale à 6×3, et comme il y a 5 colonnes pareilles, la somme est égale à $6 \times 3 \times 5$. Il résulte de là que les deux produits $6 \times 5 \times 3$ et $6 \times 3 \times 5$ sont égaux, puisque chacun d'eux est égal à la somme des nombres du tableau précédent; donc un produit de trois facteurs ne change pas quand on intervertit l'ordre des deux derniers facteurs.

2° Dans un produit de plusieurs facteurs, on peut intervertir l'ordre de deux facteurs consécutifs quelconques.

Prenons un produit de plusieurs facteurs :

$$3 \times 7 \times 4 \times 10 \times 9 \times 5 ;$$

Je dis que ce produit ne changera pas si l'on renverse l'ordre de deux facteurs consécutifs comme 4 et 10, c'est-à-dire que les deux produits $3 \times 7 \times 4 \times 10 \times 9 \times 5$ et $3 \times 7 \times 10 \times 4 \times 9 \times 5$ sont égaux entre eux. Je remarque d'abord que les deux premiers facteurs étant les mêmes dans les deux produits, nous pouvons effectuer le produit de ces deux facteurs, ce qui donne 21, et la question est ramenée à prouver l'égalité des deux produits $21 \times 4 \times 10 \times 9 \times 5$ et $21 \times 10 \times 4 \times 9 \times 5$. Or d'après ce qui a été démontré ci-dessus, les produits $21 \times 4 \times 10$ et $21 \times 10 \times 4$ sont égaux ; si on multiplie ensuite ces deux produits égaux successivement par 9 et par 5, ils ne cesseront pas d'être égaux, et l'on aura enfin :

$$21 \times 4 \times 10 \times 9 \times 5 = 21 \times 10 \times 4 \times 9 \times 5.$$

ou, ce qui revient au même,

$$3 \times 7 \times 4 \times 10 \times 9 \times 5 = 3 \times 7 \times 10 \times 4 \times 9 \times 5.$$

3° Je dis enfin qu'on peut intervertir d'une manière quelconque l'ordre des facteurs d'un produit.

La proposition sera évidemment démontrée si je fais voir qu'on peut prendre un facteur quelconque et le mettre à telle place qu'on voudra sans changer la valeur du produit. Prenons le produit

$$5 \times 7 \times 8 \times 10 \times 9 \times 6 ;$$

je dis qu'on peut transporter le facteur 7, par exemple, entre 9 et 6 ; en effet, on peut d'abord renverser l'ordre des facteurs consécutifs 7 et 8, comme nous l'avons prouvé dans la 2e partie de la démonstration, et l'on obtient ainsi le nouveau produit

$$5 \times 8 \times 7 \times 10 \times 9 \times 6 ;$$

on peut ensuite changer l'ordre des facteurs consécutifs 7 et 10, ce qui donne

$$5 \times 8 \times 10 \times 7 \times 9 \times 6 ;$$

enfin on peut changer l'ordre des facteurs consécutifs 7 et 9, et l'on a

$$5 \times 8 \times 10 \times 9 \times 7 \times 6.$$

Le facteur 7 a pu ainsi être transporté à la place désignée, et comme on peut faire la même chose pour chacun des facteurs, il en résulte qu'on peut intervertir d'une manière quelconque l'ordre des facteurs sans changer la valeur du produit.

54. DÉFINITIONS. On appelle *puissance* d'un nombre le produit de plusieurs facteurs égaux à ce nombre ; ainsi $4 \times 4 \times 4 \times 4 = 256$ est une puissance de 4.

La 1re puissance d'un nombre, c'est ce nombre lui-même ; la 2e puissance, qui s'appelle aussi le *carré* du nombre, c'est le produit de ce nombre par lui-même ; la 3e puissance d'un nombre, nommée aussi le *cube* de ce nombre, c'est le produit de trois facteurs égaux à ce nombre, et ainsi de suite ; d'une manière générale, on appelle *degré* d'une puissance d'un nombre, le nombre des facteurs égaux dont le produit forme cette puissance.

Pour simplifier, on indique une puissance d'un nombre en inscrivant à droite de ce nombre et un peu au-dessus un petit chiffre égal au degré de la puissance ; ce chiffre s'appelle l'*exposant* de la puissance ; ainsi 2^4 représente la 4e puissance de 2, ou $2 \times 2 \times 2 \times 2 = 16$; 12^5 représente la 5e puissance de 12, ou $12 \times 12 \times 12 \times 12 \times 12 = 248832$; etc. ;

55. Les puissances successives de 10 sont :

1ere	puissance	10
2e	—	$10^2 = 100$
3e	—	$10^3 = 1000$
4e	—	$10^4 = 10000$
5e	—	$10^5 = 100000$

Et ainsi de suite ; *chaque puissance de 10 se forme en écrivant à droite du chiffre 1 autant de zéros qu'il y a d'unités dans le degré de cette puissance.*

REMARQUE. Il importe de ne pas confondre les puissances d'un nombre avec les multiples de ce nombre, le carré d'un nombre avec son double, le cube d'un nombre avec son triple, etc.

RÉSUMÉ.

37. Définition de la multiplication ; la multiplication n'est qu'une addition abrégée. — **38.** 1er cas : multiplication de deux nombres d'un seul chiffre ; table de multiplication. — **39.** 2e cas : multiplication d'un nombre de plusieurs chiffres par un nombre d'un seul chiffre. — **40.** Multiplication d'un nombre quelconque par 10, 100, 1000, etc. — **41.** Multiplication d'un nombre quelconque par un chiffre significatif suivi de zéros — **42.** Extension de la règle précédente. — **43, 44.** Multiplication de deux nombres quelconques ; règle générale, démonstration ; remarque sur le cas où le multiplicateur contient des zéros intercalés entre des chiffres significatifs — **45** Multiplication de deux nombres terminés par des zéros. — **46** Signe de la multiplication. **47.** Théorème : le produit de deux nombres ne change pas si l'on intervertit l'ordre des facteurs — **48.** Preuve de la multiplication. — **49** Pour faire une multiplication, on peut prendre pour multiplicateur celui des facteurs qu'on veut. — **50.** Multiples d'un nombre. — **51.** Usages de la multiplication ; exemples — **52.** Des produits de plusieurs facteurs. — **53** Théorème : le produit de plusieurs facteurs ne change pas quand on intervertit d'une manière quelconque l'ordre des facteurs. — **54.** Puissances d'un nombre. — **55.** Puissances de 10.

EXERCICES

1. Faire les multiplications suivantes :

27 × 5	312 × 432
489 × 4	745 × 324
836 × 3	9816 × 53
9348 × 7	8732 × 425
52645 × 8	4857 × 8315
317 × 100	45328 × 4316
4393 × 1000	52316 × 3087
845 × 600	729814 × 600508
3047 × 80000	424000 × 16
86157 × 40	3520000 × 430
564 × 18	809600 × 480000

2. Former les neuf premiers multiples des nombres 346, 8954, 56395.

3. L'hectolitre de blé coûte 21 francs : quel sera le prix de 64 hectolitres de blé ?

4. L'heure vaut 60 minutes ; combien y a-t-il de minutes dans un jour de 24 heures ?

5. La minute vaut 60 secondes ; combien y a-t-il de secondes dans une heure ? dans un jour ?

6. Une main de papier comprend 25 feuilles, et la rame est formée de 20 mains ; combien y a-t-il de feuilles de papier dans une rame ?

7. Une pièce de cinq francs en argent pèse 25 grammes ; quel est le poids de 427 pièces de cinq francs ?

8. Un train de chemin de fer fait 45 kilomètres à l'heure ; combien fera-t-il de kilomètres en 14 heures ?

9. Le son parcourt environ 340 mètres par seconde ; on entend le bruit du tonnerre 7 secondes après avoir vu l'éclair ; à quelle distance est-on de l'endroit où s'est produit l'éclair ? (On admet que l'éclair soit aperçu au moment même où il se produit, tandis que le bruit du tonnerre n'arrive qu'ensuite.)

10. Un litre d'huile d'olive pèse 915 grammes ; quel est le poids de 424 litres d'huile d'olive ?

11. Le rayon de l'équateur terrestre est égal à 638 myriamètres environ, et la distance du Soleil à la Terre vaut 23280 fois environ le rayon terrestre ; exprimer en myriamètres la distance de la Terre au Soleil.

12. La lumière parcourt environ 74500 lieues par seconde ; combien ferait-elle de lieues en une minute, en un jour, en une année de 365 jours ?

13. Le département du Nord a une superficie de 5681 kilomètres carrés, et une population de 245 habitants par kilomètre carré ; quelle est sa population totale ?

14. Un hectare de terre rapporte 28 hectolitres de blé pesant 75 kilogrammes par hectolitre ; combien pourra-t-on retirer de blé d'une terre de même qualité, ayant une contenance de 12 hectares ? Quel sera le poids de tout ce blé ? Quelle sera sa valeur, si on le vend 19 francs l'hectolitre ?

15. La population de la France en 1866 était de 38067064 habitants, et chacun d'eux consomme en moyenne 247 litres de blé par an ; quelle sera la consommation totale de la France en blé ?

CHAPITRE V.

Division des nombres entiers.

56. DÉFINITION. *La division a pour but, étant donnés deux nombres, l'un appelé* dividende, *l'autre appelé* diviseur, *d'en trouver un troisième appelé* quotient, *qui, multiplié par le diviseur, reproduise le dividende.* Le dividende et le diviseur s'appellent souvent les deux *termes* de la division.

Il résulte de cette définition que la division est l'opération inverse de la multiplication; en effet le dividende est le produit de deux facteurs dont l'un est le diviseur, et l'autre est le quotient; de sorte que la division a pour but, étant donnés le produit de deux facteurs, et l'un des facteurs, de trouver l'autre.

EXEMPLE. Le nombre 48 est le produit des deux nombres 12 et 4; donc si l'on divise 48 par 12, le quotient de cette division sera 4.

On peut déduire de la définition générale de la division deux autres définitions utiles dans les questions pratiques, et qui nous serviront aussi à simplifier la théorie de l'opération.

57. 1° *La division des nombres entiers a pour but de partager le dividende en autant de parties égales qu'il y a d'unités dans le diviseur.*

Proposons-nous la question suivante: 12 mètres d'étoffe ont coûté 48 francs; quel est le prix du mètre?

Ce prix sera 12 fois moindre que celui de 12 mètres; on l'aura donc en partageant 48 francs en 12 parties égales. D'autre part, le prix d'un seul mètre doit être tel que, répété 12 fois, ou multiplié par 12, il donne le prix de 12 mètres ou 48 francs; on l'obtiendra donc en divisant 48 par 12.

Ainsi partager 48 en 12 parties égales, et diviser 48 par 12 sont deux opérations identiques, ce que nous voulions établir.

De là vient qu'on a donné à cette opération le nom de *division*, qui signifie partage ; le *dividende* est le nombre qui doit être partagé, et le *diviseur* indique en combien de parties égales il faut partager le dividende.

Lorsqu'on partage un nombre en 2, 3, 4, 5.... parties égales, chacune des parties s'appelle la *moitié*, le *tiers*, le *quart*, le *cinquième*,.... du nombre à partager ; ainsi dans l'exemple précédent, 4 est le douzième de 48.

58. 2° *La division des nombres entiers a encore pour but de chercher combien de fois le diviseur est contenu dans le dividende.*

Proposons-nous la question suivante : le mètre d'une étoffe coûte 12 francs ; combien aura-t-on de mètres de cette étoffe pour 48 francs ?

Autant de fois 12 francs seront contenus dans 48 francs, autant on aura de mètres d'étoffe ; il faut donc, pour obtenir le nombre de mètres, chercher combien de fois 48 contient 12. D'autre part, en multipliant 12 francs, qui est le prix d'un mètre, par le nombre de mètres on doit retrouver 48 francs ; donc le nombre de mètres est le quotient d'une division dont le dividende est 48, et le diviseur 12. Il revient donc au même de diviser 48 par 12, ou de chercher combien de fois le nombre 12 est contenu dans 48 ; c'est ce qu'il s'agissait de prouver.

Le mot *quotient* vient d'un mot latin qui veut dire *combien de fois*, et rappelle cette seconde définition de la division.

59. REMARQUE. Ces deux nouvelles définitions de la division sont équivalentes à la première que nous avons donnée et équivalentes entre elles ; nous pourrons donc employer l'une ou l'autre indifféremment ; il est d'ailleurs indispensable de les connaître toutes pour les applications diverses de la division.

60. QUOTIENT ENTIER. Il n'est pas toujours possible, comme dans l'exemple précédent, de trouver un *nombre entier* qui, multiplié par le diviseur, reproduise le dividende ; ainsi, si l'on demande de diviser 49 par 9, on voit par la table de multiplication que 49 est compris entre deux multiples consécutifs du diviseur 9, savoir 45, qui est égal à 9×5, et 54, qui est égal à 9×6 ; il n'y a donc pas de nombre entier qui, multiplié par le diviseur 9, reproduise le dividende 49 ; dans ce cas, à défaut du quotient exact que nous apprendrons à calculer plus tard, on cherche un nombre qui s'appelle le *quotient entier*, ou encore, le *quotient à une unité près* ; c'est *le plus grand nombre entier qui, multiplié par le diviseur, donne un produit contenu dans le dividende*. Ainsi, dans l'exemple précédent, le quotient entier est 5 ; car c'est le plus grand nombre entier dont le produit par 9 soit contenu dans 49. La définition de la division devra alors être modifiée ainsi :

La division des nombres entiers a pour but de trouver le plus grand nombre entier qui, multiplié par le diviseur, donne un produit contenu dans le dividende.

Les deux autres définitions de la division se transforment aussi aisément lorsqu'on cherche le quotient entier au lieu de chercher le quotient exact.

61. Proposons-nous d'abord de partager 49 en 9 parties égales, c'est-à-dire de prendre le neuvième de 49 ; le plus grand multiple du diviseur contenu dans 49 est 45, dont le neuvième est 5 ; le neuvième de 49 est donc plus grand que 5 ; mais il est plus petit que 6, parce que 6, répété 9 fois, donne un produit supérieur à 49. Il résulte de là, que le neuvième de 49 est compris entre 5 et 6 ; donc le quotient entier 5 est le plus grand nombre entier contenu dans le neuvième du dividende ; et en général,

Lorsqu'une division a pour but de partager le dividende en autant de parties égales qu'il y a d'unités dans le diviseur, le quotient entier est égal au plus grand nombre entier contenu dans chaque partie.

62. Supposons en second lieu qu'on demande combien de fois le nombre 9 est contenu dans 49 ; puisque 49 est compris entre 5 fois 9 et 6 fois 9, le diviseur 9 est contenu 5 fois dans 49 ; le quotient entier 5 représente donc le plus grand nombre de fois que le diviseur 9 est contenu dans le dividende 49 ; et en général,

Dans une division, le quotient entier représente le plus grand nombre de fois que le diviseur est contenu dans le dividende.

63. **Reste.** On appele *reste* de la division, le reste qu'on obtient en retranchant du dividende le produit du diviseur par le quotient entier.

Ainsi dans la division de 49 par 9, le reste est l'excès de 49 sur le produit du diviseur 9 par le quotient entier 5, c'est-à-dire 49 — 45 ou 4. Il résulte de cette définition que si l'on ajoute le reste 4 au produit du diviseur 9 par le quotient entier 5, on retrouve le dividende 49. Donc, *dans une division de nombres entiers, le dividende est égal au produit du diviseur par le quotient entier, plus le reste.*

On voit aussi clairement que *le reste doit être plus petit que le diviseur ;* car le reste est le résultat qu'on obtient en retranchant le diviseur du dividende autant de fois que possible ; donc il ne peut pas contenir le diviseur.

Dans tout ce qui va suivre, pour simplifier le langage, nous donnerons au quotient entier le nom de quotient, mais en sous-entendant toujours qu'il s'agit non pas du quotient exact, mais du quotient à moins d'une unité.

64. En résumé, la division des nombres entiers peut être considérée sous deux points de vue différents, soit comme ayant pour but de partager le dividende en autant de parties égales qu'il y a d'unités dans le diviseur, soit comme ayant pour but de chercher combien de fois le diviseur est contenu dans le dividende. Le quotient est le plus grand nombre entier contenu dans chaque partie du dividende divisé en parties égales, ou bien le plus grand nombre de fois que le diviseur est contenu dans le dividende. Enfin le reste est le nombre qu'on obtient en retranchant du dividende le produit du diviseur par le quotient (1).

65. Lorsqu'on donne le dividende et le diviseur d'une division, il est aisé de reconnaître si le quotient a un seul chiffre ou s'il en a plusieurs ; voici la règle à suivre :

RÈGLE. *Pour savoir si le quotient d'une division a un seul chiffre ou s'il en a plusieurs, on met un zéro à la droite du diviseur ; si le nombre ainsi formé surpasse le dividende, le quotient n'a qu'un chiffre ; dans le cas contraire, le quotient a plusieurs chiffres.*

EXEMPLES ET DÉMONSTRATION. Soit d'abord 4315 à diviser par 728 ; en ajoutant un zéro au diviseur, on a

____

(1) Les commençants pourront, dans une première étude, négliger les explications qui précèdent, et se borner à apprendre les deux définitions de la division résumées dans ce paragraphe.

7280 qui surpasse le dividende ; je dis que le quotient n'a qu'un chiffre. En effet 7280 vaut 10 fois le diviseur, et comme ce nombre est plus grand que le dividende, il en résulte que le dividende contient moins de 10 fois le diviseur ; le quotient est donc plus petit que 10, et par conséquent n'a qu'un chiffre.

Soit maintenant 74817 à diviser par 215 ; j'ajoute un zéro au diviseur, ce qui donne 2150, nombre plus petit que le dividende ; le dividende contient donc le diviseur au moins 10 fois ; en d'autres termes, le quotient est au moins égal à 10, et par conséquent a plusieurs chiffres.

On distingue dans la division des nombres entiers trois cas qui correspondent aux trois cas de la multiplication.

66. 1ᵉʳ cas. *Le diviseur et le quotient sont des nombres d'un seul chiffre.*

La table de multiplication suffit alors pour trouver le quotient ; soit par exemple 58 à diviser par 7 ; la table de multiplication montre que 58 est compris entre 8 fois 7 ou 56 et 9 fois 7 ou 63, donc le quotient est 8, et le reste est 58 — 56 ou 2. En général, pour trouver le quotient dans ce cas, il faut chercher dans la table de multiplication deux multiples consécutifs du diviseur qui comprennent le dividende ; le plus petit de ces deux multiples est le produit du diviseur par le quotient, et la différence entre le dividende et ce multiple est le reste de la divion.

Dans la pratique, on dit : en 58 combien de fois 7 ? 8 fois pour 56 ; le quotient est 8 et le reste est 2 ; ou encore : le 7ᵉ de 58 est 8 pour 56, et il reste 2.

67. 2ᵉ cas. *Le diviseur a plusieurs chiffres et le quotient n'en a qu'un.*

RÈGLE. *Pour diviser deux nombres quand le quotient n'a qu'un chiffre, on cherche combien de fois les plus hautes unités du diviseur sont contenues dans les unités de même espèce du dividende ; le chiffre ainsi obtenu est égal ou supérieur au quotient. Pour essayer ce chiffre, on le multiplie par le diviseur ; si le produit est contenu dans le dividende, le chiffre trouvé est bien le quotient ; si ce produit est supérieur au dividende, le chiffre trouvé est trop fort; on le diminue alors d'une unité, et on essaye de la même manière le nouveau chiffre ; on continue ainsi jusqu'à ce qu'on ait trouvé un chiffre qui, multiplié par le diviseur, donne un produit contenu dans le dividende.*

EXEMPLE. Soit à diviser 4383 par 697 ; le quotient n'a qu'un chiffre ; car le diviseur suivi d'un zéro donne 6970, nombre supérieur au dividende. Je prends alors le premier chiffre du diviseur qui est 6, et qui représente des centaines, et je cherche combien de fois 6 centaines sont contenues dans les 43 centaines du dividende, en disant : en 43 combien de fois 6? Il y est 7 fois. Ce chiffre 7 peut être trop fort ; pour l'essayer, je multiplie le diviseur 697 par le chiffre 7, ce qui donne pour produit 4879 ; comme ce nombre est supérieur au dividende 4383, j'en conclus que 7 est trop fort, et j'essaye le chiffre immédiatement inférieur, 6 ; le produit du diviseur par 6 est 4182, qui est contenu dans le dividende ; le quotient est alors 6, et le reste est 4383 — 4182 ou 201.

L'opération se dispose comme il suit : on écrit le diviseur à la droite du dividende en les séparant par une barre verticale ; puis on souligne le diviseur pour le séparer du quotient qu'on écrit au-dessous. Après avoir trouvé le quotient, on multiplie le diviseur par ce chiffre et on écrit le produit chiffre par chiffre au-dessous du dividende ; puis on fait la soustraction des deux nombres pour avoir le reste.

$$\begin{array}{llll}
\text{Dividende.} \ldots \ldots & 4383 & 697 & \ldots \text{Diviseur.} \\
& 4182 & \overline{6} & \ldots \text{Quotient.} \\
\text{Reste} \ldots \ldots & 201 &
\end{array}$$

68. DÉMONSTRATION. Diviser 4383 par 697, c'est chercher combien de fois le nombre 697 est contenu dans 4383 ; si je diminue le diviseur, et que je le remplace par 600, le quotient, s'il est changé, sera nécessairement augmenté ; car le nombre 600 est contenu dans 4383 au moins autant de fois que le nombre 697. Je vais alors diviser 4383 par 600, et le quotient que je trouverai ainsi sera égal ou supérieur au quotient cherché.

Le nouveau diviseur 600 est un nombre exact de centaines ; par conséquent le produit de ce nombre par le quotient inconnu sera aussi un nombre exact de centaines ; or ce produit doit être contenu dans le dividende ; donc il sera contenu dans les 43 centaines du dividende. Il résulte de là que, pour avoir le quotient de 4383 par 600, on peut diviser simplement 43 centaines par 6 centaines, ou bien chercher combien de fois 6 centaines sont contenues dans 43 centaines.

Enfin, il est clair que pour savoir combien de fois 6 *centaines* sont contenues dans 43 *centaines*, on peut chercher combien de fois 6 *unités* sont contenues dans 43 *unités* Donc, en définitive, il faudra diviser 43 par 6 ; le quotient trouvé sera le même que celui de la division de 4383 par 600 ; et, d'après ce qui a été dit au commencement de la démonstration, il sera égal ou supérieur au quotient de 4383 par 697.

En divisant 43 par 6, on trouve pour quotient 7 ; mais comme ce chiffre peut être trop fort, il faut voir si le produit du diviseur par 7 est contenu dans le dividende ; ici cela n'a pas lieu, le dividende est donc plus petit que 7 fois le diviseur, et le quotient cherché est moindre que 7. On essaye alors le chiffre immédiatement inférieur, 6 ; et comme le produit du diviseur par 6 est contenu dans le dividende, on en conclut que le quotient est 6. Ainsi se trouve justifiée la règle donnée ci-dessus.

69. Remarque. On a coutume, pour simplifier l'écriture, de ne pas écrire au-dessous du dividende le produit du diviseur par le chiffre du quotient, et de retrancher successivement les unités, les dizaines, les centaines,... de ce produit des unités, des dizaines, des centaines,... du dividende, à mesure que la multiplication du diviseur par le quotient les fournit. Reprenons l'exemple précédent : il faut multiplier 697 par 6 et retrancher le produit du dividende 4383 ; à cet effet, je multiplie les unités du diviseur par le quotient, en disant : 6 fois 7.... 42 ; je soustrais immédiatement ces 42 unités des unités du dividende ; et comme le dividende ne contient que 3 unités, j'ajoute à ces 3 unités autant de dizaines qu'il en faut pour rendre la soustraction possible ; il suffit ici d'ajouter 4 dizaines ou 40 unités, ce qui donne 43 unités, j'en retranche 42 unités, ce qui donne 1 que j'écris au-dessous des unités du dividende. Mais comme j'ai augmenté le dividende de 4 dizaines, il faut, pour ne pas changer le reste, augmenter de la même quantité le produit du diviseur par le quotient, ce que je ferai en ajoutant 4 au produit des dizaines du diviseur par le quotient.

Je multiplie alors les dizaines du diviseur par le quotient 6, en disant : 6 fois 9 dizaines,... 54 dizaines, auxquelles j'ajoute les 4 dizaines de retenue, ce qui fait 58 dizaines ; pour les retrancher des dizaines du dividende, je leur ajoute assez de centaines pour que la soustraction soit possible ; il en faut ajouter 5 ou 50 dizaines, ce qui donne 58 dizaines au dividende ; j'en soustrais les 58 dizaines provenant du produit du diviseur-par le quotient; le reste est 0 que j'écris au-dessous des dizaines du dividende. Mais comme j'ai ajouté 5 centaines au dividende, il faudra ajouter la même quantité au produit du diviseur par le quotient.

Je multiplie enfin les centaines du diviseur par le quotient, ce qui donne 36 centaines, auxquelles j'ajoute les 5 centaines de retenue, ce qui fait 41 centaines, que je soustrais des 43 centaines du dividende ; il reste 2 centaines que j'écris au reste. Le reste est 201.

Voici l'opération :

$$\text{Dividende.} . . . 4383\,|\,697 \quad . . . . \text{ Diviseur.}$$
$$\text{Reste} . . . . \quad 201\,|\,6 \quad . . . . \text{ Quotient.}$$

Dans la pratique, on dit : 6 fois 7. . . 42, de 43. . . 1, et je retiens 4 ; 6 fois 9. . . 54, et 4 de retenue. . . 58, de 58. . . 0, et je retiens 5 ; 6 fois 6. . . 36, et 5 de retenue. . . 41, de 43. . . 2.

70. 3ᵉ CAS. *Le quotient a plusieurs chiffres.*

RÈGLE. *Pour faire une division lorsque le quotient a plusieurs chiffres, on sépare sur la gauche du dividende un nombre qui contienne le diviseur, et qui le contienne moins de 10 fois ; ce nombre est le premier dividende partiel. On le divise par le diviseur, ce qui donne le premier chiffre du quotient ; on multiplie le diviseur par ce chiffre, et on soustrait le produit du premier dividende partiel. A la droite du reste, on abaisse le chiffre suivant du dividende total, et on a le second dividende partiel. On le divise par le diviseur, ce qui donne le second chiffre du quotient ; on multiplie le diviseur par ce chiffre et on retranche le produit du second dividende partiel. A la droite du reste, on abaisse le chiffre suivant du dividende total ; on obtient ainsi le troisième dividende partiel, sur lequel on opère comme sur le précédent. On continue ainsi l'opération jusqu'à ce qu'on ait abaissé l'un après l'autre tous les chiffres du dividende.*

EXEMPLE. Proposons-nous de diviser 45832 par 13 ; le quotient a plusieurs chiffres ; car le diviseur suivi d'un zéro donne 130, nombre plus petit que le dividende. J'écris alors le diviseur à la droite du dividende en les séparant par un trait vertical, et je souligne le diviseur pour le séparer du quotient que j'écrirai au-dessous.

```
Dividende. . . 4 5·8·3·2·|13  ، . . . . Diviseur.
               6 8        |————
                 3 3      |3525 . . . . Quotient.
                   7 2
Reste . . . .      7
```

Je sépare ensuite par un point sur la gauche du dividende un nombre assez grand pour contenir le diviseur 13 ; ce nombre, 45, est le premier dividende partiel ; je le divise par le diviseur, en suivant la règle du 2ᵉ cas ; j'ai pour quotient 3 ; c'est le premier chiffre du quotient total. Il faut ensuite multiplier le diviseur 13 par ce chiffre, et retrancher le produit obtenu du dividende partiel 45 ; je ferai ces deux opérations à la fois en employant la méthode abrégée ; j'obtiens pour reste 6.

A la droite de ce reste, j'écris le chiffre suivant 8 du dividende, et en même temps, pour indiquer que ce chiffre a été abaissé, je place un point à sa droite ; j'obtiens ainsi le nombre 68, qui est le second dividende partiel. Je divise ce nombre par 13, d'après la règle du 2ᵉ cas, et j'obtiens le second chiffre 5 du quotient, que j'écris à la droite du premier ; puis je calcule le reste 3 de cette seconde division partielle.

A la droite de ce reste, j'abaisse le chiffre suivant du dividende, en le pointant comme précédemment ; j'ai ainsi le troisième dividende partiel, 33. Je le divise par 13, ce qui me donne le troisième chiffre 2 du quotient ; et je calcule le reste de cette troisième division partielle, qui est 7.

Enfin à la droite de ce reste, j'abaisse le dernier chiffre 2 du dividende, et je divise le quatrième dividende partiel, 72, par le diviseur, ce qui me donne le dernier chiffre 5 du quotient ; je calcule ensuite le reste 7 de cette quatrième division partielle, et ce nombre est aussi le reste de la division de 45832 par 13.

Le quotient demandé est 3525.

71. DÉMONSTRATION. Diviser 45832 par 13, c'est partager 45832 en 13 parties égales, ou ce qui est la même chose, c'est prendre le 13ᵉ de 45832. Pour donner au raisonnement une forme plus sensible, je supposerai qu'il

s'agisse de distribuer 45832 francs à 13 personnes, de manière que chacune reçoive la même part ; et que cette somme d'argent soit composée de billets de *mille* francs, de billets de *cent* francs, de pièces de *dix* francs, et de pièces de *un* franc ; il y aura en tout :

45 billets de mille francs,
8 billets de cent francs,
3 pièces de dix francs,
et 2 pièces de un franc.

On donnera d'abord à chacune des 13 personnes autant de billets de mille francs qu'il sera possible ; il faudra pour cela partager 45 en 13 parties égales ; on divise 45 par 13 ; on trouve ainsi que chaque personne recevra 3 billets de mille francs, et il en restera encore 6 à leur distribuer. Cela ne peut se faire qu'en changeant ces billets de mille francs, en les convertissant en billets plus petits, par exemple en billets de 100 francs ; les 6 billets de mille francs donneront alors 60 billets de 100 francs, auxquels il convient d'ajouter les 8 billets de 100 francs qu'on avait déjà ; et on a ainsi en tout 68 billets de 100 francs à distribuer également entre les 13 personnes. On trouve en divisant 68 par 13, que chacune aura 5 billets de 100 francs, et il en restera encore 3 à distribuer. On les changera de même contre des pièces de 10 francs, et on y ajoutera les 3 pièces de 10 francs qu'on avait primitivement ; on aura ainsi en tout 33 pièces de 10 francs à partager entre les 13 personnes ; chacune en aura 2, et il en restera 7, qu'on convertira en pièces d'un franc ; en y ajoutant les 2 qui se trouvaient dans la somme à partager, on aura 72 pièces d'un franc à répartir entre les 13 personnes ; chacune d'elles en recevra 5 ; et il restera encore 7 francs à leur partager.

Chaque personne aura donc pour sa part

3 billets de mille francs
5 billets de cent francs
2 pièces de dix francs
et 5 pièces de un franc

c'est-à-dire 3525 francs ; et il restera encore 7 francs à partager. En d'autres termes, le quotient de la division de 45832 par 13 est 3525, et le reste est 7.

72. Reprenons maintenant le raisonnement sous une forme abstraite : il s'agit de diviser 45832 en 13 parties égales, ou de prendre le 13e de 45832. Je vais pour cela prendre successivement la 13e partie des différents ordres d'unités du dividende en commençant par les plus hautes.

Comme le dividende contient moins de 13 dizaines-de mille, nous prenons d'abord la 13e partie des 45 mille du dividende, en divisant 45 par 13; on trouve pour quotient 3 mille, qu'on écrit au-dessous du diviseur, et il reste encore 6 mille à partager en 13 parties égales; nous les convertissons pour cela en centaines, ce qui donne 60 centaines, auxquelles il faut ajouter les 8 centaines du dividende; on obtient ainsi le second dividende partiel, 68 centaines, dont la 13e partie est 5 centaines, et il reste 3 centaines. Je convertis ces centaines en dizaines, et j'y ajoute les 3 dizaines du dividende, ce qui me donne le troisième dividende partiel, 33 dizaines, dont la 13e partie est 2 dizaines, et il reste 7 dizaines. Je convertis ces dizaines en unités, et j'y ajoute les 2 unités du dividende; le nombre 72, ainsi formé, est le dernier dividende partiel; en le divisant en 13 parties égales, on obtient 5 unités, et il reste 7 unités.

Il résulte du raisonnement précédent que la 13e partie de 45832 se compose de

$$3 \text{ mille} + 5 \text{ centaines} + 2 \text{ dizaines} + 5 \text{ unités}$$

et il reste encore 7 à partager en 13 parties égales. En d'autres termes, le quotient de la division de 45832 par 13 est 3525, et le reste est 7.

73. REMARQUE I. Lorsque le diviseur n'a qu'un chiffre, on se dispense d'écrire les restes et les dividendes partiels successifs, parce qu'ils sont très-petits, et que la mémoire les retient aisément.

EXEMPLE. Soit à diviser 684173 par 5 ; on écrit comme d'habitude le diviseur à la droite du dividende ; quant au quotient nous l'écrirons sous le dividende :

<pre>
Dividende . . . . 684173 | 5 . . . Diviseur.
Quotient . . . . 136834 |
Reste . . . . .   3 |
</pre>

Le premier dividende partiel est ici 6 centaines de mille, dont le 5e est 1 centaine de mille, et il reste 1 ; j'écris le premier chiffre 1 du quotient au-dessous du premier dividende partiel. Si à la droite du reste 1, on abaisse par la pensée le chiffre suivant du dividende, on a le second dividende partiel 18 dizaines de mille, dont le 5e est 3 dizaines de mille que j'écris au quotient, et il reste 3. A la droite de ce reste qu'on n'écrit pas, on abaisse le chiffre suivant 4 du dividende, et on a le troisième dividende partiel, 34 qu'on divise par 5 ; et ainsi de suite juspu'à la fin.

Dans la pratique, on dit :

Le 5e de 6 est 1 pour 5, et il reste 1.
Le 5e de 18 est 3 pour 15, et il reste 3.
Le 5e de 34 est 6 pour 30, et il reste 4.
Le 5e de 41 est 8 pour 40, et il reste 1.
Le 5e de 17 est 3 pour 15, et il reste 2.
Le 5e de 23 est 4 pour 20, et il reste 3.

Le quotient est donc 136834, et le reste est 3.

74. REMARQUE II. Il peut arriver que l'un des dividendes partiels ne contienne pas le diviseur ; il faut alors mettre un zéro au quotient, et abaisser le chiffre suivant du dividende, pour avoir le dividende partiel suivant.

EXEMPLE. Diviser 249611 par 413. Je dispose l'opération comme d'habitude

$$\begin{array}{r|l} 2\,4\,9\,6\cdot 1\cdot 1 & 4\,1\,3 \\ 1\,8\,1\,1 & \overline{6\,0\,4} \\ 1\,5\,9 & \end{array}$$

Le premier dividende partiel est 2496 centaines, et le premier chiffre du quotient, 6, représente des centaines. Le second dividende partiel est 181 dizaines qu'il faut diviser en 413 parties égales ; or la 413e partie de 181 dizaines est moindre qu'une dizaine ; donc le quotient ne contient pas de dizaines, et il faut écrire un zéro à la droite du chiffre 6 qui représente des centaines. On convertit ensuite les 181 dizaines du second dividende partiel en unités, et on y ajoute les unités du dividende, ce qui donne le troisième et dernier dividende partiel 1811 ; en le divisant par 413, on a le dernier chiffre 4 du quotient ; le quotient est donc 604, et le reste est 159.

75. REMARQUE III. A la seule inspection du dividende et du diviseur d'une division, on peut dire combien le quotient a de chiffres ; il faut pour cela compter le nombre des chiffres du dividende qui suivent le premier dividende partiel, et ajouter un à ce nombre. En effet, le quotient a autant de chiffres qu'il y a de dividendes partiels ; or, après qu'on a séparé le premier dividende partiel, chacun des autres s'obtient en abaissant à la droite du reste précédent *un* chiffre du dividende ; il y a donc autant de

dividendes partiels qu'il y a de chiffres au dividende à la droite du premier dividende partiel, plus un.

76. DIVISION DE DEUX NOMBRES TERMINÉS PAR DES ZÉROS. La règle générale de la division se simplifie lorsque le dividende et le diviseur sont terminés l'un et l'autre par des zéros. Voici la règle relative à ce cas.

RÈGLE. *Lorsque le dividende et le diviseur d'une division sont terminés par des zéros, on en supprime sur la droite de chacun des nombres autant qu'il y en a dans celui qui en contient le moins ; et on divise les deux nombres ainsi obtenus.*

EXEMPLE ET DÉMONSTRATION. Diviser 423000 par 7200 ; je supprime deux zéros sur la droite de chacun des deux nombres, et je divise les deux nombres ainsi obtenus.

$$\begin{array}{r|l} 4230 & 72 \\ 630 & \overline{58} \\ 54 & \end{array}$$

j'obtiens pour quotient 58, et pour reste 54; ce qu'on peut exprimer en disant que

4230 *unités* contiennent 58 fois 72 *unités,* et qu'il reste 54 *unités;*

il est bien évident d'ailleurs que ce résultat est indépendant de l'espèce des unités que représentent les nombres ; donc,

4230 *centaines* contiennent 58 fois 72 *centaines,* et il reste 54 *centaines ;*

or 4230 centaines, et 72 centaines sont les deux nombres donnés 423000 et 7200 ; donc 423000 contient 58 fois 7200 et il reste 5400, c'est-à-dire que le quotient de la division des deux nombres 423000 et 7200 est 58, et le reste est 5400. Ainsi, lorsqu'on supprime un même nombre de zéros sur la droite du dividende et du diviseur, le quotient n'est pas altéré ; le reste seul change, et il faut, pour avoir le véritable reste, rétablir à la droite de celui qui a été trouvé, autant de zéros qu'on en a supprimés dans chacun des deux termes de la division.

77. REMARQUE. En supprimant le même nombre de zéros sur la droite du dividende et du diviseur, on les rend tous les deux le même nombre de fois plus petits, 10 fois plus petits, si l'on n'a effacé qu'un zéro, 100 fois, 1000 fois, 10000..., plus petits, si l'on a effacé 2, 3, 4... zéros. Il résulte alors du raisonnement précédent que si l'on rend les deux termes d'une division 10 fois, 100 fois .. plus petits, le quotient ne change pas ; et le reste devient en même temps 10 fois, 100 fois... plus petit. On peut généraliser cet énoncé, et l'on a alors le théorème suivant :

THÉORÈME. *Lorsqu'on multiplie ou qu'on divise le dividende et le diviseur d'une division par un même nombre, le quotient ne change pas ; et le reste est multiplié ou divisé par le même nombre.*

Soit 37 à diviser par 7 ; le quotient est 5 et le reste est 2 ; si l'on multiplie 37 et 7 par un même nombre 12, le quotient sera toujours 5 et le reste sera 2×12 ; en effet, par hypothèse,

37 *unités* contiennent 5 fois 7 *unités*, et il reste 2 *unités* ; d'où il suit que

37 *douzaines* contiennent 5 fois 7 *douzaines*, et il reste 2 *douzaines*.

En d'autres termes, si l'on divise 37×12 par 7×12, on a pour quotient 5 et pour reste 2×12 ; c'est ce qu'il fallait démontrer.

78. PREUVE DE LA DIVISION. *Pour faire la preuve de la division, on multiplie le quotient par le diviseur, et on ajoute à ce produit le reste, s'il y en a un ; on doit retrouver le dividende,* car le dividende est égal au produit du diviseur par le quotient, plus le reste.

EXEMPLE. Diviser 4587632 par 259, et faire la preuve ; voici les deux opérations :

Division.		Preuve.	
4 5 8·7·6·3·2·	259	17712	Quotient.
1 9 9 7	17712	259	Diviseur.
1 8 4 6		159408	
3 3 3		88560	
7 4 2		35424	
2 2 4		224	Reste.
		4587632	Divid.

Remarquons que dans la preuve, on écrit le reste au-dessous des produits partiels pour obtenir immédiatement le dividende.

79. SIGNE DE LA DIVISION. La division de deux nombres s'indique en écrivant le diviseur à la droite du dividende, et les séparant par le signe (:) qu'on prononce *divisé par* ; ex. 36 : 4 ; comme le quotient exact est 9, on peut écrire :

$$36 : 4 = 9 ;$$

mais s'il y avait un reste, si on avait 38 à diviser par 4, par exemple, il ne serait pas permis d'écrire que 38 : 4 est égal au quotient entier 9 ; l'expression 38 : 4 représente le quotient exact des deux nombres 38 et 4, quotient que nous ne savons pas encore calculer.

80. Usages de la division. Les deux principaux usages de la division sont ceux que nous avons déjà indiqués au commencement comme des conséquences immédiates de la définition. Cette opération sert: 1° à diviser un nombre en parties égales, à rendre un nombre donné un un certain nombre de fois plus petit ; 2° à chercher combien de fois un nombre en contient un autre. Dans le premier cas, le dividende qui est le nombre à partager, et le quotient qui donne la valeur de chacune des parties doivent représenter des objets de même nature ; le diviseur qui indique le nombre des parties égales est un nombre abstrait. Dans le second cas, le quotient qui indique combien de fois le diviseur est contenu dans le dividende est un nombre abstrait ; le dividende et le diviseur représentent des unités de même espèce.

Premier exemple. 18 pièces de vin ont coûté 2700 fr.; quel est le prix d'une pièce?

Le prix de chaque pièce est la 18ᵉ partie de 2700 fr.; il faut donc, pour l'obtenir, diviser 2700 par 18, ce qui donne 150 francs. On voit que le dividende et le quotient représentent tous les deux des francs, et que le diviseur est un nombre abstrait.

Deuxième exemple. Un sac de pommes de terre coûte 6 francs ; combien pourra-t-on en avoir pour 186 francs?

Autant de fois 6 francs seront contenus dans 186 fr., autant on aura de sacs de pommes de terre pour 186 fr.; il faut donc diviser 186 par 6, ce qui donne 31 ; on peut donc acheter 31 sacs de pommes de terre pour 186 fr. On voit que, dans cet exemple, le dividende et le diviseur représentent tous les deux des francs, et que le quotient est un nombre abstrait qui indique combien de fois 6 francs sont contenus dans 186 francs.

NOTIONS SUR LA DIVISIBILITÉ. — PREUVES PAR 9 DE LA MULTI-PLICATION ET DE LA DIVISION.

81. Définitions. On dit qu'un nombre est *divisible* par un

autre, quand la division du premier nombre par le second se fait sans reste; ainsi 12 est divisible par 4, 54 est divisible par 9 etc. Le plus petit des deux nombres est dit alors un *diviseur* du plus grand; ainsi 4 est un diviseur de 12, 9 est un diviseur de 54.

Un nombre divisible par un autre est évidemment un multiple de cet autre; ainsi 12 qui est divisible par 4, est un multiple de 4; car c'est le produit du diviseur 4 par le quotient 3, qui est un nombre entier, Par analogie, on dit aussi quelquefois que 3 est un *sous-multiple* de 12.

Il n'est pas toujours nécessaire de faire la division de deux nombres pour savoir si le plus grand est divisible par le plus petit; ainsi on peut reconnaître aisément si un nombre est divisible par 2, par 3, par 4, par 5, par 6, par 8, par 9, par 10; nous donnons ici *sans démonstration* les caractères de divisibilité qui seront utiles par la suite.

82. *Pour qu'un nombre soit divisible par 2, il faut et il suffit que son dernier chiffre soit* 0, 2, 4, 6 *ou* 8. Ainsi 450, 36, 418 sont divisibles par 2; 23, 47, 815 ne sont pas divisibles par 2.

REMARQUE. On dit qu'un nombre est *pair* quand il est divisible par 2, *impair*, dans le cas contraire; les chiffres 0, 2, 4, 6, 8 sont pairs, les chiffres 1, 3, 5, 7, 9 sont impairs.

83. *Pour qu'un nombre soit divisible par 4, il faut et il suffit que le nombre formé par les deux derniers chiffres sur la droite soit divisible par 4.* Ainsi les nombres 324, 640, 1828 sont divisibles par 4, parce qu'en réduisant ces nombres à leurs deux derniers chiffres, on obtient les nombres 24, 40, 28 qui sont divisibles par 4; au contraire, les nombres 241, 434, 857 ne sont pas divisibles par 4, parce que 41, 34, 57 ne sont pas eux-mêmes divisibles par 4.

84. *Pour qu'un nombre soit divisible par 8, il faut et il suffit que le nombre formé par les trois derniers chiffres du nombre soit divisible* par 8. Ainsi 4328, 42512, 89032 sont divisibles par 8, parce qu'en réduisant chacun de ces nombres à ses trois derniers chiffres, on obtient 328, 512, 032 qui sont divisibles par 8.

85. *Pour qu'un nombre soit divisible par 5, il faut et il suffit que son dernier chiffre à droite soit* 0 *ou* 5.

86. *Pour qu'un nombre soit divisible par 25, il faut et il suffit que les deux derniers chiffres du nombre soient* 00 *ou* 25 *ou* 50 *ou* 75. Ainsi 425, 8000, 3675 sont divisibles par 25; 3439, 8415, 5340 ne sont pas divisibles par 25.

87. *Pour qu'un nombre soit divisible par 9, il faut et il suffit que la somme de tous les chiffres du nombre considérés*

comme représentant des unités simples, soit divisible par 9.

Exemple : prenons le nombre 64578312 ; la somme de tous les chiffres

$$6 + 4 + 5 + 7 + 8 + 3 + 1 + 2$$

est 36, nombre divisible par 9 ; le nombre 64578312 est lui-même divisible par 9.

Pour l'application de cette règle, il convient, en ajoutant les chiffres, de retrancher 9 à la somme toutes les fois qu'on le pourra ; ainsi dans l'exemple précédent on dira : .

> 6 et 4. . . . 10, moins 9. . . . 1 ;
> 1 et 5. . . . 6, et 7. . . . 13, moins 9. . . . 4 ;
> 4 et 8. . . . 12, moins 9. . . . 3 ;
> 3 et 3. . . . 6, et 1. . . . 7, et 2. . . . 9, moins 9. . . 0.

On obtient ainsi zéro pour reste après avoir retranché 9 autant de fois que possible de la somme des chiffres du nombre, cette somme est donc divisible par 9, et il en est de même du nombre lui-même.

Prenons encore le nombre 461381425 ; et appliquons la régle.

> 4 et 6. . . . 10, moins 9. . . . 1 ;
> 1 et 1. . . . 2, et 3. . . 5, et 8. . . 13, moins 9. . . 4 ;
> 4 et 1. . . . 5, et 4. . . . 9, moins 9. . . . 0 ;
> 2 et 5. . . . 7 ;

on trouve 7 pour reste ; donc le nombre n'est pas divisible par 9. On démontre de plus que ce reste 7 est le même que celui qu'on obtiendrait en divisant par 9 le nombre donné 461381425.

Si l'on additionne tous les chiffres d'un nombre, et que de cette somme on retranche 9 autant de fois que possible, le reste ainsi obtenu est le même que celui qu'on aurait si l'on divisait le nombre lui-même par 9.

88. *Pour qu'un nombre soit divisible par* 3, *il faut et il suffit que la somme des chiffres soit elle-même divisible par* 3.
Même règle que pour 9.

89. *Pour qu'un nombre soit divisible par* 6, *il faut et il suffit :* 1° *que le dernier chiffre soit pair ;* 2° *que la somme des chiffres soit divisible par* 3.

90. *Pour qu'un nombre soit divisible par* 10, *il faut et il suffit qu'il soit terminé par un zéro.*

91. PREUVE DE LA MULTIPLICATION PAR 9. La preuve par 9 de la multiplication est plus simple que celle que nous avons indiquée au n° 48. Voici la règle, que nous ne démontrerons pas.

RÈGLE. *Pour faire la preuve de la multiplication, on additionne les chiffres du multiplicande en retranchant* 9 *de cette somme autant de fois que possible ; on opère de même sur le multiplicateur ; on a ainsi deux nombres moindres que* 9, *et on les multiplie. Si ce produit dépasse 9, on le remplace par la somme de ses chiffres, ou par cette somme diminuée de 9, si elle est plus grande que 9. Pour que la multiplication soit exacte, il faut que le nombre ainsi trouvé soit égal à celui qu'on obtient en traitant le produit de la multiplication, comme on a traité le multiplicande et le multiplicateur.*

EXEMPLE. Soit la multiplication suivante

$$
\begin{array}{r}
4648 \\
7463 \\
\hline
13944 \\
27888 \\
18592 \\
32536 \\
\hline
34688024
\end{array}
\qquad
\begin{array}{r}
4 \\
2 \\
\hline
8 \\
\\
\\
\\
8
\end{array}
$$

En additionnant les chiffres du multiplicande, et retranchant 9 toutes les fois qu'on le peut, on obtient 4 ; en opérant de même sur le multiplicateur, on trouve 2 ; le produit de ces deux nombres est 8. Je considère ensuite le produit à vérifier, et j'additionne encore les chiffres en soustrayant 9 toutes les fois qu'on le peut ; je trouve ainsi le même nombre 8 La preuve a réussi, il est probable que la multiplication est exacte.

On s'exprimera ainsi dans la pratique:

4 et 6.... 10, moins 9. . . . 1, et 4.... 5, et 8.... 13, moins 9.... 4; je pose ce reste 4 à côté du multiplicande.

7 et 4.... 11, moins 9.... 2, et 6.... 8, et 3.... 11, moins 9 . . . 2 ; je pose ce reste 2 au-dessous du premier, et je multiplie, ce qui me donne 8.

Enfin j'opère sur le produit : 3 et 4.... 7, et 6....13, moins 9... 4, et 8.... 12, moins 9.... 3, et 8.... 11 moins 9.... 2, et 2.... 4, et 4.... 8; ce qui est bien le nombre trouvé plus haut.

2° Prenons encore la multiplication suivante:

$$
\begin{array}{r}
56329 \\
8765 \\
\hline
281645 \\
337974 \\
394303 \\
450632 \\
\hline
493723685
\end{array}
\qquad
\begin{array}{r}
7 \\
8 \\
\hline
56 \ldots 2 \\
\\
\\
\\
2
\end{array}
$$

5 et 6.... 11, moins 9.... 2, et 3.... 5, et 2.... 7 ; je n'ajoute pas le chiffre 9 qui suit, puisqu'il faudrait le retrancher ensuite, et j'écris 7 à côté du multiplicande.

8 et 7.... 15, moins 9. ... 6, et 6. ... 12, moins 9. ... 3, et 5. ... 8; j'écris 8 à côté du multiplicateur.

Je multiplie les nombres 7 et 8, ce qui donne 56, nombre supérieur à 9; je le remplace alors par la somme de ses chiffres, diminués de 9 : 5 et 6. ... 11, moins 9 ... 2

Enfin j'opère sur le produit : 4 et 3. ... 7, (on passe 9 qui devrait être retranché ensuite) et 7. ... 14, moins 9. ... 5, et 2. ... 7, et 3. ... 10, moins 9... 1, et 6. ... 7, et 8 ... 15, moins 9. ... 6, et 5. ... 11, moins 9. ... 2; c'est le même nombre que précédemment, la preuve a réussi.

92. PREUVE PAR 9 DE LA DIVISION. La preuve de la division se déduit immédiatement de celle de la multiplication.

RÈGLE. *Pour faire la preuve de la division, on soustrait le reste du dividende, et on vérifie, en faisant la preuve par 9, que le nombre ainsi obtenu est bien le produit du diviseur par le quotient.*

EXEMPLE. Prenons la division suivante

```
4 3 7·8·6·4·5·  | 346            4
  9 1 8          | ――――          1
  2 2 6 6        | 12655        ――――
    1 9 0 4                       4
      1 7 4 5
        1 5
――――――――――――――――
  4 3 7 8 6 3 0                   4
```

Je retranche le reste 15 du dividende, ce qui donne 4378630; si la division est bonne, ce nombre doit être le produit du diviseur multiplié par le quotient; ce qu'on vérifie comme nous l'avons expliqué précédemment.

RÉSUMÉ.

56. Définition de la division; la multiplication et la division sont des opérations inverses — 57. La division sert à partager le dividende en autant de parties égales qu'il y a d'unités dans le diviseur. — 58. La division sert à trouver combien de fois le diviseur est contenu dans le dividende. — 59. Identité de toutes ces définitions. — 60, 61, 62. Définition du quotient entier : comment faut-il modifier les définitions de la division lorsqu'on cherche le quotient à moins d'une unité, et non pas le quotient exact? — 63. Du reste : le dividende est égal au produit du diviseur par le quotient, plus le reste. — 64. Résumé des notions qui précèdent — 65. Règle pour reconnaître si le quotient d'une division a un chiffre ou plusieurs — 66. 1er cas de la division : le diviseur et le quotient sont des nombres d'un seul chiffre. — 67, 68. 2e cas : le diviseur a plusieurs chiffres et le quotient un seul; règle et démonstration ; — 69. Simplification apportée dans l'opération en

faisant en même temps la multiplication du diviseur par le quotient et la soustraction de ce produit du dividende. — 70, 71, 72. 3ᵉ cas : le quotient a plusieurs chiffres ; règle et démonstration. — 73. Division d'un nombre de plusieurs chiffres par un nombre d'un seul. — 74. Remarque sur le cas où l'un des dividendes partiels est plus petit que le diviseur. — 75. Nombre des chiffres du quotient. — 76. Division de deux nombres terminés par des zéros ; règle et démonstration. — 77. Théorème : lorsqu'on multiplie ou qu'on divise par un même nombre le dividende et le diviseur d'une division, le quotient ne change pas, et le reste est multiplié ou divisé par le même nombre. — 78. Preuve de la division. — 79. Signe de la division. — 80. Usages de la division.

81. Nombre divisible par un autre ; nombre diviseur ou sous-multiple d'un autre. — 82, 83, 84. 85, 86. Caractères de divisibilité d'un nombre par 2, 4, 8, 5, 25. — 87. Divisibilité d'un nombre par 9 ; reste de la division d'un nombre par 9. — 88. 89, 90. Divisibilité d'un nombre par 3, 6, 10. — 91. Preuve par 9 de la multiplication. — 92. Preuve par 9 de la division.

EXERCICES.

1. Diviser 54 en 6 parties égales, 28 en 7 parties égales, 30 en 5 parties égales, 56 en 8 parties égales, 32 en 4 parties égales, 36 en 9 parties égales.

2. Combien de fois 6 est-il contenu dans 48, 5 dans 40, 8 dans 72, 7 dans 35 ?

3. Diviser 59 par 7, 46 par 5, 69 par 8, 37 par 8, 52 par 9, 17 par 3, 34 par 6 ; calculer le quotient et le reste de chacune de ces divisions.

4. Diviser 347 par 69, 628 par 96, 872 par 164, 9347 par 1237, 15614 par 2835, 62747 par 9319, 747815 par 134216, 5412315 par 732815 ; calculer le quotient et le reste de chacune de ces divisions.

5 Diviser 2985 par 17, 3475 par 57, 87417 par 75, 346709 par 86, 52614 par 845, 317749 par 2034, 6315827 par 4283, 8412365 par 7438, 21085431 par 2379, 5394715 par 24316, 80793651372 par 716274 ; calculer le quotient et le reste de chacune de ces divisions.

6. Diviser les nombres 31469253, 523780946, 4567890123, 27182818289 successivement par 2, 3, 4, 5, 6, 7, 8, 9 et donner les quotients et les restes de toutes ces divisions.

7. Diviser 53840 par 7500, 423800 par 70000, 2340000 par 32000, 347000 par 5250, 3854600 par 5000, 75000000 par 150000, 2967000000 par 6340000 et donner les quotients et les restes de toutes ces divisions.

8. Combien y a-t-il de semaines de 7 jours dans l'année commune qui compte 365 jours ?

9. Le jour contient 24 heures, l'heure vaut 60 minutes, la minute 60 secondes ; combien y a-t-il de jours, d'heures, de minutes et de secondes dans 3468075 secondes ?

10. Une voiture de blé, tare déduite, pèse 4617 kilogrammes ; l'hectolitre de blé pèse, en moyenne, 75 kilogrammes ; combien cette voiture contient-elle d'hectolitres de blé ?

11. Un train express parcourt en 21 heures environ la distance de Paris à Toulon qui est de 931 kilomètres, combien fait-il de kilomètres à l'heure en moyenne ?

12. Un fonctionnaire gagne 4275 francs par an; combien gagnera-t-il par mois et par jour? L'année vaut 12 mois et 365 jours.

13. Un maître a reçu 420 francs pour 140 heures de leçons; combien lui paye-t-on l'heure?

14. Une machine à vapeur dépense en 252 jours de travail pour 7813 francs de charbon; quelle est la dépense journalière?

15. Un train de marchandises fait environ 24 kilomètres à l'heure; combien mettra-t-il de temps pour parcourir la distance de Paris à Marseille qui est de 864 kilomètres?

16 Un foudre a une capacité de 5700 litres; combien pourra-t-on remplir de tonneaux de 228 litres avec le vin contenu dans ce foudre?

17. Le cours du Rhône est de 800000 mètres environ : combien d'heures ses eaux mettront-elles à se rendre de la source à l'embouchure à raison de 3600 mètres par heure?

18. En 1865, on a retiré des mines de houille française, 11300000 tonnes de charbon; la valeur totale de ce combustible était de 129950000 francs; quelle est la valeur moyenne de la tonne de charbon?

19. En 1866, la superficie de la France était de 5430 myriamètres carrés environ, et la population était de 38067064; combien y a-t-il d'habitants en moyenne par myriamètre carré?

20. En 1868, la population de la ville de Paris était de 1825274 habitants; la consommation de vin s'est élevée à 360900000 litres environ, la consommation de viande, à 148027000 kilogrammes environ; quelle a été la consommation moyenne de chaque habitant?

PROBLÈMES DE RÉCAPITULATION SUR LES QUATRE RÈGLES DES NOMBRES ENTIERS.

1. Un particulier qui a reçu 169 fr., paye 70 fr. pour sa nourriture, 32 fr. pour son loyer, 4 fr. pour son blanchissage; combien lui reste-t-il?

2. Combien y a-t-il de jours du 14 mars au 27 juin de la même année? Les mois de mars et de mai ont 31 jours, celui d'avril a 30 jours.

3. La construction d'un pont, commencée le 12 avril, a duré un an et 78 jours; en quel mois et quel jour a-t-elle été achevée? Le mois d'avril a 30 jours et le mois de mai, 31 jours.

4. En 1872, Pâques tombe le 31 mars; quelle est la date de la Pentecôte qui arrive 7 semaines plus tard?

5. Un négociant avait en caisse, au commencement de la journée, 6745 fr.; il fait diverses ventes pour lesquelles il reçoit 455 fr., 81 fr., 154 fr. et 872 fr.; il paye deux billets, l'un de 752 fr.. l'autre de 1145 fr. et il prélève 200 fr. pour ses besoins personnels. Combien reste-t-il en caisse le soir?

6. On cultive en France 265680 kilomètres carrés de terre, 121670 kilomètres carrés sont en prairies ou en pâturages, 23200 kilomètres carrés en vigne, 89670 kilomètres carrés en forêts; la superficie totale de la France étant de 543051 kilomètres carrés, calculer l'étendue de la portion du sol qui n'est pas cultivée.

7. Louis XIV est monté sur le trône à 5 ans : il a régné 72 ans et est mort en 1715 ; quelle est la date de sa naissance?

8. Combien y a-t-il de secondes dans 5 heures, 48 minutes, 13 secondes ?

9. La pièce de cinq francs en argent a une largeur de 37 millimètres, et la pièce de 10 centimes en bronze est large de 10 millimètres ; quelle longueur aura-t-on si l'on met à la suite les unes des autres 5 pièces de cinq francs et 4 pièces de 10 centimes?

10. La pièce de 5 fr. en argent pèse 25 grammes, celle de 2 fr. pèse 10 grammes, et celle de 1 fr. pèse 5 grammes ; on met dans un sac 147 pièces de 5 fr., 248 pièces de 2 fr et 667 pièces de 1 fr.; on demande le poids et la valeur de toutes ces pièces.

11. On emballe dans une caisse 15 pains de sucre pesant chacun 7352 grammes en moyenne ; la caisse elle-même pèse 12350 grammes ; quel est le poids de la caisse pleine ?

12. On a acheté pour 268 fr. de thé de deux qualités différentes, l'une à 12 fr., l'autre à 16 fr. le kilogramme : il y a 7 kilogrammes de ce dernier ; combien y a-t-il de kilogrammes de l'autre ?

13. La production de la France en blé en un an a été de 109460000 hectolitres ; il en faut déduire environ 12160000 hectolitres pour semence; calculer le poids et la valeur du blé restant, en supposant que l'hectolitre pèse 75 kilogrammes et vaille 19 fr.

14. Un commis a 1800 fr. d'appointements, et veut payer dans l'année une dette de 450 fr.; combien lui restera-t-il à dépenser par jour ? L'année contient 365 jours.

15. Le kilogramme de monnaie d'argent vaut 200 fr.; quel est en kilogrammes, le poids d'un milliard de francs? Un wagon de marchandises peut porter 10000 kilogrammes ; combien faudrait-il de wagons pour porter un milliard ? Un train de marchandises se compose ordinairement de 25 wagons à plein chargement, combien faudrait-il de trains pour transporter un milliard ?

16. Le stère de bois vaut 19 fr., et on trouve que 42 stères de bois coûtent autant que 266 hectolitres de charbon ; quel est le prix de l'hectolitre de charbon ?

17. On comptait en France, en 1862, 7457000 hectares de terre cultivés en froment, le rendement moyen était de 14 hectolitres par hectare, et le poids de l hectolitre est de 75 kilogrammes : d'autre part, la population de la France était alors de 37382225 habitants ; combien chaque habitant consomme-t-il de kilogrammes de blé en moyenne? On admet que le blé produit suffit à la consommation et qu'on n'en exporte pas.

18. L'hectolitre de houille coûte 3 fr.; on brûle dans un calorifère pour 48 fr. de houille par jour en moyenne, et le chauffage dure depuis le 16 novembre jusqu'au 1er avril. On demande combien on brûlera d'hectolitres de houille et quelle en sera la valeur. On sait que novembre a 30 jours, décembre, janvier et mars, 31 jours, et février 28 jours.

19. La population de la France était en 1821, de 30461875 habitants ; en 1856, elle s'élevait à 36039364 habitants ; quel a été l'accroissement annuel de la population pendant cette période ?

20. La durée d'une lunaison est de 29 jours 12 heures 44 minutes 3 secondes environ ; et la durée de l'année est de 365 jours 5 heures 48 minutes 48 secondes ; combien y aura-t-il de lunaisons en 19 ans ?

LIVRE II

FRACTIONS ORDINAIRES.

CHAPITRE I.

Numération et principes généraux.

93. Lorsqu'on divise une quantité quelconque en un certain nombre de parties égales, chacune d'elles s'appelle une *partie aliquote* de cette quantité ; nous avons déjà vu que ces parties aliquotes s'appellent la *moitié*, le *tiers*, le *quart*, le *cinquième*, etc. de la quantité totale, suivant qu'on l'a partagée en 2, 3, 4, 5.... etc. parties égales.

Supposons maintenant qu'après avoir divisé une quantité en parties égales, on prenne une ou plusieurs de ces parties, on aura ce qu'on appelle une *fraction* de cette quantité.

Prenons, par exemple, un fil ou une corde d'une longueur déterminée ; plions ce fil en six ; nous aurons le sixième de la longueur primitive ; plaçons ensuite quatre de ces longueurs bout à bout, nous aurons les *quatre sixièmes* de la longueur qu'avait le premier fil.

Au lieu de faire cette opération sur un objet matériel, on peut concevoir qu'on l'effectue sur l'unité abstraite, c'est-à-dire qu'on divise l'unité en un certain nombre de parties égales, et qu'on prenne ensuite une ou plusieurs de ces parties ; on aura une nouvelle espèce de nombre qu'on appellera une *fraction*, d'où la définition générale suivante :

94. Définition. *On appelle fraction une ou plusieurs parties de l'unité divisée en parties égales.*

Il résulte de cette définition que pour exprimer une fraction, il faut indiquer : 1° en combien de parties égales l'unité a été partagée; 2° combien l'on a pris de ces parties égales. Cela posé, on appelle *dénominateur* d'une fraction le nombre qui indique en combien de parties égales on a divisé l'unité, et *numérateur*, le nombre qui indique combien l'on a pris de ces parties pour former la fraction. Le numérateur et le dénominateur sont les deux *termes* de la fraction.

Ainsi, dans la fraction *cinq sixièmes*, le dénominateur est 6, et le numérateur est 5.

Les noms donnés aux deux termes d'une fraction rappellent bien la fonction de chacun d'eux : le dénominateur *nomme* les parties de l'unité qui composent la fraction, et le numérateur, fait connaître le *nombre* de ces parties de l'unité.

95. Règle. *Pour écrire une fraction, on écrit le numérateur au-dessus du dénominateur en les séparant par un trait horizontal.*

Exemple. Les fractions *trois cinquièmes, sept douzièmes, soixante-quatre cent vingt-et-unièmes* s'écriront

$$\frac{3}{5}, \quad \frac{7}{12}, \quad \frac{64}{121}.$$

96. Règle. *Pour lire une fraction écrite en chiffres, on énonce successivement le numérateur et le dénominateur en faisant suivre ce dernier de la terminaison* ième.

Exemple. Les fractions

$$\frac{5}{6}, \quad \frac{15}{8}, \quad \frac{17}{41},$$

se liront : *cinq sixièmes, quinze huitièmes, dix-sept quarante-et-unièmes.*

Toutefois, quand le dénominateur est 2, 3, ou 4, on emploie les mots *demi, tiers,* et *quart* au lieu de *deuxième, troisième* et *quatrième.* Ainsi les fractions

$$\frac{3}{2}, \quad \frac{2}{3}, \quad \frac{7}{4}$$

se liront *trois demis, deux tiers, sept quarts.*

97. Il résulte de la nature même des fractions que :
De deux fractions qui ont le même dénominateur, la plus grande est celle qui a le plus grand numérateur.

Ainsi la fraction $\frac{5}{7}$ est plus grande que $\frac{3}{7}$; les deux fractions sont composées toutes les deux de *septièmes* ; la première en contient 5, et la deuxième, 3 ; donc la première est plus grande que la deuxième.

De deux fractions qui ont le même numérateur, la plus grande est celle qui a le plus petit dénominateur.

Ainsi la fraction $\frac{4}{7}$ est plus grande que $\frac{4}{11}$; en effet, le septième de l'unité est plus grand que le onzième de l'unité ; donc 4 septièmes surpassent 4 onzièmes.

98. *Une fraction est inférieure, égale ou supérieure à l'unité, suivant que son numérateur est inférieur, égal ou supérieur au dénominateur.*

Ainsi la fraction $\frac{11}{11}$, dont le numérateur est égal au dénominateur est précisément égale à l'unité ; car pour la former, il faut partager l'unité en 11 parties égales, et prendre toutes ces parties, ce qui donne l'unité elle-même.

De même la fraction $\frac{5}{11}$, dont le numérateur 5 est inférieur au dénominateur 11, est moindre que l'unité ; car il faut 11 onzièmes pour faire une unité, et la fraction n'en contient que 5.

Enfin la fraction $\frac{45}{11}$ surpasse l'unité, puisque l'unité ne contient que 11 onzièmes, et que la fraction donnée en contient 45.

99. THÉORÈME. *Une fraction peut être considérée comme le quotient de son numérateur divisé par son dénominateur.*

DÉMONSTRATION. Prenons, par exemple, la fraction $\frac{5}{8}$, et comparons-la au quotient de 5 : 8. Diviser 5 par 8, c'est partager 5 en 8 parties égales, ce qui peut évidemment se faire en prenant le huitième de chacune des unités du nombre 5, et ajoutant les résultats. Or le huitième de l'unité, c'est $\frac{1}{8}$; et par suite le huitième de 5 unités, c'est la somme de 5 nombres égaux à $\frac{1}{8}$, en d'autres termes, c'est la fraction $\frac{5}{8}$. Cette fraction est donc égale au quotient de 5 : 8, c'est-à-dire au quotient de son numérateur divisé par son dénominateur.

CONSÉQUENCE. Pour indiquer la division de deux nombres entiers, on peut mettre le quotient sous la forme d'une fraction ayant pour numérateur le dividende, et pour dénominateur, le diviseur. Ainsi, le quotient de 37 divisé par 5 peut s'indiquer de deux manières différentes, soit 37 : 5, soit $\frac{37}{5}$.

100. QUOTIENT EXACT DE DEUX NOMBRES ENTIERS. Lorsque la division de deux nombres entiers donne un reste, on peut, au moyen d'une fraction, obtenir le quotient exact de ces deux nombres.

RÈGLE. *Lorsque la division de deux nombres entiers donne un reste, on obtient le quotient exact en ajoutant au quotient entier une fraction ayant pour numérateur le reste et pour dénominateur, le diviseur.*

EXEMPLE ET DÉMONSTRATION. Soit, par exemple, 43 à diviser par 8 ; le quotient entier est 5, et le reste est 3, ce qui signifie que le huitième de 43 est 5 pour 40, et qu'il reste encore 3 à diviser en 8 parties ; mais le huitième de 3 est $\frac{3}{8}$ d'après le théorème précédent ; donc le huitième de 43, ou le quotient de 43 : 8 est $5 + \frac{3}{8}$ et l'on voit bien, d'après ce raisonnement que la fraction qui complète le quotient entier a pour numérateur le reste, et pour dénominateur, le diviseur.

101. Extraction des entiers contenus dans une fraction plus grande que l'unité Lorsque le numérateur d'une fraction est plus grand que son dénominateur, cette fraction surpasse l'unité ; on peut alors calculer combien elle contient d'unités ; c'est ce qu'on appelle *extraire les entiers* de cette fraction.

Règle. *Pour extraire les entiers contenus dans une fraction plus grande que l'unité, on divise le numérateur par le dénominateur ; s'il y a un reste, on complète le quotient comme il a été dit dans la règle précédente.*

Exemple et démonstration. Soit $\dfrac{473}{22}$ une fraction plus grande que l'unité ; nous avons démontré que cette fraction est égale au quotient de 473 : 22 ; nous pouvons donc faire la division, et le quotient, complété par une fraction s'il y a lieu, aura la même valeur que la fraction donnée. Voici l'opération :

$$\begin{array}{c|c} 473 & 22 \\ 33 & \overline{} \\ 11 & 21 + \frac{11}{22} \end{array}$$

On voit par là que la fraction $\dfrac{473}{22}$ est égale à $21 + \dfrac{11}{22}$; elle contient donc 21 unités.

102. Théorème. *Lorsqu'on rend le numérateur d'une fraction un certain nombre de fois plus grand ou plus petit sans changer le dénominateur, la fraction devient le même nombre de fois plus grande ou plus petite.*

Démonstration. Je prends, par exemple, la fraction $\dfrac{5}{7}$, et je multiplie son numérateur 5 par 4 ; j'ai ainsi la nouvelle fraction $\dfrac{20}{7}$, que je dis être 4 fois plus grande que la première. En effet, les deux fractions sont composées de *septièmes* ; la première en contient 5, et la seconde en contient 4 fois plus, puisque son numérateur est 4 fois plus grand ; donc la seconde fraction est 4 fois plus grande que la première.

Prenons maintenant la fraction $\dfrac{21}{16}$, et divisons son numérateur par 3, ce qui peut se faire exactement ; nous obtenons la nouvelle fraction $\frac{7}{16}$, que je dis être 3 fois plus petite que la première. En effet, les deux fractions sont formées de *seizièmes*; la première en contient 21 ; la seconde en contient 3 fois moins; donc elle est 3 fois plus petite que la première.

103. THÉORÈME. *Lorsqu'on rend le dénominateur d'une fraction un certain nombre de fois plus grand, la fraction devient le même nombre de fois plus petite ; et si l'on rend le dénominateur un certain nombre de fois plus petit, la fraction devient le même nombre de fois plus grande.*

DÉMONSTRATION. Prenons par exemple, la fraction $\frac{3}{5}$, et multiplions son dénominateur par 4, nous aurons la nouvelle fraction $\frac{3}{20}$, que je dis être 4 fois plus petite que la première. En effet, le dénominateur d'une fraction indique en combien de parties égales on a divisé l'unité ; si on le rend 4 fois plus grand, on exprime que l'unité a été partagée en 4 fois plus de parties égales; par conséquent les parties de l'unité qui composent la seconde fraction sont 4 fois moindres que celles qui composent la première ; dans notre exemple, un *vingtième* est 4 fois plus petit qu'un *cinquième*. De plus, les deux fractions contiennent le même nombre de parties de l'unité, puisque le numérateur est le même. Donc enfin la seconde fraction est 4 fois plus petite que la première.

Considérons encore la fraction $\frac{7}{12}$, et divisons son dénominateur par 3, ce qui peut se faire exactement; nous aurons la fraction $\frac{7}{4}$ que je dis être 3 fois plus grande que la première. En effet, en rendant le dénominateur 3 fois plus petit, j'exprime que l'unité a été partagée en 3 fois moins de parties égales; par suite les parties de l'unité qui composent la seconde fraction sont 3 fois plus grandes que celles qui composent la première, c'est-à-dire, dans notre exemple que un quart est trois fois plus grand qu'un douzième ; par conséquent la fraction $\frac{7}{4}$ est 3 fois plus grande que $\frac{7}{12}$.

104. THÉORÈME. *La valeur d'une fraction ne change pas lorsqu'on multiplie ou qu'on divise les deux termes par un même nombre.*

Il est bien aisé de se rendre compte de la vérité de ce principe : soit par exemple une ligne AB; divisons-la en 5 parties égales, et prenons 3 de ces parties ; la ligne AC ainsi obtenue sera les $\frac{3}{5}$ de AB; cela posé, divisons en un même nombre de

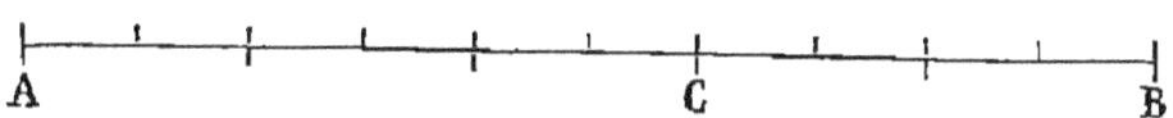

parties égales, en deux, par exemple, chacune des parties aliquotes de AB ; la ligne entière sera alors coupée en 10 parties égales, et la partie AC en contiendra 6, elle vaudra donc les $\frac{6}{10}$ de AB. Il résulte de là que les deux fractions $\frac{3}{5}$ et $\frac{6}{10}$ sont équivalentes ; or la seconde se déduit de la première en multipliant les deux termes par 2 ; ce qui justifie le théorème. Voici d'ailleurs une démonstration abstraite et rigoureuse.

DÉMONSTRATION. Prenons la fraction $\frac{3}{7}$, par exemple, et multiplions les deux termes par un même nombre 6 ; nous aurons la nouvelle fraction $\frac{18}{42}$, que je dis être équivalente à la première En effet, multiplions d'abord le numérateur seul de la fraction $\frac{3}{7}$ par 6, nous avons la fraction $\frac{18}{7}$, qui est 6 fois plus grande que $\frac{3}{7}$ en vertu du théorème du n° 102 ; multiplions maintenant le dénominateur de la fraction $\frac{18}{7}$ par 6, on aura la fraction $\frac{18}{42}$ qui sera 6 fois plus petite que $\frac{18}{7}$. Donc la fraction $\frac{18}{42}$ est équivalente à la fraction donnée $\frac{3}{7}$, puisque l'une et l'autre valent 6 fois moins que $\frac{18}{7}$.

Même démonstration pour le cas où l'on diviserait les deux termes de la fraction par le même nombre ; il ne faut pas oublier que ce nombre doit diviser exactement le numérateur et le dénominateur de la fraction.

RÉSUMÉ.

93, 94. Définition des fractions ; numérateur, dénominateur, termes d'une fraction. — 95. Règle pour écrire une fraction. — 96. Règle pour énoncer une fraction écrite en chiffres. — 97. Une fraction augmente ou diminue lorsque son numérateur augmente ou diminue sans que le dénominateur change ; au contraire, si le dénominateur change, et que le numérateur reste constant, la valeur de la fraction varie en sens contraire du dénominateur — 98. Une fraction est inférieure, égale ou supérieure à l'unité suivant que son numérateur est inférieur égal ou supérieur à son dénominateur. — 99 Une fraction peut être considérée comme le quotient de son numérateur divisé par son dénominateur. — 100. Règle pour obtenir le quotient exact de deux nombres entiers, quand la division laisse un reste. — 101. Extraction des entiers contenus dans une fraction plus grande que l unité. — 102 Lorsqu'on rend le numérateur d'une fraction un certain nombre de fois plus grand ou plus petit sans changer le dénominateur, la fraction devient le même nombre de fois plus grande ou plus petite. — 103. Lorsqu'on rend le dénominateur d'une fraction un certain nombre de fois plus grand ou plus petit, la fraction devient le même nombre de fois plus petite ou plus grande. — 104. La valeur d'une fraction ne change pas lorsqu'on multiplie ou qu'on divise ses deux termes par un même nombre.

EXERCICES.

1. Écrire les fractions :
cinq douzièmes ;
quatorze trentièmes ;
huit quinzièmes ;
onze vingt-huitièmes ;
quarante-cinq soixante-neuvièmes ;
cinquante sept cent-unièmes ;
vingt neuf six cent quarante-huitièmes ;
deux cent seize trois cent vingt-et-unièmes ;
six mille quatre cent trente-six huit cent vingtièmes ;
cinquante-deux mille huit cent trente-neuf deux millions cinq cent quarante-sept mille neuf cent soixante-huitièmes ;
sept cent quarante-deux mille cinq cent neuf un million trois cent mille dix-neuvièmes.

2. Lire les fractions :

$$\frac{7}{15} \; ; \; \frac{83}{61} \; ; \; \frac{59}{94} \; ; \; \frac{80}{509} \; ; \; \frac{175}{859} \; ; \; \frac{245}{73} \; ; \; \frac{426}{1927} \; ; \; \frac{7328}{42915} \; ; \; \frac{17}{1613419} \; ;$$

$$\frac{346927}{7845013} \; ; \; \frac{28614}{20614811} \; ;$$

3 Ranger par ordre de grandeur croissante les nombres suivants :

$$1° - \frac{3}{28} , \; \frac{109}{28} , \; \frac{14}{28} , \; \frac{245}{28} , \; 1.$$

$$2° - \frac{17}{5} , \; \frac{17}{19} , \; \frac{17}{11} , \; 1, \; \frac{17}{5} , \; \frac{17}{68}.$$

4. Diviser 5 par 9, 8 par 6, 4 par 11, 39 par 72, 207 par 36, 419 par 11, 875 par 19, 2954 par 747, 43195 par 200, 147814 par 7619, 2319954 par 836, 1237749 par 9356, 100000000 par 31416 ; et calculer le quotient exact de chacune de ces divisions.

5. Extraire les entiers contenus dans les fractions suivantes :

$$\frac{47}{8}, \quad \frac{591}{13}, \quad \frac{4317}{25}, \quad \frac{29456}{100}, \quad \frac{6047}{28}, \quad \frac{326447}{745}, \quad \frac{748615}{204}, \quad \frac{45678}{12745},$$

$$\frac{8147653}{215739}, \quad \frac{264895321}{7108}.$$

6. Rendre 3 fois plus grande la fraction $\dfrac{5}{8}$,

— 9 — $\dfrac{4}{7}$,

— 17 — $\dfrac{8}{13}$,

— 736 — $\dfrac{14}{29}$,

— 7 — $\dfrac{8}{61}$,

— 60 — $\dfrac{17}{40}$,

— 8347 — $\dfrac{214}{8917}$,

et extraire, s'il y a lieu, les entiers contenus dans les résultats.

7. Rendre 6 fois plus grande la fraction $\dfrac{225}{36}$,

— 4 — $\dfrac{109}{84}$,

— 5 — $\dfrac{47}{105}$,

— 3 — $\dfrac{71}{204}$,

— 8 — $\dfrac{319}{2512}$,

— 9 — $\dfrac{455}{3618}$,

— 10 — $\dfrac{1871}{5300}$,

— 25 — $\dfrac{9863}{3675}$,

et extraire, s'il y a lieu, les entiers contenus dans les résultats.

8. Rendre 7 fois plus petite la fraction $\dfrac{11}{24}$,

— 87 — $\dfrac{3}{4}$,

— 6 — $\dfrac{48}{55}$,

Rendre 7 fois plus petite la fraction		$\dfrac{11}{24}$,
—	13	— $\dfrac{45}{69}$,
—	10	— $\dfrac{170}{2091}$,
—	35	— $\dfrac{8}{7}$,
—	7	— $\dfrac{63}{211}$,
—	471	— $\dfrac{872}{235}$,
—	9	— $\dfrac{6102}{45832}$,
—	4	— $\dfrac{208}{47}$,

9. Une roue de machine a fait 215000 tours en 8 heures 45 minutes; combien cette roue fait-elle de tours et de fractions de tour dans une minute, et dans une seconde?

10. Une barre de fer pèse 48317 grammes; sachant qu'un décimètre cube de fer pèse 7790 grammes, on demande d'exprimer le volume de cette barre en décimètres cubes et fractions de décimètre cube.

11. Un train express parcourt la distance de Paris à Marseille, qui est de 864 kilomètres, avec une vitesse moyenne de 51 kilomètres à l'heure; combien d'heures et de fractions d'heure mettra-t-il à faire ce trajet?

12. Un train de chemin de fer a mis 6 heures à faire 198700 mètres, quel chemin fait-il en une heure et en une minute?

CHAPITRE II.

Simplification des fractions.

105. *Simplifier une fraction, c'est la changer en une autre fraction ayant la même valeur, mais dont les termes soient moindres.*

Il y a avantage à simplifier le plus possible une fraction, parce qu'on se rend compte facilement de la grandeur d'une fraction à termes simples, au lieu qu'il est très-difficile d'avoir une idée nette d'une fraction dont les termes sont considérables. Les deux fractions $\dfrac{3}{4}$ et $\dfrac{876}{1168}$ sont équivalentes, la première se conçoit sans peine, tandis qu'il faut un effort d'attention pour évaluer même approximativement la grandeur de la seconde. De plus les calculs sur les fractions sont, comme on le verra plus tard, d'autant plus courts que les fractions sont plus simples.

106. Nous savons que la valeur d'une fraction ne change pas lorsqu'on divise ses deux termes par un même nombre ; de là résulte que si l'on trouve un *diviseur commun* aux deux termes de la fraction, c'est-à-dire un nombre qui les divise tous deux exactement, il suffira de diviser les deux termes par leur diviseur commun, et on obtiendra une fraction plus simple que la première. Il arrivera souvent que cette nouvelle fraction pourra elle-même être simplifiée, c'est-à-dire qu'on pourra diviser ses deux termes par un même nombre, et ainsi de suite.

EXEMPLE. Soit la fraction $\dfrac{120}{330}$; on voit immédiatement qu'on peut diviser les deux termes de cette fraction par 10, ce qui donne la fraction plus simple $\dfrac{12}{33}$; les deux termes de cette nouvelle fraction ont eux-mêmes un diviseur commun qui est 3 ; en divisant donc les deux termes par 3, nous avons une fraction encore plus simple, $\dfrac{4}{11}$; on a donc :

$$\frac{120}{330} = \frac{12}{33} = \frac{4}{11} ;$$

la fraction $\dfrac{4}{11}$ ne peut plus être simplifiée. On voit par là que toute la question consiste à trouver les diviseurs communs aux deux termes de la fraction ; nous ne pouvons donner ici la règle générale qui permet de les trouver toujours quand il y en a ; mais. dans un grand nombre de cas, les caractères de divisibilité, que nous avons donnés précédemment, permettront de reconnaître que les deux termes de la fraction qu'on veut simplifier sont exactement divisibles par 2, ou par 3, ou par 4, ou par 5, etc. et on pourra ainsi simplifier.

EXEMPLE. simplifier la fraction $\dfrac{756000}{907200}$.

On voit d'abord que les deux termes sont divisibles par 100 ; en faisant la division, on a la fraction $\dfrac{7560}{9072}$.

Les deux termes de cette nouvelle fraction sont divisibles par 4 ; la division faite, on a la fraction $\dfrac{1890}{2268}$.

Les deux termes de cette troisième fraction sont divisibles par 2 ; en faisant cette simplification, on obtient $\dfrac{945}{1134}$.

On peut maintenant diviser les deux termes par 9, et on a $\dfrac{105}{126}$.

On peut encore diviser les deux termes par 3, ce qui donne $\dfrac{35}{42}$.

Enfin on peut diviser les deux termes par 7, et on a la fraction $\dfrac{5}{6}$ qu'on ne peut plus simplifier.

En résumé,

$$\frac{756000}{907200} = \frac{7560}{9072} = \frac{1890}{2268} = \frac{945}{1134} = \frac{105}{126} = \frac{35}{42} = \frac{5}{6}$$

RÈGLE. *Pour simplifier une fraction, on divise ses deux termes par un même nombre qui les divise exactement, et on répète cette opération autant de fois qu'il est possible.*

107. REMARQUE. La règle précédente est inapplicable, si les deux termes de la fraction n'ont pas de diviseur commun. On peut démontrer d'ailleurs que dans ce cas la fraction ne peut être remplacée par aucune autre qui ait des termes plus simples ; telle est la fraction $\dfrac{3}{4}$; on voit bien clairement qu'aucun nombre entier ne peut diviser à la fois le numérateur 3 et le dénominateur 4 ; il faut en conclure que la fraction $\dfrac{3}{4}$ ne peut être simplifiée.

Lorsqu'une fraction ne peut pas être simplifiée, on dit qu'elle est *irréductible* ou qu'elle est *réduite a sa plus simple expression*. Nous admettrons, sans démonstration, le principe suivant :

Lorsque les deux termes d'une fraction n'admettent aucun diviseur commun, elle est irréductible.

RÉSUMÉ.

105. Qu'est ce que simplifier une fraction ? Avantages de cette simplification — 106 Méthode à employer pour simplifier une fraction ; règle générale. — 107. Une fraction est irréductible, lorsque ses deux termes n'ont pas de diviseur commun.

EXERCICES.

1. Simplifier les fractions $\dfrac{12}{15}$, $\dfrac{24}{42}$, $\dfrac{45}{65}$, $\dfrac{50}{75}$, $\dfrac{63}{81}$, $\dfrac{216}{144}$, $\dfrac{836}{1232}$, $\dfrac{5450}{10800}$, $\dfrac{2490}{2928}$, $\dfrac{1024}{5120}$, $\dfrac{1562500}{3515625}$, $\dfrac{3265920}{4665000}$, $\dfrac{114018}{156816}$, $\dfrac{5097600}{18189600}$,

CHAPITRE III.

Réduction des fractions au même dénominateur.

108. *Réduire plusieurs fractions au même dénominateur, c'est les remplacer par d'autres fractions qui leur soient respectivement équivalentes, et qui aient toutes le même dénominateur,*

Supposons, en premier lieu, qu'on n'ait que deux fractions à réduire au même dénominateur ; on y arrivera par l'application de la règle suivante :

RÈGLE. *Pour réduire deux fractions au même dénominateur, on multiplie les deux termes de la première par le dénominateur de la seconde, et les deux termes de la seconde par le dénominateur de la première.*

EXEMPLE ET DÉMONSTRATION. Prenons, par exemple, les deux fractions

$$\frac{3}{5} \quad \text{et} \quad \frac{4}{7}.$$

Conformément à la règle, je multiplie les deux termes de la fraction $\frac{3}{5}$ par le dénominateur 7 de la seconde, et les deux termes de la fraction $\frac{4}{7}$ par le dénominateur 5 de la première ; j'obtiens ainsi les deux nouvelles fractions

$$\frac{3\times7}{5\times7} \quad \text{et} \quad \frac{4\times5}{7\times5}.$$

Je dis d'abord que ces fractions sont respectivement équivalentes aux fractions primitives $\frac{3}{5}$ et $\frac{4}{7}$; car elles ont été formées en multipliant le numérateur et le dénominateur de $\frac{3}{5}$ par un même nombre 7, et ensuite les deux termes de $\frac{4}{7}$ par un même nombre 5 ; et l'on sait que la valeur d'une fraction ne change pas, lorsqu'on multiplie ses deux termes par un même nombre. En second lieu, les deux nouvelles fractions ont pour dénominateurs, la première, 5×7, et la seconde, 7×5 ; et l'on sait que ces deux

5

produits sont égaux, puisqu'ils sont formés des mêmes facteurs.
(V. le n° 47) ; donc, les deux nouvelles fractions ont le même
dénominateur ; elles remplissent donc les conditions exigées.

En effectuant les calculs indiqués, on a :

$$\frac{3}{5} = \frac{3 \times 7}{5 \times 7} = \frac{21}{35},$$

$$\frac{4}{7} = \frac{4 \times 5}{7 \times 5} = \frac{20}{35}.$$

109. Considérons maintenant le cas général, celui où l'on se
propose de réduire au même dénominateur un nombre quelconque de fractions. Voici la règle qu'il faut suivre:

RÈGLE. *Pour réduire plusieurs fractions au même dénominateur, on multiplie les deux termes de chacune d'elles par
le produit des dénominateurs de toutes les autres.*

EXEMPLE ET DÉMONSTRATION. Soient, par exemple, les quatre
fractions

$$\frac{2}{3}, \quad \frac{4}{5}, \quad \frac{5}{4}, \quad \frac{8}{9}.$$

Conformément à la règle, je multiplie les deux termes de la
première fraction $\frac{2}{3}$ par le produit $5 \times 4 \times 9$ des dénominateurs des autres fractions, puis les deux termes de la fraction $\frac{4}{5}$
par le produit $3 \times 4 \times 9$ des dénominateurs des trois autres,
et ainsi de suite : les nouvelles fractions seront respectivement :

$$\frac{2}{3} = \frac{2 \times 5 \times 4 \times 9}{3 \times 5 \times 4 \times 9}$$

$$\frac{4}{5} = \frac{4 \times 3 \times 4 \times 9}{5 \times 3 \times 4 \times 9}$$

$$\frac{5}{4} = \frac{5 \times 3 \times 5 \times 9}{4 \times 3 \times 5 \times 9}$$

$$\frac{8}{9} = \frac{8 \times 3 \times 5 \times 4}{9 \times 3 \times 5 \times 4}.$$

On voit d'abord que les nouvelles fractions sont respectivement
égales aux fractions primitives, parce qu'elles ont été obtenues
en multipliant les deux termes de chacune des anciennes fractions
par un même nombre, ce qui n'en change pas la valeur
(V. le n° 104). Ainsi, d'après la règle, on a multiplié le numérateur et le dénominateur de la fraction $\frac{2}{3}$ par le produit

$5 \times 4 \times 9$, et la nouvelle fraction est, par suite, équivalente à $\dfrac{2}{3}$; il en est de même pour les autres.

De plus, les nouvelles fractions ont le même dénominateur ; car le dénominateur de chacune est le produit des dénominateurs 3, 5, 4 et 9 des fractions primitives : à la vérité, les facteurs de ce produit ne sont pas toujours dans le même ordre ; mais on sait que la valeur d'un produit de facteurs ne change pas quand on intervertit l'ordre des facteurs.

En résumé, les nouvelles fractions ont toutes le même dénominateur, et elles sont respectivement équivalentes aux fractions données : la règle est donc justifiée.

En faisant les calculs dans notre exemple, nous trouvons :

$$\frac{2}{3} = \frac{2 \times 5 \times 4 \times 9}{3 \times 5 \times 4 \times 9} = \frac{360}{540}$$

$$\frac{4}{5} = \frac{4 \times 3 \times 4 \times 9}{5 \times 3 \times 9 \times 5} = \frac{432}{540}$$

$$\frac{5}{4} = \frac{5 \times 3 \times 5 \times 9}{4 \times 3 \times 5 \times 9} = \frac{676}{540}$$

$$\frac{8}{9} = \frac{8 \times 3 \times 5 \times 4}{9 \times 3 \times 5 \times 4} = \frac{480}{540}.$$

110. **AUTRE MÉTHODE.** La méthode qui précède a souvent l'inconvénient de donner des fractions très-compliquées, puisque le nouveau dénominateur est égal au produit des dénominateurs primitifs. On peut obtenir des résultats plus simples, toutes les fois qu'on connaît un nombre divisible à la fois par tous les dénominateurs, ou, comme comme on dit, *un multiple commun* des dénominateurs des fractions données, et que ce multiple commun est moindre que le produit des dénominateurs.

Prenons par exemple les fractions

$$\frac{2}{3},\ \frac{5}{6},\ \frac{7}{15},\ \frac{11}{30},\ \frac{3}{10},\ \frac{5}{4},\ \frac{13}{20}.$$

On voit facilement que le nombre 60 est divisible exactement par chacun des dénominateurs ; je dis qu'on peut prendre ce nombre pour dénominateur commun des nouvelles fractions. D'une manière générale, *lorsque l'on connaît un multiple commun des dénominateurs de plusieurs fractions on peut toujours prendre ce nombre pour dénominateur de nouvelles fractions équivalentes aux premières* ; voici la règle à suivre pour y arriver.

RÈGLE *On divise le multiple commun des dénominateurs par chacun d'eux, et on multiplie le numérateur de chaque fraction par le quotient correspondant ; les produits ainsi obtenus sont les numérateurs des nouvelles fractions, aux-*

quelles on donne pour dénominateur commun le multiple commun des anciens dénominateurs.

DÉMONSTRATION. Considérons l'une quelconque des fractions données, $\frac{7}{15}$, par exemple, et appliquons la règle : il faut d'abord diviser le multiple commun des dénominateurs, 60, par le dénominateur 15 ; le quotient est 4 ; je multiplie ensuite le numérateur 7 par ce quotient, ce qui donne 28 pour nouveau numérateur ; la nouvelle fraction sera alors $\frac{28}{60}$. Il faut prouver que cette fraction est égale à la fraction donnée, $\frac{7}{15}$; or, d'après ce qui précède, on a d'abord :

$$28 = 7 \times 4 ;$$

de plus, 4 étant le quotient de 60 divisé par 15, on a aussi :

$$60 = 15 \times 4 ;$$

par où l'on voit que la nouvelle fraction $\frac{28}{60}$ pourrait s'obtenir en multipliant par 4 les deux termes de la fracton $\frac{7}{15}$; ces deux fractions sont donc équivalentes en vertu du principe du n° 104. On opère de même sur les autres fractions ; voici la disposition que l'on peut donner au calcul :

Fractions données	Dénominateur commun.	Quotients du dénom. commun par chaque dénom.	Fractions nouvelles.
$\frac{2}{3}$		20	$\frac{40}{60}$
$\frac{5}{6}$		10	$\frac{50}{60}$
$\frac{7}{15}$		4	$\frac{28}{60}$
$\frac{11}{30}$	60	2	$\frac{22}{60}$
$\frac{3}{10}$		6	$\frac{18}{60}$
$\frac{5}{4}$		15	$\frac{75}{60}$
$\frac{13}{20}$		3	$\frac{39}{60}$

La première méthode aurait donné, au lieu des fractions assez simples que nous avons obtenues, les fractions très-compliquées $\frac{4320000}{6480000}$, $\frac{5400000}{6480000}$, $\frac{3024000}{6480000}$, $\frac{2376000}{6480000}$, $\frac{1944000}{6480000}$, $\frac{8100000}{6480000}$, $\frac{4212000}{6480000}$.

La comparaison de ces deux résultats montre combien la seconde méthode est préférable, quand on peut l'appliquer.

111. REMARQUE. L'application de la règle précédente exige que l'on connaisse un multiple commun des dénominateurs des fractions données, et il est avantageux que ce multiple commun soit le plus petit possible. Il y a des méthodes sûres pour trouver dans tous les cas le plus petit multiple commun de plusieurs nombres ; ne pouvant pas exposer ici ces méthodes, nous nous bornerons à faire connaître un procédé de tâtonnement qui réussit dans la plupart des cas. Prenons, par exemple, les fractions

$$\frac{6}{7}, \quad \frac{8}{35}, \quad \frac{7}{10}, \quad \frac{9}{14}, \quad \frac{31}{42},$$

et cherchons un multiple commun des dénominateurs 7, 35, 10, 14 et 42. Je prends *le plus grand* de ces nombres, 42, et j'essaie de le diviser par les autres dénominateurs ; je trouve ainsi que 42 est exactement divisible par 7 et par 14, mais qu'il ne l'est pas par 35 ni par 10. Je forme alors les multiples successifs du nombre 42, jusqu'à ce que j'en trouve un qui soit divisible par 35 et par 10 ; on voit facilement que 42×2 ou 84 n'est pas divisible par 35 ni par 10 : il en est de même de 42×3 ou 126, de 42×4 ou 168 ; mais 42×5 ou 210 est divisible à la fois par 35 et par 10, et ce nombre contiendra aussi exactement les autres dénominateurs 7 et 14 qui divisaient 42 ; 210 sera donc un multiple commun des dénominateurs primitifs, et par conséquent on pourra prendre ce nombre pour dénominateur commun ; voici le calcul :

$$\frac{6}{7} \qquad 30 \qquad \frac{180}{210}$$

$$\frac{8}{35} \qquad 6 \qquad \frac{48}{210}$$

$$\frac{7}{10} \quad \Big\} \ 210 \ \Big\{ \quad 21 \qquad \frac{147}{210}$$

$$\frac{9}{14} \qquad 15 \qquad \frac{135}{210}$$

$$\frac{31}{42} \qquad 5 \qquad \frac{155}{210}$$

En résumé, quand on veut employer la seconde méthode pour réduire plusieurs fractions au même dénominateur, il faut d'abord trouver un multiple commun des dénominateurs donnés, et ensuite appliquer la règle énoncée plus haut. Si la recherche du multiple commun des dénominateurs était trop pénible, il vaudrait mieux employer la première méthode, dont l'application n'offre jamais de difficulté, mais qui a l'inconvénient de conduire souvent à des fractions trop compliquées.

112. COMPARAISON DE DEUX FRACTIONS. Lorsque deux fractions n'ont ni le même dénominateur, ni le même numérateur, il n'y a pas de moyen général de reconnaître à première vue, quelle est la plus grande des deux· Mais si on les réduit au même dénominateur, celle qui, après cette réduction, aura le plus grand numérateur sera la plus grande (V. le n° 97).

EXEMPLE I. Quelle est la plus grande des deux fractions $\dfrac{37}{48}$ et $\dfrac{47}{63}$?

Je réduis ces deux fractions au même dénominateur par la première méthode ; j'ai ainsi :

$$\frac{37}{48} = \frac{37 \times 63}{48 \times 63} = \frac{2331}{48 \times 63}$$

$$\frac{47}{63} = \frac{47 \times 48}{63 \times 48} = \frac{2256}{63 \times 48}.$$

On voit par là que la première fraction est la plus grande.

Remarquons qu'il est inutile d'effectuer le produit qui forme le dénominateur commun, puisqu'on ne compare que les numérateurs des nouvelles fractions.

EXEMPLE II. Ranger par ordre de grandeur croissante les fractions $\dfrac{17}{22}$, $\dfrac{5}{6}$, $\dfrac{20}{33}$, $\dfrac{8}{11}$.

Je réduis ces fractions au même dénominateur en employant ici la seconde méthode ; on voit aisément que 66 est un multiple commun des dénominateurs, et alors on obtient les calculs suivants :

$$
\left.
\begin{array}{c}
\dfrac{17}{22} \\[2mm]
\dfrac{5}{6} \\[2mm]
\dfrac{20}{33} \\[2mm]
\dfrac{8}{11}
\end{array}
\right\} \; 66 \;
\left\{
\begin{array}{cc}
3 & \dfrac{51}{66} \\[2mm]
11 & \dfrac{55}{66} \\[2mm]
2 & \dfrac{40}{66} \\[2mm]
6 & \dfrac{48}{66}
\end{array}
\right.
$$

Par suite, les fractions rangées par ordre de grandeur croissante seront

$$\frac{40}{66}, \quad \frac{48}{66}, \quad \frac{51}{66}, \quad \frac{55}{66},$$

ou en revenant aux fractions données,

$$\frac{20}{33}, \quad \frac{8}{11}, \quad \frac{11}{22}, \quad \frac{5}{6}.$$

RÉSUMÉ.

108. Réduction de deux fractions au même dénominateur. — 109. Réduction d'un nombre quelconque de fractions au même dénominateur. — 110. Autre méthode pour réduire plusieurs fractions au même dénominateur, quand on connaît un multiple commun des dénominateurs des fractions données. — 111. Moyen de trouver un multiple commun de plusieurs nombres. — 112. Comparer deux ou plusieurs fractions, et les ranger par ordre de grandeur.

EXERCICES.

1. Réduire au même dénominateur les fractions :

$$\frac{2}{7} \quad \text{et} \quad \frac{4}{13},$$

$$\frac{8}{11} \quad \text{et} \quad \frac{10}{21},$$

$$\frac{4}{15} \quad \text{et} \quad \frac{5}{31},$$

$$\frac{61}{120} \quad \text{et} \quad \frac{215}{41},$$

$$\frac{128}{2715} \quad \text{et} \quad \frac{348}{979},$$

$$\frac{6734}{82845} \quad \text{et} \quad \frac{98715}{5124}.$$

2. Réduire au même dénominateur les fractions :

$$\frac{2}{5}, \quad \frac{3}{4}, \quad \frac{8}{7};$$

$$\frac{4}{11}, \quad \frac{8}{15}, \quad \frac{3}{4};$$

$$\frac{5}{14}, \quad \frac{6}{13}, \quad \frac{2}{3}, \quad \frac{1}{6};$$

$$\frac{8}{21}, \quad \frac{4}{17}, \quad \frac{11}{12}, \quad \frac{18}{29};$$

$$\frac{1}{7}, \ \frac{2}{5}, \ \frac{7}{10}, \ \frac{5}{9}, \ \frac{11}{3} ;$$

$$\frac{5}{13}, \ \frac{8}{17}, \ \frac{7}{15}, \ \frac{9}{16}, \ \frac{3}{10}, \ \frac{11}{14} ;$$

$$\frac{41}{65}, \ \frac{19}{42}, \ \frac{76}{81}, \ \frac{45}{53}, \ \frac{11}{37} ;$$

$$\frac{475}{838}, \ \frac{612}{925}, \ \frac{227}{441} ;$$

$$\frac{2072}{6547}, \ \frac{8000}{2018}, \ \frac{7417}{3525} .$$

3. Réduire au même dénominateur les fractions :

$$\frac{5}{6}, \ \frac{13}{18} ;$$

$$\frac{8}{5}, \ \frac{1}{7}, \ \frac{8}{35} ;$$

$$\frac{11}{16}, \ \frac{3}{7}, \ \frac{19}{28}, \ \frac{25}{112} ;$$

$$\frac{4}{5}, \ \frac{3}{9}, \ \frac{11}{15} ;$$

$$\frac{3}{2}, \ \frac{5}{6}, \ \frac{7}{9}, \ \frac{11}{18} ,$$

$$\frac{1}{6}, \ \frac{3}{7}, \ \frac{16}{21}, \ \frac{5}{3} ;$$

$$\frac{13}{22}, \ \frac{3}{11}, \ \frac{19}{33}, \ \frac{7}{12} ;$$

$$\frac{5}{8}, \ \frac{1}{4}, \ \frac{5}{12}, \ \frac{19}{36}, \ \frac{23}{16} ,$$

$$\frac{10}{9}, \ \frac{7}{12}, \ \frac{5}{18}, \ \frac{25}{36}, \ \frac{17}{54}, \ \frac{73}{108} ;$$

$$\frac{8}{15}, \ \frac{3}{20}, \ \frac{19}{30}, \ \frac{25}{72}, \ \frac{101}{120}, \ \frac{69}{180} ;$$

$$\frac{3}{7}, \ \frac{9}{11}, \ \frac{23}{28}, \ \frac{15}{44}, \ \frac{55}{56}, \ \frac{105}{154} .$$

4. Ranger par ordre de grandeur croissante les fractions ;

$$\frac{52}{79}, \ \frac{201}{381} ;$$

$$\frac{4875}{9538}, \ \frac{7539}{149812} ;$$

$$\frac{3}{4}, \ \frac{5}{8}, \ \frac{9}{16}, \ \frac{15}{32} ;$$

$$\frac{2}{5}, \quad \frac{3}{29}, \quad \frac{41}{58};$$

$$\frac{4}{7}, \quad \frac{5}{11}, \quad \frac{8}{9}, \quad \frac{19}{30}, \quad \frac{67}{990};$$

$$\frac{16}{21}, \quad \frac{14}{25}, \quad \frac{8}{35}, \quad \frac{19}{50}, \quad \frac{47}{70}, \quad \frac{25}{84}, \quad \frac{81}{100}, \quad \frac{461}{210}.$$

CHAPITRE IV.

Addition des fractions.

113. Le calcul des fractions, comme celui des nombres entiers, comprend quatre opérations fondamentales, l'addition, la soustraction, la multiplication et la division. Nous verrons dans ce qui va suivre que ces opérations ne doivent pas être entendues absolument dans le même sens que les opérations analogues sur les nombres entiers, et qu'il est nécessaire de donner de l'extension aux définitions fournies dans le livre précédent.

114. DÉFINITION. *L'addition de plusieurs fractions a pour but de réunir en un seul nombre, entier ou fractionnaire, les unités et les parties de l'unité contenues dans les fractions données.*

Supposons, par exemple, qu'un ouvrier ait travaillé successivement pendant $\frac{3}{4}$ de journée, $\frac{1}{3}$ de journée, et enfin $\frac{3}{5}$ de journée ; pour savoir combien de journées de travail et de parties de journée lui sont dues, il faut additionner les fractions $\frac{3}{4}, \frac{1}{3}$ et $\frac{3}{5}$.

L'addition des fractions s'indique par le signe $+$, comme celle des nombres entiers.

115. RÈGLE. *Pour additionner plusieurs fractions, on les réduit d'abord au même dénominateur, si elles ont des dénominateurs différents. Ensuite on additionne les numérateurs, et l'on donne à cette somme pour dénominateur le dénominateur commun.*

EXEMPLE. Additionner les fractions

$$\frac{3}{5} + \frac{4}{5} + \frac{9}{5};$$

ces fractions ayant le même dénominateur, j'additionne les nu-mérateurs 3, 4 et 9, ce qui donne 16, et je donne 5 pour dénominateur à ce nombre : la somme des trois fractions est alors $\frac{16}{5}$, ou, en extrayant les entiers, $3 + \frac{1}{5}$.

Additionner les fractions

$$\frac{5}{6} + \frac{7}{12} + \frac{3}{4} + \frac{8}{9};$$

ici les fractions n'ont pas le même dénominateur, il faut commencer par les y réduire ; j'emploierai la seconde méthode en prenant 36 pour dénominateur commun,

$$\left.\begin{array}{c} \dfrac{5}{6} \\[1.5em] \dfrac{7}{12} \\[1.5em] \dfrac{3}{4} \\[1.5em] \dfrac{8}{9} \end{array}\right\} \cdot 36 \quad \left\{\begin{array}{cc} 6 & \dfrac{30}{36} \\[1em] 3 & \dfrac{21}{36} \\[1em] 9 & \dfrac{27}{36} \\[1em] 4 & \dfrac{32}{36} \end{array}\right.$$

$$\text{Total.} \quad \frac{110}{36} = 3 + \frac{1}{18}$$

puis j'additionne les numérateurs 30, 21, 27 et 32 des nouvelles fractions ; la somme est 110, et la somme des fractions est $\frac{110}{36}$, ou, en extrayant les entiers, $3 + \frac{2}{36}$; la fraction $\frac{2}{36}$ peut être simplifiée en divisant les deux termes par 2, et on a enfin pour la somme demandée, $3 + \frac{1}{18}$.

Remarquons que, dans l'opération précédente, on peut se borner à écrire les numérateurs des nouvelles fractions, sans écrire le dénominateur, puisque ce sont les numérateurs qu'il faut additionner.

DÉMONSTRATION. Reprenons le premier exemple,

$$\frac{3}{5} + \frac{4}{5} + \frac{9}{5} :$$

ces fractions étant toutes composées de *cinquièmes* de l'unité, il suffit évidemment pour avoir leur somme de chercher combien elles contiennent en tout de cinquièmes ; or, la première en contient 3, la seconde, 4, et la troisième, 9 ; les trois réunies en renferment $3 + 4 + 9$ ou 16 ; la somme des trois fractions est donc égale à 16 cinquièmes, ou $\frac{16}{5}$, ce qui justifie la règle donnée ci-dessus.

116. Lorsque les fractions n'ont pas toutes le même dénominateur, elles sont composées de parties de l'unité d'espèces différentes, qu'on ne peut pas ajouter ensemble sans préparation convenable ; c'est pour ce motif qu'on réduit alors les fractions au même dénominateur. Ainsi on ne peut pas additionner directement des *tiers* avec des *cinquièmes*; mais si l'on convertit ces tiers et ces cinquièmes en *quinzièmes*, c'est à-dire en parties aliquotes de même nature, l'addition n'offrira plus de difficulté; c'est à quoi l'on arrive en réduisant au même dénominateur les fractions que l'on veut additionner.

117. ADDITION DE NOMBRES ENTIERS ACCOMPAGNÉS DE FRACTIONS. *Pour additionner entre eux des nombres entiers accompagnés de fractions, on fait d'abord la somme des fractions, et l'on extrait les entiers contenus dans cette somme, s'il y en a ; puis on ajoute ces entiers avec les nombres entiers donnés.*

EXEMPLE. Additionner les nombres $13 + \frac{1}{5}$, $27 + \frac{2}{3}$, $43 + \frac{3}{11}$, $28 + \frac{5}{6}$.

Nombres donnés.		Dénominateur des nouvelles fract.	Numérateurs des nouvelles fract.
13	$\frac{1}{5}$		198
27	$\frac{2}{3}$		660
43	$\frac{3}{11}$	990	270
28	$\frac{5}{6}$		825
$113 + \frac{107}{110}$			$\frac{1953}{963}\Big|\frac{990}{1+\frac{963}{990}}$

$$1 + \frac{963}{990} = 1 + \frac{107}{110}$$

Je dispose ces nombres les uns au-dessous des autres ; puis je réduis les fractions au même dénominateur, et je les ajoute, ce qui donne $\frac{1953}{990}$; cette fraction étant plus grande que l'unité, on peut en extraire les entiers : on trouve ainsi que la somme des fractions est $1 + \dfrac{963}{990}$, ou, en simplifiant la fraction, $1 + \dfrac{107}{110}$; j'ajoute enfin l'unité de cette somme avec les nombres entiers donnés, et j'obtiens pour le total demandé $113 + \dfrac{107}{110}$. On donne habituellement à ce calcul la disposition indiquée ci-dessus.

118. RÉDUCTION EN UNE SEULE FRACTION D'UN NOMBRE ENTIER ACCOMPAGNÉ D'UNE FRACTION. Soit donné le nombre $4 + \dfrac{5}{7}$, et proposons-nous de le convertir en une seule fraction; il suffit évidemment de changer l'entier 4 en une fraction de même dénominateur que la fraction qui l'accompagne, et d'ajouter ensuite les deux fractions. Or l'unité vaut 7 septièmes, 4 unités vaudront 4 fois plus, ou 28 septièmes; on peut donc écrire :

$$4 + \frac{5}{7} = \frac{28}{7} + \frac{5}{7};$$

et il ne reste plus qu'à faire l'addition des fractions $\dfrac{28}{7}$ et $\dfrac{5}{7}$ qui ont le même dénominateur; on a ainsi finalement $\dfrac{28 + 5}{7}$ ou $\dfrac{33}{7}$. Ce raisonnement conduit à la règle suivante :

RÈGLE. *Pour réduire en fraction un nombre entier accompagné d'une fraction, on multiplie le nombre entier par le dénominateur de la fraction, et l'on ajoute à ce produit le numérateur de la fraction; enfin on donne à cette somme pour dénominateur le dénominateur de la fraction.*

RÉSUMÉ.

113. Les quatre opérations fondamentales sur les fractions. — 114. Définition de l'addition des fractions. — 115. Règle de l'addition; démonstration. — 116. Nécessité de réduire les fractions au même dénominateur. — 117. Addition des nombres entiers accompagnés de fractions. — 118. Réduction en une seule fraction d'un nombre entier accompagné d'une fraction.

EXERCICES.

1. Faire les additions suivantes :

$$\frac{3}{4} + \frac{4}{5} + \frac{5}{6};$$

$$\frac{7}{3} + \frac{4}{11} + \frac{6}{7} \; ;$$

$$\frac{2}{3} + \frac{8}{31} + \frac{3}{4} \; ;$$

$$\frac{5}{12} + \frac{13}{24} + \frac{7}{16} + \frac{17}{36} \; ;$$

$$\frac{5}{4} + \frac{8}{9} + \frac{11}{72} + \frac{47}{54} \; ;$$

$$\frac{1}{2} + \frac{2}{3} + \frac{3}{4} + \frac{4}{5} \; ;$$

$$\frac{7}{20} + \frac{8}{55} + \frac{97}{110} + \frac{81}{88} + \frac{13}{22} \; ;$$

$$\frac{45}{49} + \frac{17}{84} + \frac{23}{42} + \frac{69}{28} + \frac{95}{98} \; ;$$

$$\frac{1}{4} + \frac{1}{8} + \frac{1}{6} + \frac{1}{36} + \frac{29}{48} + \frac{15}{16} + \frac{437}{360} + \frac{125}{144} + \frac{207}{720} \; .$$

2. Faire les additions suivantes :

$$14 \, \frac{1}{4} + 17 \, \frac{5}{6} \; ;$$

$$17 \, \frac{5}{8} + 3 \, \frac{4}{7} \; ;$$

$$35 \, \frac{43}{59} + 40 \, \frac{259}{350} \; ;$$

$$41 \, \frac{3}{4} + 21 \, \frac{3}{5} + 69 \, \frac{5}{8} \; ;$$

$$7 \, \frac{4}{11} + 4 \, \frac{5}{8} + 9 \, \frac{4}{21} \; ;$$

$$10 \, \frac{8}{15} + 25 \, \frac{5}{12} + 39 \, \frac{13}{30} + 17 \, \frac{11}{24} \; ;$$

$$8 \, \frac{1}{2} + 15 \, \frac{2}{3} + 17 \, \frac{3}{4} + 59 \, \frac{4}{5} + 17 \, \frac{5}{6} \; .$$

3. Réduire en une seule fraction chacun des nombres suivants :

$$5 + \frac{3}{8} \; ; \quad 19 + \frac{5}{6} \; ; \quad 8 + \frac{7}{10} \; ; \quad 11 + \frac{3}{11} \; ; \quad 26 + \frac{5}{12} \; ; \quad 42 + \frac{9}{25} \; ;$$

$$15 + \frac{2}{41} \; ; \quad 65 + \frac{35}{81} \; ; \quad 369 + \frac{47}{120} \; ; \quad 85 + \frac{512}{625} \; ; \quad 61 + \frac{439}{2513} \; ;$$

$$634 + \frac{2481}{9637} \; .$$

4. Un écolier a fait la moitié et le tiers de sa tâche ; quelle fraction en a-t-il faite?

5. Un fonctionnaire subit, la première année de son entrée en fonctions, deux retenues : l'une égale à $\dfrac{1}{12}$ de son traitement ; l'autre égale aux $\dfrac{11}{240}$ de ce traitement : quelle fraction de son traitement lui retient-on en totalité ?

6. Une cuve est pleine de liquide ; on en retire successivement $\dfrac{1}{5}$, $\dfrac{1}{6}$ et $\dfrac{1}{7}$; quelle fraction de tout le liquide a-t-on enlevée ?

7. Une pompe remplirait un bassin en 8 heures ; une autre pompe le remplirait en 6 heures ; quelle fraction du bassin rempliront les deux pompes, si elles fonctionnent ensemble ?

8. Un ouvrier a fait successivement $\dfrac{1}{2}$ journée, $\dfrac{2}{3}$ et $\dfrac{3}{4}$ de journée ; combien lui doit-on de journées et de fractions de journée ?

9. Deux trains de chemin de fer marchent à la rencontre l'un de l'autre avec des vitesses différentes ; le premier, parti de Marseille, fait le chemin de Marseille à Paris, en 19 heures ; le second met 25 heures à parcourir la même distance ; de quelle fraction de cette distance les deux trains se rapprocheront ils en une heure ?

10. Une pompe installée pour vider un puits, n'y parviendrait qu'au bout de 42 heures ; on lui adjoint deux autres pompes dont la première seule ferait l'épuisement en 24 heures. et l'autre, en 19 heures : quelle fraction de toute l'eau du puits les trois pompes réunies enlèveront-elles en une heure ?

11. On fabrique de la poudre en mélangeant ensemble 8 kilogrammes $\dfrac{1}{3}$ de salpêtre, 1 kilogramme $\dfrac{7}{18}$ de soufre, et 1 kilogramme $\dfrac{7}{18}$ de charbon ; quel est le poids de la poudre ainsi obtenue ?

12. Les masses des principales planètes, comparées à celle du Soleil prise pour unité, sont exprimées par les fractions suivantes :

Mercure.	$\dfrac{1}{4348000}$
Vénus	$\dfrac{1}{412150}$
La Terre	$\dfrac{1}{324479}$
Mars	$\dfrac{1}{2968300}$
Jupiter	$\dfrac{1}{1050}$

$$\text{Saturne} \ldots \ldots \ldots \quad \frac{1}{3512}$$

$$\text{Uranus} \ldots \ldots \ldots \quad \frac{1}{20574}$$

$$\text{Neptune} \ldots \ldots \ldots \quad \frac{1}{17500}$$

On demande quelle fraction de la masse du Soleil formeraient toutes ces planètes réunies ?

CHAPITRE V.

Soustraction des fractions.

119. La soustraction des fractions se définit comme celle des nombres entiers : c'est une opération par laquelle *étant donnés deux nombres entiers ou fractionnaires, on cherche quel nombre il faut ajouter au plus petit pour avoir le plus grand.*

Le signe par lequel on indique la soustraction est le même que pour les nombres entiers.

120. RÈGLE. *Pour soustraire l'une de l'autre deux fractions, on les réduit d'abord au même dénominateur, si elles ont des dénominateurs différents. Ensuite on retranche le plus petit numérateur du plus grand, et l'on donne à cette différence pour dénominateur, le dénominateur commun.*

EXEMPLES. Retrancher $\dfrac{3}{7}$ de $\dfrac{5}{7}$.

Les deux fractions ont le même dénominateur ; en appliquant la règle, on a :

$$\frac{5}{7} - \frac{3}{7} = \frac{5-3}{7} = \frac{2}{7}.$$

Retrancher $\dfrac{4}{13}$ de $\dfrac{19}{24}$.

Je réduis d'abord les fractions au même dénominateur, ce qui donne

$$\frac{19}{24} = \frac{19 \times 13}{24 \times 13} = \frac{247}{312},$$

$$\frac{4}{13} = \frac{4 \times 24}{13 \times 24} = \frac{96}{312};$$

je retranche ensuite le plus petit numérateur, 96, du plus grand, 247, et je donne à la différence, 151, le dénominateur commun, 312; j'ai ainsi :

$$\frac{19}{24} - \frac{4}{13} = \frac{247}{312} - \frac{96}{312} = \frac{247 - 96}{312} = \frac{151}{312}.$$

DÉMONSTRATION. Prenons le premier exemple $\frac{5}{7} - \frac{3}{7}$; je dis que le reste est bien $\frac{5 - 3}{7}$, ou $\frac{2}{7}$: en effet, le reste doit être tel qu'ajouté à la plus petite fraction $\frac{3}{7}$, il reproduise la plus grande $\frac{5}{7}$; or, pour additionner $\frac{3}{7}$ et $\frac{2}{7}$, il faut, d'après la règle établie précédemment, ajouter les numérateurs 3 et 2, et donner 7 pour dénominateur à cette somme ; mais 2 est le reste obtenu en retranchant 3 de 5; donc la somme $3 + 2$ est égale à 5, et la somme de $\frac{3}{7}$ et de $\frac{2}{7}$ est bien égale à $\frac{5}{7}$; en d'autres termes, $\frac{2}{7}$ est bien le reste de la soustraction des fractions données.

Quand les deux fractions n'ont pas le même dénominateur, on commence par les réduire au même dénominateur, et on applique aux nouvelles fractions la règle et le raisonnement précédents. Il est d'ailleurs nécessaire que les deux fractions qu'on veut retrancher soient réduites au même dénominateur, parce qu'on ne peut comparer l'un à l'autre que des nombres composés d'unités de même nature ou de parties de l'unité de même espèce.

121. SOUSTRACTION DE NOMBRES ENTIERS ACCOMPAGNÉS DE FRACTIONS. Si les deux fractions ont des dénominateurs différents, on commence par les réduire au même dénominateur; et alors il peut se présenter deux cas :

1° La fraction qui accompagne le plus grand nombre est plus grande que l'autre ; il suffit alors de soustraire les entiers entre eux et les fractions entre elles.

Ex. Retrancher $8 + \frac{4}{21}$ de $19 + \frac{5}{6}$.

Je réduis les fractions au même dénominateur,

$$\frac{5}{6} = \frac{5 \times 21}{6 \times 21} = \frac{105}{126},$$

$$\frac{4}{21} = \frac{4 \times 6}{21 \times 6} = \frac{24}{126};$$

il suffit alors de retrancher successivement $\frac{24}{126}$ de $\frac{105}{126}$ et 8 de 19.

Voici le calcul :

$$19\frac{5}{6} \qquad \frac{5 \times 21}{6 \times 21} = \frac{105}{126}$$
$$8\frac{4}{21} \qquad \frac{4 \times 6}{21 \times 6} = \frac{24}{126}$$
$$\text{Reste } 11 + \frac{9}{14} \qquad \frac{81}{126} = \frac{9}{14}.$$

Le reste est $11 + \dfrac{9}{14}$.

2° La fraction qui accompagne le plus grand nombre est plus petite que l'autre. Dans ce cas, on applique le principe de la méthode de compensation en ajoutant une unité à la fois à la plus petite fraction et au plus petit nombre entier ; un exemple suffira pour faire comprendre le procédé.

Ex. Retrancher $6 + \dfrac{8}{9}$ de $14 + \dfrac{3}{5}$.

Je réduis les deux fractions au même dénominateur

$$\frac{3}{5} = \frac{3 \times 9}{5 \times 9} = \frac{27}{45}$$
$$\frac{8}{9} = \frac{8 \times 5}{9 \times 5} = \frac{40}{45};$$

on voit ainsi que la fraction $\dfrac{8}{9}$ ou $\dfrac{40}{45}$, qui accompagne le plus

petit nombre est plus grande que la fraction $\dfrac{3}{5}$, ou $\dfrac{27}{45}$, qui ac-

compagne l'autre ; comme on ne peut pas retrancher $\dfrac{40}{45}$ de $\dfrac{27}{45}$,

on ajoute à cette dernière fraction $\dfrac{45}{45}$ ou 1, et par compen-

sation, on ajoutera ensuite 1 au nombre entier 6. Voici le calcul :

$$14\frac{3}{5} \qquad \frac{3 \times 9}{5 \times 9} = \frac{27}{45} \qquad \frac{27 + 45}{45} = \frac{72}{45}.$$
$$6\frac{8}{9} \qquad \frac{8 \times 5}{9 \times 5} = \frac{40}{45} \qquad \frac{40}{45},$$
$$7 + \frac{32}{45} \qquad\qquad\qquad\qquad \frac{32}{45}.$$

Après avoir ajouté $\dfrac{45}{45}$ à $\dfrac{27}{45}$, ce qui donne $\dfrac{72}{45}$, on en soustrait

$\dfrac{40}{45}$, et on a $\dfrac{32}{45}$; puis, passant aux nombres entiers, on ajoute 1 au plus petit, 6, et on retranche de 14 ; on voit bien qu'on a ainsi augmenté les deux nombres de la même quantité, l'un à sa partie fractionnaire, l'autre à sa partie entière ; la différence des deux nombres n'est donc pas changée ; cette différence est ici $7 + \dfrac{32}{45}$.

122. CAS PARTICULIER. Retrancher une fraction de l'unité, par exemple, $\dfrac{7}{15}$ de 1.

Il suffit de mettre l'unité sous la forme d'une fraction ayant même dénominateur que la fraction donnée, et on n'a plus qu'à soustraire l'une de l'autre deux fractions réduites au même dénominateur. Ainsi, dans notre exemple, on a :

$$1 - \frac{7}{15} = \frac{15}{15} - \frac{7}{15} = \frac{15 - 7}{15} = \frac{8}{15}.$$

RÈGLE. *Pour soustraire une fraction de l'unité, on retranche le numérateur de la fraction de son dénominateur, et on donne à cette différence pour dénominateur, le dénominateur de la fraction.*

RÉSUMÉ.

119. Définition de la soustraction des fractions. — 120. Règle et démonstration. — 121. Soustraction de nombres entiers accompagnés de fractions. — 122. Retrancher une fraction de l'unité.

EXERCICES.

1. Faire les soustractions suivantes :

$$\frac{8}{15} - \frac{2}{8} \ ; \qquad \frac{26}{43} - \frac{13}{36} \ ;$$

$$\frac{4}{7} - \frac{3}{14} \ ; \qquad \frac{73}{86} - \frac{41}{104} \ ;$$

$$\frac{11}{12} - \frac{5}{7} \ ; \qquad \frac{257}{360} - \frac{4}{63} \ ;$$

$$\frac{19}{24} - \frac{5}{59} \ ; \qquad \frac{149}{512} - \frac{19}{1024} \ ;$$

$$\frac{10}{17} - \frac{7}{45} \ ; \qquad \frac{5634}{8347} - \frac{2439}{7855} \ ;$$

$$\frac{47}{54} - \frac{69}{125} \ ; \qquad \frac{42315}{986216} - \frac{7648}{198413} \ .$$

2. Faire les soustractions suivantes :

$$8\frac{1}{4} - 5\frac{2}{3} \; ; \qquad 319\frac{62}{81} - 45\frac{17}{48} \; ;$$

$$10\frac{3}{5} - 4\frac{7}{8} \; ; \qquad 256\frac{34}{125} - 59\frac{215}{1286} \; ;$$

$$47\frac{5}{8} - 19\frac{4}{11} \; ; \qquad 36 - 15\frac{8}{9} \; ;$$

$$68\frac{3}{10} - 13\frac{5}{13} \; ; \qquad 28 - 7\frac{464}{2315} \; ;$$

$$258\frac{47}{56} - 28\frac{23}{28} \; ; \qquad 1 - \frac{346}{467} \; ;$$

$$418\frac{2}{31} - 56\frac{7}{12} \; ; \qquad 8 - \frac{296}{545} \; .$$

3. Une pièce de ruban a 12 mètres $\frac{5}{8}$ de long ; on en vend 3 m. $\frac{2}{5}$; combien en reste-t-il ?

4. Un ouvrier a fait les $\frac{17}{42}$ d'un ouvrage ; quelle fraction lui reste-t-il à faire ?

5. Un minerai de fer contient les $\frac{9}{20}$ de son poids de fer ; on n'en extrait que les $\frac{9}{25}$; quelle fraction du poids du minerai représente la perte en fer qui se produit pendant l'opération ?

6. La durée de l'année tropique est de 365 jours $\frac{1211}{5000}$ à très-peu près ; dans le calendrier de Jules César, on la supposait égale à 365 jours $\frac{1}{4}$; et dans le calendrier grégorien que nous suivons, on la suppose égale à 365 jours $\frac{97}{100}$; calculer l'erreur qu'on commet sur la durée de l'année dans chacun des deux calendriers.

7. Une source qui se rend dans un bassin, le remplirait en 8 heures ; une pompe, qui puise l'eau dans ce bassin, le mettrait à sec en 14 heures ; on demande quelle fraction du bassin sera remplie en une heure si la pompe fonctionne pour vider le bassin, en même temps que la source le remplit.

CHAPITRE VI.

Multiplication des fractions.

123. DÉFINITION GÉNÉRALE. *La multiplication est une opération par laquelle étant donnés deux nombres, l'un appelé*

multiplicande, *l'autre appelé* multiplicateur, *on en cherche un troisième appelé* produit *qui soit formé avec le multiplicande de la même manière que le multiplicateur est formé avec l'unité.*

Le signe qui sert à indiquer la multiplication est le même que pour les nombres entiers.

Pour bien comprendre le sens de cette définition, il faut distinguer deux cas, suivant que le *multiplicateur* est un nombre entier ou un nombre fractionnaire,

124. 1° Supposons d'abord que le multiplicateur soit un nombre entier, 5, par exemple, le multiplicande étant d'ailleurs quelconque, entier ou fractionnaire. Multiplier un nombre par 5, c'est, d'après la définition générale, trouver un nombre qui soit formé avec le multiplicande comme 5 est formé avec l'unité ; or 5 est formé en ajoutant 5 nombres égaux à l'unité ; donc le produit se formera en ajoutant 5 nombres égaux au multiplicande ; ou plus brièvement, en répétant 5 fois le multiplicande.

Lorsque le multiplicateur est entier, la multiplication a pour but de répéter le multiplicande autant de fois qu'il y a d'unités dans le multiplicateur.

La multiplication n'est alors qu'une *addition abrégée*, et nous retombons sur la définition donnée dans le Livre I pour la multiplication des nombres entiers. Ainsi, multiplier $\frac{3}{7}$ par 5,

c'est additionner 5 fractions égales à $\frac{3}{7}$, c'est répéter 5 fois $\frac{3}{7}$,

c'est encore former une fraction 5 fois plus grande que $\frac{3}{7}$.

125. 2° Supposons en second lieu que le multiplicateur soit

une fraction, $\frac{3}{5}$, par exemple, le multiplicande étant d'ailleurs

quelconque, entier ou fractionnaire. Multiplier un nombre par

$\frac{3}{5}$, c'est, d'après la définition générale, trouver un nombre qui

soit formé avec le multiplicande comme $\frac{3}{5}$ est formé avec l'u-

nité ; or, $\frac{3}{5}$ est formé en divisant l'unité en 5 parties égales et

prenant 3 de ces parties ; donc le produit se formera en divisant le multiplicande en 5 parties égales et prenant 3 de ces parties, ou encore, en répétant 3 fois le cinquième du multiplicande, ou,

plus brièvement, en prenant les $\frac{3}{5}$ du multiplicande. Ainsi, multiplier un nombre par $\frac{3}{5}$, c'est en prendre les $\frac{3}{5}$; et en général :

Multiplier un nombre par une fraction, c'est prendre de ce nombre la fraction marquée par le multiplicateur.

126. REMARQUE. Il résulte clairement de la définition et des explications qui précèdent que,

Si le multiplicateur est moindre que l'unité, le produit est plus petit que le multiplicande ;

Si le multiplicateur est plus grand que l'unité, le produit est plus grand que le multiplicande.

En effet, le produit est par rapport au multiplicande ce que le multiplicateur est par rapport à l'unité.

On voit aussi que le sens des mots *multiplier, multiplication,* est beaucoup plus étendu quand il s'agit des fractions que lorsqu'on n'opère que sur des nombres entiers.

Nous distinguerons deux cas principaux dans la multiplication des fractions, suivant que le multiplicateur est un nombre entier ou fractionnaire.

127. 1ᵉʳ CAS. *Le multiplicateur est un nombre entier.*

Soit, par exemple, $\frac{8}{9}$ à multiplier par 5 ; l'opération a pour but de rendre le multiplicande 5 fois plus grand ; or, nous avons vu que, lorsqu'on rend le numérateur d'une fraction un certain nombre de fois plus grand, la fraction devient le même nombre de fois plus grande ; donc il suffira ici de rendre 5 fois plus grand le numérateur 8 de la fraction $\frac{8}{9}$, c'est-à-dire de multiplier le numérateur de cette fraction par 5, sans changer le dénominateur ; on aura donc :

$$\frac{8}{9} \times 5 = \frac{8 \times 5}{9} = \frac{40}{9} = 4 + \frac{4}{9}.$$

RÈGLE. *Pour multiplier une fraction par un nombre entier, on multiplie le numérateur de cette fraction par le nombre entier, sans changer le dénominateur.*

128. Lorsque le dénominateur de la fraction est exactement divisible par le multiplicateur, on peut opérer d'une manière plus simple. Soit, par exemple, $\frac{15}{28}$ à multiplier par 4 ; il s'agit de rendre 4 fois plus grande la fraction $\frac{15}{28}$; or, on sait qu'on peut y arriver en rendant le dénominateur 4 fois plus petit (V. le n° 103), ce qui donnera $\frac{15}{7}$; on a donc :

$$\frac{15}{28} \times 4 = \frac{15}{28 : 4} = \frac{15}{7} = 2 + \frac{1}{7}.$$

RÈGLE. *Pour multiplier une fraction par un nombre entier, on divise le dénominateur de cette fraction par ce nombre entier, pourvu que la division se fasse exactement.*

Quand cette deuxième règle est applicable, elle donne un produit plus simple que la première.

129. 2ᵉ CAS. *Le multiplicateur est une fraction.* Ce cas se subdivise lui-même en deux, suivant la nature du multiplicande.

1° Le multiplicande est entier, et le multiplicateur est fractionnaire.

Soit, par exemple, 7 à multiplier par $\frac{3}{4}$; multiplier 7 par $\frac{3}{4}$, c'est, d'après la définition expliquée plus haut, répéter 3 fois le quart de 7 ; le quart de 7, c'est le quotient de 7 divisé par 4, ou $\frac{7}{4}$, en vertu du principe du nᵒ 99 ; il n'y a plus qu'à répéter cette fraction 3 fois, ce qui se fait en multipliant son numérateur par 3 (1ᵉʳ cas), et on a ainsi pour le produit demandé $\frac{7 \times 3}{4}$; d'où la règle suivante :

RÈGLE. *Pour multiplier un nombre entier par une fraction, on multiplie le nombre entier par le numérateur de la fraction, et on divise ce produit par le dénominateur de la fraction.*

On a, dans notre exemple,

$$7 \times \frac{3}{4} = \frac{7 \times 3}{4} = \frac{21}{4} = 5 + \frac{1}{4}.$$

130. 2° Le multiplicande et le multiplicateur sont des fractions.

Soit, par exemple, $\frac{5}{6}$ à multiplier par $\frac{4}{7}$; multiplier $\frac{5}{6}$ par $\frac{4}{7}$, c'est, ainsi que nous l'avons expliqué, prendre les $\frac{4}{7}$ de $\frac{5}{6}$, ou mieux, répéter 4 fois le septième de $\frac{5}{6}$. Or, pour avoir le septième de $\frac{5}{6}$, c'est-à-dire, pour rendre cette fraction 7 fois plus petite, on peut multiplier son dénominateur par 7 (V. le nᵒ 103) ; ce qui donne $\frac{5}{6 \times 7}$; et il n'y a plus qu'à répéter 4 fois cette dernière fraction, ce qui peut se faire en multipliant son numérateur par 4. Le produit des deux fractions est donc, en définitive, $\dfrac{5 \times 4}{6 \times 7}$; d'où:

RÈGLE. *Pour multiplier deux fractions, on multiplie les numérateurs entre eux et les dénominateurs entre eux; puis on divise le premier produit par le second.*

Dans notre exemple, on a :

$$\frac{5}{6} \times \frac{4}{7} = \frac{5 \times 4}{6 \times 7} = \frac{20}{42} = \frac{10}{21} \cdot$$

131. MULTIPLICATION DE NOMBRES ENTIERS ACCOMPAGNÉS DE FRACTIONS Quand l'un des facteurs ou tous les deux sont des nombres entiers accompagnés de fractions, on réduit chacun des nombres entiers en fraction avec la fraction qui l'accompagne, et on multiplie les deux fractions ainsi obtenues.

EXEMPLE. Multiplier $17 + \dfrac{3}{5}$ par $9 + \dfrac{8}{11}$.

On a d'abord :

$$17 + \frac{3}{5} = \frac{17 \times 5 + 3}{5} = \frac{88}{5} ,$$

$$9 + \frac{8}{11} = \frac{9 \times 11 + 8}{11} = \frac{107}{11} \cdot$$

et ensuite :

$$\frac{88}{5} \times \frac{107}{11} = \frac{88 \times 107}{5 \times 11} = \frac{9416}{55} = 171 + \frac{11}{55} = 171 + \frac{1}{5} \cdot$$

132. USAGES DE LA MULTIPLICATION DES FRACTIONS. Lorsque le multiplicateur est entier, la multiplication a pour but de répéter le multiplicande un certain nombre de fois, de le rendre un certain nombre de fois plus grand ; quand le multiplicateur est une fraction, la multiplication sert à prendre une fraction déterminée du multiplicande. Dans les problèmes usuels, la multiplication est employée pour trouver le prix de plusieurs objets, connaissant le prix d'un seul, ou le prix d'une fraction déterminée d'un objet, connaissant le prix de l'objet entier ; elle sert de même à trouver le poids d'un corps, connaissant le poids de l'unité de volume; à calculer le chemin parcouru par un mobile dans un temps déterminé, connaissant le chemin parcouru pendant l'unité de temps, etc. En un mot, la multiplication des fractions a les mêmes applications que la multiplication des nombres entiers, mais avec une plus grande généralité.

EXEMPLES. 1° Un train de chemin de fer fait 36 kilomètres $\dfrac{4}{5}$

à l'heure ; quel chemin fera-t-il en 7 heures ?

Il suffit évidemment de répéter 7 fois le chemin fait en une heure, c'est-à-dire de multiplier $36\frac{4}{5}$ par 7, ce qui donne

$$\left(36+\frac{4}{5}\right)\times 7=\frac{184}{5}\times 7=\frac{184\times 7}{5}=\frac{1288}{5}=257+\frac{3}{5}$$

Le train fera donc, en 7 heures, 257 kilomètres $\frac{3}{5}$.

2° Un litre de blé pèse les $\frac{3}{4}$ d'un kilogramme; quel sera le poids de $\frac{5}{9}$ de litre de blé?

Le poids de $\frac{5}{9}$ de litre de blé sera évidemment les $\frac{5}{9}$ du poids d'un litre. Il faut donc prendre les $\frac{5}{9}$ de $\frac{3}{4}$ de kilogramme, ce qui se fait en multipliant $\frac{3}{4}$ par $\frac{5}{9}$.

$$\frac{3}{4}\times\frac{5}{9}=\frac{3\times 5}{4\times 9}=\frac{15}{36}=\frac{5}{12};$$

le poids demandé sera de $\frac{5}{12}$ de kilogramme.

133. REMARQUE. Quoiqu'au point de vue théorique, il soit bien différent de multiplier par un nombre entier ou par une fraction, il est facile de montrer par un exemple que, dans les applications, cette distinction a peu d'importance.

Prenons par exemple le problème suivant :

Le mètre d'une étoffe coûte 6 francs; quel sera le prix de 8 mètres, de $\frac{2}{3}$ de mètre de cette étoffe? Pour avoir le prix de 8 mètres, il faut *répéter* 8 fois 6 francs, c'est-à-dire multiplier 6 par 8. Pour avoir le prix de $\frac{2}{3}$ de mètre, il faut *prendre les* $\frac{2}{3}$ de 6 francs, c'est-à-dire encore multiplier 6 par $\frac{2}{3}$. Dans les deux cas, il faut, comme on le voit, multiplier le prix du mètre par le nombre qui exprime la longueur de l'étoffe, que ce nombre soit entier ou fractionnaire.

PRODUITS DE PLUSIEURS FACTEURS.

134. RÈGLE. *Le produit de plusieurs facteurs entiers ou*

*fractionnaires s'obtient en faisant le produit des facteurs
entiers et des numérateurs des facteurs fractionnaires, et en
divisant ce produit par le produit des dénominateurs de ces
derniers.*

EXEMPLE ET DÉMONSTRATION. Soit à effectuer le produit

$$\frac{5}{6} \times \frac{4}{7} \times 9 \times \frac{3}{8} \times \frac{7}{10} ;$$

il faut d'abord multiplier $\frac{5}{6}$ par $\frac{4}{7}$, ce qui donne

$$\frac{5 \times 4}{6 \times 7} ;$$

ce produit doit être ensuite multiplié par 9, ce qui donne

$$\frac{5 \times 4 \times 9}{6 \times 7} ;$$

il faudra multiplier encore ce produit successivement par $\frac{3}{8}$
et par $\frac{7}{10}$, ce qui donnera facilement

$$\frac{5 \times 4 \times 9 \times 3 \times 7}{6 \times 7 \times 8 \times 10} ;$$

et ce résultat est conforme à la règle énoncée.

135. REMARQUE. Pour effectuer les calculs, il est à propos de
simplifier la fraction autant que possible, avant de faire les
multiplications indiquées ; on voit, par exemple, que le nombre
7 est facteur à la fois dans le numérateur et dans le dénominateur ; on peut donc diviser les deux termes de la fraction par 7,
en supprimant ce facteur commun au numérateur et au dénominateur, et on a ainsi la fraction plus simple

$$\frac{5 \times 4 \times 9 \times 3}{6 \times 8 \times 10} ;$$

on peut remarquer ensuite que le numérateur est divisible par 5,
puisqu'il contient le facteur 5, et qu'il en est de même du dénominateur qui contient le facteur 10 divisible par 5 ; alors en
supprimant le facteur 5 du numérateur et divisant par 5 le
facteur 10 du dénominateur, on aura divisé par 5 les deux termes
de la fraction, ce qui la simplifie sans en changer la valeur ; on
a ainsi la nouvelle fraction

$$\frac{4 \times 9 \times 3}{6 \times 8 \times 2} ;$$

enfin, en supprimant les facteurs 4 et 3 du numérateur, et divi-

6

sant le facteur 8 du dénominateur par 4, et le facteur 6 par 3, nous obtiendrons la fraction simple

$$\frac{9}{2 \times 2 \times 2} = \frac{9}{8} = 1 + \frac{1}{8}.$$

136. Conséquence. *Un produit de facteurs quelconques, entiers ou fractionnaires, ne change pas quand on intervertit d'une manière quelconque l'ordre de ces facteurs.*

En effet, il résulte de la règle précédente, qu'en changeant l'ordre des facteurs du produit on ne fait que changer l'ordre des facteurs entiers qui composent le numérateur et le dénominateur de ce produit ; ce numérateur et ce dénominateur garderont donc la même valeur (V. le n° 53), et par conséquent le produit lui-même ne changera pas.

EXERCICES.

1. Faire les multiplications suivantes :

$$\frac{3}{7} \times 5 ; \qquad \frac{17}{20} \times 4 ;$$

$$\frac{4}{9} \times 7 ; \qquad \frac{34}{125} \times 5 ;$$

$$\frac{43}{63} \times 14 ; \qquad \frac{947}{3420} \times 10 ;$$

$$\frac{17}{215} \times 29 ; \qquad \frac{692}{378} \times 9 ;$$

$$\frac{187}{485} \times 417 ; \qquad \frac{113}{360} \times 24 ;$$

$$\frac{6451}{28737} \times 36 ; \qquad \frac{258}{3475} \times 3475 ;$$

2. Faire les multiplications suivantes :

$$10 \times \frac{5}{6} ; \qquad 439 \times \frac{45}{439} ;$$

$$45 \times \frac{3}{11} ; \qquad 2817 \times \frac{6}{29} ;$$

$$187 \times \frac{8}{15} ; \qquad 3072 \times \frac{47}{64} ;$$

$$212 \times \frac{7}{32} ; \qquad 749 \times \frac{8395}{4612} ;$$

$$946 \times \frac{37}{40} ; \qquad 783214 \times \frac{548}{1000} ;$$

$$524 \times \frac{328}{659} ; \qquad 364515 \times \frac{876512}{380957} ;$$

3. Faire les multiplications suivantes :

$$\frac{2}{5} \times \frac{4}{7} ; \qquad \frac{8}{19} \times \frac{18}{65} ;$$

$$\frac{3}{8} \times \frac{9}{10} ; \qquad \frac{9}{76} \times \frac{19}{72} ;$$

$$\frac{6}{5} \times \frac{9}{2} ; \qquad \frac{36}{55} \times \frac{11}{12} ;$$

$$\frac{11}{8} \times \frac{9}{4} ; \qquad \frac{300}{429} \times \frac{637}{1000} ;$$

$$\frac{13}{25} \times \frac{5}{26} ; \qquad \frac{27345}{82912} \times \frac{3604}{4519} ;$$

$$\frac{12}{29} \times \frac{7}{6} ; \qquad \frac{45813}{19314} \times \frac{9657}{137439} ;$$

4. Faire les multiplications suivantes :

$$7\frac{2}{3} \times 8\frac{3}{7} ; \qquad 2\frac{59}{100} \times \frac{287}{1000} ;$$

$$14\frac{3}{5} \times 12\frac{1}{8} ; \qquad 8\frac{457}{719} \times \frac{314}{513} ;$$

$$56\frac{8}{9} \times 15\frac{5}{11} ; \qquad 9\frac{31}{481} \times 69 ;$$

$$18\frac{9}{16} \times 62\frac{3}{20} ; \qquad 78 \times \frac{467}{746} ;$$

$$60\frac{14}{27} \times 48\frac{16}{25} ; \qquad 147\frac{214}{645} \times \frac{272}{469} ;$$

5. Prendre les $\frac{4}{5}$ de 19 ;

les $\frac{5}{7}$ de 36 ;

les $\frac{3}{11}$ de $\frac{7}{8}$;

les $\frac{16}{39}$ de $\frac{45}{49}$;

les $\frac{17}{28}$ de $\frac{56}{85}$;

les $\frac{5}{21}$ de $\frac{42}{65}$;

les $\frac{3}{4}$ de $19\frac{5}{8}$;

les $\frac{9}{10}$ de $457\frac{309}{2000}$;

les $\frac{3}{4}$ des $\frac{2}{3}$ de 18 ;

les $\frac{5}{6}$ des $\frac{4}{7}$ de 58 ;

$$\text{les } \frac{4}{5} \text{ des } \frac{8}{11} \text{ des } \frac{3}{7} \text{ de } 56 \text{ ;}$$

$$\text{les } \frac{5}{13} \text{ des } \frac{7}{12} \text{ des } \frac{8}{9} \text{ de } \frac{14}{29} \text{ ;}$$

$$\text{les } \frac{10}{11} \text{ des } \frac{11}{12} \text{ des } \frac{12}{13} \text{ des } \frac{13}{14} \text{ de } 63 \text{ .}$$

6. Une somme de 800 francs doit être partagée entre deux personnes de manière que la première ait les $\frac{3}{16}$ de cette somme ; combien aura chacune d'elles ?

7. L'hectolitre de froment pèse en moyenne 7 kilogrammes, et le poids du seigle est à peu près les $\frac{18}{19}$ du poids du froment à volume égal : quel sera le poids de l'hectolitre de seigle ?

8. Une pièce de terre vaut 4372 francs, et sa contenance est de 124 ares ; quelle est la valeur et la contenance des $\frac{7}{12}$ de cette pièce de terre ?

9. A poids égal, la valeur de la monnaie d'argent est les $\frac{2}{31}$ de celle de la monnaie d'or : le kilogramme de monnaie d'or vaut 3100 fr. ; quelle est la valeur d'un kilogramme de monnaie d'argent ?

10. Un train de chemin de fer met 14 heures $\frac{2}{3}$ pour aller de Paris à Lyon ; combien mettra-t-il de temps pour aller de Paris à Dijon, en admettant que la distance de ces deux villes soit les $\frac{3}{5}$ de la distance totale de Paris à Lyon ?

11. Le lait de bonne qualité contient environ les $\frac{4}{25}$ de son poids de crème ; combien retirera-t-on de lait de 12 kilogrammes $\frac{5}{8}$ de crème ?

12. Pour une élévation de température de 30 degrés, le fer s'allonge des $\frac{7}{20000}$ de sa longueur primitive ; calculer l'allongement d'une barre de fer continue de 512 kilomètres de long, pour un échauffement de 30 degrés (512 kilomètres, c'est la distance de Paris à Lyon ; l'allongement demandé dans ce problème serait celui que prendrait la ligne des rails du chemin de fer, s'ils étaient en contact immédiat).

13. La masse du soleil est 324479 fois plus grande que celle de la terre : d'autre part, la masse de la planète Jupiter est égale à $\frac{1}{1050}$ de la masse du Soleil ; combien de fois la masse de Jupiter est-elle plus grande que celle de la terre ?

14. L'hectolitre de froment pèse 76 kilogrammes, le froment donne les $\frac{4}{5}$ de son poids de farine, et la farine fournit les $\frac{13}{10}$ de son poids de pain ; combien peut on faire de kilogrammes de pain avec un hectolitre de froment ?

15. Quand un fonctionnaire reçoit un traitement pour la première fois, il subit une retenue égale à $\frac{1}{20}$ de son traitement, plus $\frac{1}{12}$ de ce qui reste ; faire voir qu'il reviendrait au même de lui faire subir une retenue de $\frac{1}{1}$ de son traitement plus $\frac{1}{20}$ de ce qui reste.

CHAPITRE VII.

Division des fractions.

137. DÉFINITION. *La division est une opération par laquelle étant donnés deux nombres, l'un appelé dividende, l'autre appelé diviseur, on en cherche un troisième appelé quotient, qui, multiplié par le diviseur, reproduise le dividende.* C'est, comme on le voit, la définition donnée déjà pour les nombres entiers et qu'on a coutume d'énoncer plus brièvement en disant que la division a pour but, *étant donnés un produit et l'un de ses facteurs, de trouver l'autre.*

Le signe qu'on emploie pour indiquer la division des fractions est le même que pour la division des nombres entiers.

Nous avons vu que la multiplication peut avoir deux buts essentiellement distincts, selon que le multiplicateur est un nombre entier ou fractionnaire ; il en résulte que la division, qui est pour ainsi dire l'opération inverse de la multiplication, pourra aussi servir à des usages différents, suivant la nature du diviseur.

138. Supposons d'abord que le diviseur soit un nombre entier, 7, par exemple ; diviser un nombre par 7, c'est trouver un autre nombre appelé quotient qui, multiplié par 7, reproduise le dividende. Or multiplier un nombre par 7, c'est le répéter 7 fois ; donc la définition précédente revient à dire que le quotient, répété 7 fois, doit donner le dividende, ou que le quotient doit être la septième partie du dividende. Dans cet exemple, la division a donc pour but de partager le dividende en 7 parties égales ; et, en général :

Lorsque le diviseur est entier, la division sert à partager le dividende en autant de parties égales qu'il y a d'unités dans le diviseur.

6.

139. Supposons maintenant que le diviseur soit une fraction, $\frac{5}{6}$ par exemple ; diviser un nombre par $\frac{5}{6}$, c'est trouver un autre nombre appelé quotient, qui, multiplié par $\frac{5}{6}$, reproduise le dividende. Or multiplier un nombre par $\frac{5}{6}$, c'est en prendre les $\frac{5}{6}$ comme nous l'avons expliqué ; donc la définition précédente revient à dire que les $\frac{5}{6}$ du quotient doivent donner le dividende.

Ainsi diviser un nombre par $\frac{5}{6}$, c'est trouver un autre nombre appelé quotient, dont les $\frac{5}{6}$ reproduisent le premier nombre ; et, en général ;

Diviser un nombre par une fraction, c'est trouver un nombre appelé quotient, tel que si l'on prend de ce nombre la fraction indiquée par le diviseur, on retrouve le dividende.

Nous distinguerons deux cas principaux dans la division des fractions, suivant que le diviseur est un nombre entier ou fractionnaire.

140. 1er CAS. *Le diviseur est un nombre entier.*

Soit, par exemple, $\frac{4}{13}$ à diviser par 8 ; l'opération a pour but de partager $\frac{4}{13}$ en 8 parties égales, c'est-à-dire de rendre 8 fois plus petite la fraction $\frac{4}{13}$, ce qui peut se faire en multipliant le dénominateur par 8 (V. le n° 103) ; on aura ainsi :

$$\frac{4}{13} : 8 = \frac{4}{13 \times 8} = \frac{4}{104} = \frac{1}{26}.$$

RÈGLE. *Pour diviser une fraction par un nombre entier, on multiplie le dénominateur de cette fraction par le nombre entier.*

141. Si le numérateur de la fraction est exactement divisible par le diviseur, on peut opérer plus simplement. Soit, par exemple, $\frac{8}{15}$ à diviser par 4 ; il s'agit de rendre 4 fois plus petite la fraction $\frac{8}{15}$, ce qui peut se faire en divisant le numérateur par 4, et on a ainsi :

$$\frac{8}{15} : 4 = \frac{8 : 4}{15} = \frac{2}{15} .$$

RÈGLE. *Pour diviser une fraction par un nombre entier, on divise le numérateur de cette fraction par le nombre entier, pourvu que la division se fasse exactement.*

Quand cette deuxième règle est applicable, il faut la préférer à la première, parce qu'elle donne des résultats plus simples.

142. 2e Cas. *Le diviseur est une fraction.*

Soit, par exemple, 8 à diviser par $\frac{5}{7}$. Diviser 8 par $\frac{5}{7}$, c'est trouver un nombre appelé quotient dont les $\frac{5}{7}$ donnent 8 : si les $\frac{5}{7}$ du quotient sont égaux à 8, $\frac{1}{7}$ du quotient sera 5 fois plus petit, et par conséquent sera égal à $\frac{8}{5}$; et si $\frac{1}{7}$ du quotient est égal à $\frac{8}{5}$, le quotient tout entier vaudra 7 fois plus, ou $\frac{8 \times 7}{5}$, résultat qui peut être écrit $8 \times \frac{7}{5}$; or 8 est le dividende, $\frac{7}{5}$ c'est une fraction qui s'obtient en renversant le diviseur, c'est-à-dire en prenant pour numérateur, le dénominateur du diviseur, et inversement ; on voit donc que le quotient peut s'obtenir en multipliant le dividende par la fraction qu'on obtient en renversant le diviseur.

Prenons maintenant un exemple où le dividende soit une fraction comme le diviseur, $\frac{4}{9}$ à diviser par $\frac{3}{5}$. Diviser $\frac{4}{9}$ par $\frac{3}{5}$, c'est trouver un nombre appelé quotient dont les $\frac{3}{5}$ soient égaux à $\frac{4}{9}$; si les $\frac{3}{5}$ du quotient sont égaux à $\frac{4}{9}$, $\frac{1}{5}$ du quotient sera 3 fois plus petit, et par conséquent sera égal à $\frac{4}{9 \times 3}$; et si $\frac{1}{5}$ du quotient vaut $\frac{4}{9 \times 3}$, le quotient tout entier vaudra 5 fois plus ou $\frac{4 \times 5}{9 \times 3}$, résultat qui peut s'écrire $\frac{4}{9} \times \frac{5}{3}$; et l'on voit qu'on trouve encore le quotient en multipliant le dividende par la fraction obtenue en renversant le diviseur.

Le raisonnement que nous venons de faire dans les deux exemples qui précèdent peut être mis sous forme d'égalités, ce qui permet de le mieux saisir dans son ensemble. Supposons qu'on veuille diviser un nombre quelconque par une fraction, $\frac{7}{11}$, par exemple. Voici les égalités qui expriment la définition de l'opération, et le raisonnement fort simple, par lequel on trouve le quotient.

$$\text{Les } \frac{7}{11} \text{ du quotient} = \text{le dividende,}$$

$$\frac{1}{11} \text{ du quotient} = \frac{1}{7} \text{ du dividende.}$$

$$\text{Le quotient entier} = \text{les } \frac{11}{7} \text{ du dividende.}$$

On voit par là que pour diviser un nombre par $\frac{7}{11}$ il faut prendre les $\frac{11}{7}$ de ce nombre, c'est-à-dire le multiplier par $\frac{11}{7}$; et en général :

RÈGLE. *Pour diviser un nombre par une fraction, on multiplie le dividende par la fraction diviseur renversée.*

143. DIVISION DE DEUX NOMBRES ENTIERS ACCOMPAGNÉS DE FRACTIONS. Lorsque le dividende et le diviseur d'une division ou l'un des deux sont des nombres entiers accompagnés de fractions, on commence par réduire en une seule fraction chaque entier avec la fraction qui l'accompagne, puis on divise les deux fractions ainsi obtenues.

EXEMPLE. Diviser $59 + \frac{3}{11}$ par $7 + \frac{47}{63}$.

On a d'abord :

$$59 + \frac{3}{11} = \frac{652}{11} .$$

$$7 + \frac{47}{63} = \frac{488}{63} .$$

et ensuite

$$\frac{652}{11} : \frac{488}{63} = \frac{652 \times 63}{488 \times 11} = \frac{163 \times 63}{122 \times 11} = \frac{10269}{1342} = 7 + \frac{875}{1342} .$$

144. USAGES DE LA DIVISION DES FRACTIONS. Lorsque le diviseur est entier, la division sert à partager un nombre en parties égales, à le rendre un certain nombre de fois plus petit ; lorsque le diviseur est fractionnaire, elle donne la solution de cette question générale : connaissant une fraction déterminée d'un nombre inconnu, trouver ce nombre. Dans les problèmes usuels, on a à faire des divisions lorsqu'on demande de trouver le prix d'un

kilogramme d'une denrée, connaissant le prix d'un nombre entier ou fractionnaire de kilogrammes, le prix d'un mètre d'étoffe, connaissant le prix d'une longueur déterminée de cette étoffe ; ou encore lorsqu'on cherche quelle longueur d'une étoffe on peut avoir pour une somme déterminée, connaissant le prix du mètre ; etc. Ce sont, en résumé, les mêmes applications que celles de la division des nombres entiers, avec cette différence que la division des nombres entiers ne peut donner les solutions de ces diverses questions que dans les cas les plus simples et les moins fréquents, ceux où les données et le résultat sont des nombres entiers.

PREMIER EXEMPLE. Une locomotive a parcouru 119 kilomètres $\frac{2}{5}$ en 3 heures $\frac{2}{3}$; combien fait-elle de kilomètres à l'heure ?

Je réduis d'abord chacun des nombres donnés en une seule fraction :

$$119 + \frac{2}{5} = \frac{597}{5},$$

$$3 + \frac{2}{3} = \frac{11}{3}.$$

Le problème s'énonce alors ainsi : une locomotive parcourt $\frac{597}{5}$ de kilomètre en $\frac{11}{3}$ d'heure ; quel chemin fait-elle en une heure ?

Si l'on connaissait ce chemin, il faudrait en prendre les $\frac{11}{3}$ pour savoir combien la locomotive fait de chemin en $\frac{11}{3}$ d'heure, c'est-à-dire pour trouver $\frac{597}{5}$; la question revient donc à trouver un nombre dont les $\frac{11}{3}$ soient égaux à $\frac{597}{5}$, ce qui se fait en divisant $\frac{597}{5}$ par $\frac{11}{3}$; on trouve ainsi

$$\frac{597}{5} : \frac{11}{3} = \frac{597 \times 3}{5 \times 11} = \frac{1791}{55} = 32 + \frac{31}{55}.$$

La locomotive fera donc 32 kilomètres $\frac{31}{55}$ à l'heure.

DEUXIÈME EXEMPLE. Le poids d'un litre de blé est de $\frac{3}{4}$ de kilogramme ; quel est en litres le volume de $\frac{7}{9}$ de kilogramme de blé ?

Si l'on connaissait ce volume, en multipliant le poids du litre par ce volume, on aurait évidemment $\frac{7}{9}$ de kilogramme ; donc la fraction $\frac{7}{9}$ est un produit de deux facteurs dont l'un est le poids du litre de blé, $\frac{3}{4}$ de kilogramme, et dont l'autre est le nombre cherché ; on obtiendra donc ce dernier nombre en divisant $\frac{7}{9}$ par $\frac{3}{4}$, ce qui donne

$$\frac{7}{9} : \frac{3}{4} = \frac{7 \times 4}{9 \times 3} = \frac{48}{27} = 1 + \frac{1}{27} ;$$

par conséquent $\frac{7}{9}$ de kilogramme de blé occupent un volume de 1 litre $\frac{1}{27}$.

RÉSUMÉ.

137. Définition générale de la division. — 138, 139. Explication de cette définition dans le cas où le diviseur est entier et dans le cas où il est fractionnaire — 140, 141. Division d'une fraction par un nombre entier ; règle générale ; règle particulière au cas où le diviseur divise exactement le numérateur de la fraction dividende. — 142 Division d'un nombre quelconque par une fraction. — 143. Division de deux nombres entiers accompagnés de fractions. — 144. Usages de la division des fractions.

EXERCICES.

1. Faire les divisions suivantes :

$$\frac{4}{5} : 9 ; \qquad\qquad \frac{42}{55} : 7 ;$$

$$\frac{8}{9} : 7 ; \qquad\qquad \frac{58}{105} : 29 ;$$

$$\frac{4}{11} : 15 ; \qquad\qquad \frac{72}{453} : 23 ;$$

$$\frac{52}{69} : 3 ; \qquad\qquad \frac{610}{329} : 9 ;$$

$$\frac{87}{28} : 18 ; \qquad\qquad \frac{7300}{11249} : 10 ;$$

$$\frac{646}{915} : 476 ; \qquad\qquad \frac{36000}{314159} : 720.$$

2. Faire les divisions suivantes :

$$5 : \frac{2}{3} ; \qquad 175 : \frac{125}{13} ;$$

$$8 : \frac{4}{7} ; \qquad 81 : \frac{729}{1000} ;$$

$$15 : \frac{5}{9} ; \qquad 1 : \frac{346}{745}$$

$$42 : \frac{36}{29} ; \qquad 1 : \frac{31416}{10000} ;$$

$$56 : \frac{61}{124} ; \qquad 271828 : \frac{15682}{345781} ;$$

$$112 : \frac{29}{72} \qquad 439 : \frac{1}{1050} .$$

3. Faire les divisions suivantes :

$$\frac{2}{5} : \frac{3}{4} ; \qquad \frac{64}{205} : \frac{512}{315} ;$$

$$\frac{4}{9} : \frac{5}{6} ; \qquad \frac{609}{1024} : \frac{261}{360} ;$$

$$\frac{5}{12} : \frac{8}{11} ; \qquad \frac{9000}{5417} : \frac{810}{3453} ;$$

$$\frac{9}{13} : \frac{27}{31} ; \qquad \frac{7835}{2934} : \frac{5327}{1113} ;$$

$$\frac{40}{73} : \frac{47}{28} ; \qquad \frac{98452}{84601} : \frac{60935}{11348} ;$$

$$\frac{102}{121} : \frac{65}{77} ; \qquad \frac{752318}{965425} : \frac{376159}{1930850} .$$

4. Faire les divisions suivantes :

$$7\frac{3}{4} : 5\frac{2}{5} ; \qquad 531\frac{8513}{9817} : 36\frac{401}{742} ;$$

$$8\frac{3}{7} : 11\frac{5}{8} : \qquad 42\frac{3}{14} : 58$$

$$45\frac{7}{11} : 4\frac{5}{15} ; \qquad 67\frac{4}{9} : \frac{28}{31} ;$$

$$19\frac{5}{13} : 5\frac{3}{16} ; \qquad 65 : 4\frac{8}{15} ;$$

$$121\frac{43}{87} : 8\frac{57}{65} ; \qquad \frac{7}{19} : 17\frac{3}{10} ;$$

$$1461\frac{121}{128} : 369\frac{125}{144} ; \qquad 354\frac{815}{1000} : 19\frac{49}{100} .$$

5. Trouver un nombre dont les $\frac{5}{6}$ soient égaux à 95.

6. Dans une entreprise commerciale, on prélève les $\frac{3}{20}$ des bénéfices pour le fonds de réserve ; ce prélèvement s'est élevé une année à 3690 francs, quel est le montant des bénéfices ?

7. Une fontaine remplit en 8 heures les $\frac{7}{9}$ de la capacité d'un bassin ; combien lui faudra-t-il d'heures pour remplir tout le bassin ?

8. Quand on blute de la farine, on n'en retire que les $\frac{21}{25}$ environ du poids total en farine blanche ; combien devra-t-on bluter de farine brute pour obtenir 117 kilogrammes de farine blanche ?

9. Une locomotive a parcouru 110 kilomètres et demi en 3 heures $\frac{1}{4}$; combien fait-elle de kilomètres à l'heure ?

10. Le poids de la vapeur d'eau est, à volume égal, les $\frac{5}{8}$ du poids de l'air ; or, un mètre cube de vapeur pèse environ 808 grammes ; quel est le poids d'un mètre cube d'air ?

11. La valeur de la monnaie d'or est égale à 15 fois et demie la valeur d'un même poids de monnaie d'argent ; or le kilogramme de monnaie d'or vaut 3100 francs ; quelle sera la valeur d'un kilogramme de monnaie d'argent ?

12. Le diamètre de la Terre est les $\frac{50}{27}$ environ de celui de la planète Mars ; or, le diamètre de la Terre est égal à 1276 myriamètres ; quel est le diamètre de la planète Mars ?

13. De 0° à 100°, le cuivre s'allonge des $\frac{59}{31250}$ de sa longueur ; dans une expérience, on a constaté que l'allongement d'une barre de cuivre était de 2 millimètres $\frac{1}{4}$; on demande quelle était la longueur primitive de la barre de cuivre.

PROBLÈMES DE RÉCAPITULATION SUR LES QUATRE RÈGLES DES FRACTIONS.

1. Un ouvrier a fait successivement $\frac{1}{4}$, $\frac{1}{6}$ et $\frac{1}{9}$ de l'ouvrage qu'il doit faire ; quelle fraction lui en reste-t-il à faire ?

2. Un marchand achète pour 2400 fr. de marchandises, et veut les revendre de manière que son bénéfice soit les $\frac{3}{25}$ du prix d'achat ; combien les vendra-t-il ?

3. Un instituteur, qui a joui d'un traitement moyen de 1257 francs pendant les six dernières années, est admis à la retraite ; il n'a que 18 ans de services ; et, d'après la loi, sa pension se calcule à raison de $\frac{1}{120}$ du traitement moyen par année de service, plus $\frac{1}{30}$ de la somme ainsi obtenue ; on demande de trouver le montant de la pension de cet instituteur.

4. Dans une succession, l'héritier principal a droit à $\frac{1}{4}$ de l'héritage par préciput, plus à $\frac{1}{7}$ de ce qui reste ; il reçoit en tout 245000 francs ; quel est le montant total de l'héritage ?

5. Deux époux étaient mariés sous le régime de la communauté ; le mari meurt, laissant 4 enfants, et donne, par préciput, à sa veuve, $\frac{1}{4}$ de sa part propre dans la communauté. La fortune totale étant de 128000 francs, on demande quelle sera la part de la veuve et celle des enfants.

6. Deux pompes sont telles que le rendement de la première n'est que les $\frac{3}{7}$ de celui de la seconde ; or la première mettrait 11 heures à épuiser un bassin ; combien la seconde mettrait-elle de temps ? Combien en mettraient les deux pompes réunies ?

7. Deux personnes ont le même revenu. La première en épargne chaque année $\frac{1}{12}$; la seconde, qui dépense 450 francs de plus que la première, se trouve avoir, au bout de 5 ans, 1000 francs de dettes. Calculer le revenu de chacune de ces personnes, et le montant total des épargnes de la première au bout de 5 ans.

8. Un fabricant de chaises s'engage à livrer un certain nombre de chaises, moyennant une somme de 1200 francs en argent et une quantité déterminée de bois à ouvrer. A l'époque convenue, il ne peut livrer que les $\frac{5}{8}$ du nombre de chaises promis, et on lui donne en paiement 720 francs d'argent et tout le bois ; quelle est la valeur de ce bois ?

9. La houille pèse 80 kilogrammes par hectolitre, et produit, à la distillation, 230 litres de gaz par kilogramme ; on perd environ $\frac{1}{18}$ de cette quantité de gaz à l'épuration et par les fuites ; combien faudra-t il d'hectolitres de houille pour suffire à une consommation de 245000 mètres cubes de gaz ? Le mètre cube équivaut à 1000 litres.

10. Partager 40 en deux parties telles que la première soit les $\frac{2}{3}$ de de la seconde.

11. Partager 568 en trois parties telles que la première soit les $\frac{2}{3}$ de la troisième, et que la seconde soit les $\frac{4}{11}$ de la troisième.

12. On prend les $\frac{2}{7}$ d'un nombre, puis les $\frac{5}{6}$ du reste, puis les $\frac{21}{50}$ du reste, et il reste alors 41 ; quel était le nombre primitif ?

13. La durée exacte de l'année est de 365 jours $\frac{12111}{50000}$; dans le calendrier, on lui donne une durée de 365 jours $\frac{97}{400}$; quelle est l'erreur commise au bout d'un an, au bout d'un siècle ? Après combien d'années cette erreur atteindra-t-elle un jour ?

14. Quand on réduit le blé en farine bise propre à faire le pain de munition, il perd environ les $\frac{4}{25}$ de son poids ; et cette farine, quand on la convertit en pain, absorbe environ les $\frac{3}{5}$ de son poids d'eau ; combien faudra-t-il de kilogrammes de blé pour faire 100 kilogrammes de pain de munition ?

15. On dissout 10 grammes de sel dans un vase plein d'eau ; on enlève alors les $\frac{2}{5}$ du liquide, et on les remplace par de l'eau pure ; on enlève une seconde fois les $\frac{2}{5}$ du liquide, qu'on remplace par de l'eau pure ; et on renouvelle cette opération une troisième fois ; combien restera-t-il en définitive de sel dans le liquide ?

16. Un mélange de vin et d'eau est fait dans des proportions telles que la quantité d'eau est les $\frac{2}{5}$ de celle du vin ; si l'on ajoute à ce mélange 30 litres de vin, la quantité d'eau n'est plus que $\frac{1}{3}$ de celle du vin. On demande combien le premier mélange contenait de litres d'eau et de vin.

17. Les fonds placés dans les caisses d'épargne s'accroissent chaque année des $\frac{7}{200}$ de leur valeur, et à la fin de chaque année, on ajoute cet intérêt au capital, pour qu'il rapporte intérêt à son tour. Un déposant, qui retire ses fonds au bout de 2 ans, reçoit 428 fr $\frac{1}{2}$; combien avait-il déposé ?

LIVRE III

NOMBRES DÉCIMAUX.

CHAPITRE I.

Numération.

145. Notions préliminaires. Si l'on partage un objet quelconque en 10, 100, 1000, 10000, etc., parties égales, les parties aliquotes ainsi obtenues s'appellent, comme on sait, des *dixièmes*, des *centièmes*, des *millièmes*, des *dix-millièmes*, etc., de l'objet primitif. Ainsi prenons une règle, par exemple, et divisons-la en 10 parties égales, chacune de ces parties sera un *dixième* de la règle primitive ; si on partageait de même la règle en 100 ou 1000 parties égales, chacune de ces parties serait un *centième* ou un *millième* de la règle; et ainsi de suite.

Cette division en 10, 100, 1000 parties égales que nous pouvons réaliser effectivement sur un objet matériel, on peut imaginer qu'on l'effectue sur l'unité abstraite, sur le nombre *un* ; on aura ainsi des *dixièmes*, des *centièmes*, des *millièmes*, etc., de l'unité ; ces parties aliquotes de l'unité, dixièmes, centièmes, millièmes, etc., s'appellent des *parties décimales* de l'unité.

146. Il est facile de comprendre qu'un dixième équivaut à *dix* centièmes, qu'un centième vaut *dix* millièmes, qu'un millième vaut *dix* dix-millièmes, et ainsi de suite. En effet, partageons d'abord l'unité en *dix* parties égales, et ensuite chacun des dixièmes ainsi obtenus en dix autres parties égales; l'unité sera ainsi divisée en dix fois dix ou *cent* parties égales ; les nouvelles parties seront donc des *centièmes* de l'unité, et l'on voit, par la méthode même qui les a fournis, que chacun de ces centièmes est contenu dix fois dans un dixième ; un dixième équivaut donc à *dix* centièmes. Partageons de même chaque centième d'unité en dix parties égales ; l'unité entière sera alors divisée en dix fois cent ou *mille* parties égales, et par conséquent ces parties seront des *millièmes* de l'unité ; or il résulte de la méthode même qu'on a employée pour les trouver, que chacun de ces millièmes est contenu dix fois dans un centième ; donc un centième équivaut à *dix* millièmes. Le même raisonnement servirait à démontrer qu'un millième équivaut à *dix* dix-millièmes, qu'un dix-millième équivaut à *dix* cent-millièmes, et ainsi de suite.

147. Il résulte de là que si l'on considère, d'une part les unités des différents ordres, *unités*, *dizaines*, *centaines*, *mille*, etc., et d'autre part les parties décimales de l'unité, *dixièmes*, *centièmes*, *millièmes*, etc., on aura une suite de nombres tels que chacun d'eux en vaudra *dix* de l'ordre immédiatement inférieur ; de telle sorte que les unités, les dizaines, les centaines, etc., forment une suite *croissante*, dont les termes sont de dix en dix fois plus grands, tandis que les unités, les dixièmes, les centièmes, etc., forment une suite *décroissante* dont les termes sont de dix en dix fois plus petits. En se plaçant à ce point de vue, on peut donner le nom d'unités aux dixièmes, centièmes, millièmes, etc. ; toutefois, pour les distinguer de l'unité simple et des unités d'ordre supérieur, on les appellera des *unités décimales*. Le tableau de ces diverses unités, rangées par ordre de grandeur décroissante sera :

. . . .

. . . .
Dizaines de mille.
Mille.
Centaines.
Dizaines.

>   Unités simples.
>   Dixièmes.
>   Centièmes.
>   Millièmes.
>   Dix-millièmes.
>
>   . . . .
>   . . . .

et toutes ces unités seront liées entre elles par la relation très-simple que l'on vient d'établir :

Chacune de ces unités en vaut dix de l'ordre immédiatement inférieur.

148. On appelle *nombre décimal* ou *fraction décimale* un nombre exclusivement formé d'unités ou de parties décimales de l'unité. Ainsi 43 unités 28 centièmes ; 356 dixièmes ; 4317 millièmes ; 25 dix-millièmes ; 7 unités 2 dixièmes 9 centièmes 8 millièmes, sont des nombres décimaux.

149. Tout nombre décimal peut être décomposé en unités entières et décimales des différents ordres, et de telle sorte qu'il n'y ait pas plus de 9 unités de chaque ordre ; cela résulte immédiatement du principe énoncé plus haut, que 10 unités d'un certain ordre équivalent à une unité de l'ordre immédiatement supérieur.

Prenons, par exemple, le nombre décimal

>   32415 millièmes ;

puisque 10 millièmes valent 1 centième, les dizaines de millièmes seront des centièmes. Puisqu'un dixième vaut 10 centièmes, et qu'un centième vaut 10 millièmes, un dixième vaudra 10 fois 10 ou 100 millièmes ; par conséquent les centaines de millièmes seront des dixièmes. L'unité vaut 1000 millièmes ; cela est évident ; la dizaine vaudra 10 fois 1000 ou 10000 millièmes, et ainsi de suite. Or le nombre donné peut se décomposer ainsi :

>   5 millièmes,
>   10 millièmes,
>   400 millièmes,
>   2000 millièmes,
>   30000 millièmes,

ou bien, d'après ce qui précède,

>   5 millièmes,
>   1 centième,

4 dixièmes,
2 unités,
3 dizaines.

Prenons encore le nombre

369 cent-millièmes ;

10 cent-millièmes valent un dix-millième ; 60 cent-millièmes vaudront 6 dix-millièmes. Le millième vaut 10 dix-millièmes, et le dix-millième vaut 10 cent-millièmes; donc un millième vaut 10 fois 10 ou 100 cent-millièmes ; et par conséquent 300 cent-millièmes équivalent à 3 millièmes. Le nombre donné peut donc se décomposer ainsi :

9 cent-millièmes,
6 dix-millièmes,
3 millièmes.

150. NUMÉRATION DES NOMBRES DÉCIMAUX. Puisque les parties décimales de l'unité suivent la loi décimale, comme les unités, les dizaines, les centaines, etc., on peut se servir, pour les écrire, de la convention fondamentale de la numération écrite des nombres entiers, à savoir que :

Tout chiffre placé à la droite d'un autre représente des unités dix fois plus petites que cet autre.

Appliquons ce principe aux unités décimales : il en résultera qu'un chiffre mis à la droite du chiffre des unités exprimera des unités dix fois plus petites, c'est-à-dire des *dixièmes* ; un chiffre placé à la droite du chiffre des dixièmes représentera des unités dix fois plus petites, c'est-à-dire des *centièmes* ; un chiffre placé à la droite de celui des centièmes exprimera des unités dix fois plus petites, c'est-à-dire des *millièmes* ; et ainsi de suite. A partir du chiffre des unités, le premier chiffre à droite représentera des dixièmes, le suivant, des centièmes, le suivant, des millièmes, le suivant, des dix-millièmes, etc. Mais pour ne pas confondre les chiffres qui expriment les parties décimales de l'unité avec ceux qui représentent les unités, les dizaines, les centaines, etc., on est convenu de mettre une virgule à la droite du chiffre des unités, c'est-à-dire entre le chiffre des unités et celui des dixièmes ; et s'il arrive que le nombre décimal ne contienne pas d'unités entières, on écrira un zéro à gauche de la virgule pour tenir la place des unités qui manquent. On emploiera de même le zéro pour tenir la place des unités décimales qui viendraient à manquer ; si, par exemple, un nombre décomposé en ses unités, ne contenait point de dixièmes, le premier chiffre à droite de la virgule serait un zéro, et de même pour les autres unités décimales.

On voit que dans un nombre décimal écrit en chiffres, le 1er chiffre à droite de la virgule est le chiffre des dixièmes ; le 2e chiffre après la virgule est le chiffre des centièmes ; le 3e chiffre après la virgule est le chiffre des millièmes ; le 4e chiffre est celui des dix-millièmes ; et ainsi de suite. Le rang qu'un chiffre occupe à partir de la virgule sur la droite indique donc immédiatement l'espèce des unités décimales qu'il représente, de même que le rang d'un chiffre à partir de la virgule sur la gauche marque l'ordre des unités exprimés par ce chiffre.

EXEMPLE. Soit le nombre 478,6529 ; dans ce nombre, le chiffre 8, qui précède immédiatement la virgule représente des unités ; le chiffre 6, qui suit la virgule, exprime des dixièmes ; le chiffre 5, des centièmes ; etc. Le nombre donné vaut donc

4 centaines,
7 dizaines,
8 unités,
6 dixièmes,
5 centièmes,
2 millièmes,
9 dix-millièmes.

151. La portion d'un nombre décimal qui est placé à gauche de la virgule s'appelle la *partie entière* de ce nombre ; et la portion qui est placée à droite de la virgule s'appelle la *partie décimale* ; les chiffres de cette partie décimale se nomment des *chiffres décimaux*, ou encore des *décimales*. Dans l'exemple précédent, 478 est la partie entière ; 6529 est la partie décimale.

152. Ces préliminaires posés, on voit que, pour écrire un nombre décimal, il faut d'abord le décomposer en unités entières et décimales des différents ordres ; puis on écrit successivement de gauche à droite les chiffres qui indiquent combien il y a d'unités de chaque espèce, en commençant par les plus hautes ; il faut avoir soin de plus de mettre une virgule à la droite du chiffre des unités, et si les unités d'un certain ordre manquent, de mettre un zéro à la place correspondante.

Proposons-nous: par exemple, d'écrire le nombre

34785 millièmes ;

en décomposant ce nombre en unités des différents ordres, on trouve qu'il vaut

5 millièmes,
8 centièmes,
7 dixièmes,
4 unités,
3 dizaines ;

il s'écrira donc :

34,785.

Prenons encore le nombre

300805 centièmes ;

ce nombre équivaut à

5 centièmes,
8 unités,
3 mille ;

on voit qu'il ne renferme ni centaines, ni dizaines, ni dixièmes ; on l'écrira alors :

3008,05.

Comme dernier exemple, je prends le nombre

452 dix-millièmes ;

ce nombre se décompose ainsi :

2 dix-millièmes,
5 millièmes,
4 centièmes ;

il ne contient donc ni unités entières, ni dixièmes ; on écrira alors un zéro suivi d'une virgule, pour tenir la place des unités entières qui manquent, puis un zéro à droite de la virgule, puisqu'il n'y a pas de dixièmes ; on écrira ensuite les chiffres qui indiquent combien il y a de centièmes, de millièmes et de dix-millièmes, et on aura :

0,0452.

153. Les explications que nous venons de donner suffiraient, à la rigueur, pour écrire tous les nombres décimaux, et aussi pour lire les nombres écrits en chiffres ; mais, lorsque les nombres sont un peu compliqués, on

évite la décomposition en unités des différents ordres, qui serait alors trop longue. Occupons-nous d'abord de la lecture d'un nombre décimal écrit en chiffres ; et soit, par exemple, le nombre 57,3618.

On peut d'abord lire séparément chaque chiffre en ajoutant le nom de l'unité qu'il représente, ce qui revient à décomposer le nombre en unités des différents ordres ; cela donne immédiatement

$$5 \text{ dizaines,}$$
$$7 \text{ unités,}$$
$$3 \text{ dixièmes}$$
$$6 \text{ centièmes,}$$
$$1 \text{ millième,}$$
$$8 \text{ dix-millièmes ;}$$

ce mode de lecture est rarement employé.

154. On peut encore exprimer toutes les unités du nombre en unités de l'espèce la plus petite, c'est-à-dire, ici, en dix-millièmes.

En effet, 1 millième vaut 10 dix-millièmes ;

1 centième vaut 10 millièmes, c'est-à-dire 10 fois 10 ou 100 dix-millièmes ; donc 6 centièmes vaudront 600 dix-millièmes ;

1 dixième vaut 10 centièmes, par suite 10 fois 100 ou 1000 dix-millièmes ; donc 3 dixièmes valent 3000 dix-millièmes ;

1 unité vaut 10000 dix-millièmes ; donc 7 unités valent 70000 dix-millièmes ;

Enfin 1 dizaine vaut 10 unités, c'est-à-dire 10 fois 10000 ou 100000 dix-millièmes ; donc 5 dizaines valent 500000 dix-millièmes.

Il résulte de là que le nombre tout entier équivaut à

	500000	dix-millièmes,
plus	70000	id.
plus	3000	id.
plus	600	id.
plus	10	id.
plus	8	id.

ou enfin à

573618 dix-millièmes ;

d'où la règle suivante :

RÈGLE. *Pour énoncer un nombre décimal écrit en chiffres, on lit le nombre comme s'il était entier, abstrac-*

tion faite de la virgule ; puis on ajoute le nom de l'unité décimale que représente le dernier chiffre.

155. Le mode de lecture le plus employé consiste à lire séparément la partie entière et la partie décimale, en appliquant à cette dernière partie seulement le procédé que nous venons d'expliquer. Le nombre pris pour exemple s'énonce alors comme il suit :

57 unités 3618 dix-millièmes.

Règle. *Pour énoncer un nombre décimal écrit en chiffres, on lit d'abord la partie entière, s'il y en a une ; puis on lit la partie décimale comme un nombre entier en ajoutant le nom de l'unité décimale que représente le dernier chiffre.*

Exemples. Énoncer les nombres ;

3,028 ; 48,3 ; 6024,348 ; 0,027.

1° Le premier nombre 3,028 se lira 3028 millièmes, ou 3 unités 28 millièmes.

2° Le deuxième nombre 48,3 s'énonce 483 dixièmes, ou 48 unités 3 dixièmes.

3° Le troisième nombre 6024,348 s'énonce 6 024 348 millièmes, ou 6024 unités 348 millièmes.

4° Enfin le quatrième nombre 0,027 se lit 27 millièmes, quelle que soit celle des deux règles qu'on applique, parce qu'il n'a pas de partie entière.

156. Enfin, lorsqu'un nombre décimal contient un grand nombre de chiffres, on préfère ordinairement le décomposer en tranches de trois chiffres à partir de la virgule, et lire séparément chaque tranche de la partie décimale, en remarquant que la première représente des *millièmes*, la seconde, des *millionièmes*, la troisième, des *billionièmes*, etc.

Exemple. Lire le nombre

34,780 946 005 87.

On voit bien aisément que la 1ʳᵉ tranche qui suit la virgule peut se lire 780 millièmes ; la suivante, 946 millionièmes ; la suivante, 5 billionièmes ; et la dernière qui n'a que deux chiffres, celui des dix-billionièmes, et celui des cent-billionièmes, équivaut à 87 cent-billionièmes.

On énoncera donc le nombre ainsi :

34 unités 780 millièmes 946 millionièmes 5 billionièmes 87 cent-billionièmes.

157. Les règles que nous venons de donner pour la lecture des nombres décimaux ont pour conséquences immédiates des règles correspondantes pour l'écriture des nombres décimaux sous la dictée ; il suffit de les énoncer.

Règle. *Pour écrire un nombre décimal qu'on dicte sans séparer la partie entière de la partie décimale, on écrit le nombre tel qu'il est dicté ; et l'on y place la virgule de telle sorte que le dernier chiffre à droite occupe le rang marqué par l'espèce des unités décimales que l'on énonce.*

Exemple. Écrire le nombre

21817 centièmes.

J'écris d'abord 21817 ; puis je mets une virgule dans ce nombre à une place telle que le dernier chiffre 7 exprime des centièmes, c'est-à-dire qu'il occupe le 2e rang après la virgule ; cela donne

218,17.

Écrire le nombre

453 dix-millièmes.

Le chiffre des dix-millièmes occupe le 4e rang après la virgule ; le nombre 453 n'ayant que trois chiffres, il faudra le faire précéder de deux zéros pour pouvoir placer la virgule de manière que le dernier chiffre soit au 4e rang ; cela donne alors :

0,0453.

158. Règle. *Pour écrire un nombre décimal, lorsqu'on dicte séparément la partie entière et la partie décimale, on écrit d'abord la partie entière, et on la fait suivre d'une virgule ; puis on écrit la partie décimale, en intercalant, s'il est nécessaire, des zéros entre la virgule et le premier chiffre significatif, de manière que le dernier chiffre à droite occupe le rang marqué par l'espèce des unités décimales que l'on énonce.*

Exemples. Écrire le nombre

38 unités 17 centièmes.

Il n'y a aucune difficulté ; on a

38,17.

Écrire le nombre

7 unités 21 cent-millièmes.

J'écris d'abord la partie entière 7, et je la fais suivre d'une virgule ; puis pour écrire la partie décimale, j'observe que le chiffre des cent-millièmes occupe le 5e rang après la virgule ; et comme la partie décimale, 21 cent-millièmes, n'a que deux chiffres, je placerai trois zéros entre la virgule et le premier chiffre significatif, ce qui donnera :

$$7,000\,21.$$

159. Enfin, si l'on dictait un nombre décimal par tranches de trois chiffres, on l'écrirait tout aussi aisément ; il faudrait appliquer à chaque tranche les principes qui nous ont servi pour les deux règles précédentes.

160. THÉORÈME. *La valeur d'un nombre décimal ne change pas quand on ajoute ou qu'on supprime des zéros sur sa droite.*

DÉMONSTRATION. Prenons, par exemple, le nombre 28,65, et écrivons deux zéros sur sa droite ; nous aurons le nouveau nombre décimal 28,6500 ; je dis que ces deux nombres ont la même valeur. En effet, décomposons-les tous les deux en unités des différents ordres ; nous aurons :

pour le premier :	pour le second :
2 dizaines,	2 dizaines,
8 unités,	8 unités,
6 dixièmes,	6 dixièmes,
5 centièmes,	5 centièmes,
	0 millième,
	0 dix-millième ;

la comparaison de ces deux tableaux montre bien que les deux nombres sont équivalents, puisqu'ils contiennent l'un et l'autre le même nombre d'unités de chaque espèce ; les zéros ajoutés au dernier nombre n'ont aucune valeur.

161. REMARQUE. Il résulte de là qu'un nombre entier peut être considéré comme un nombre décimal ayant un nombre quelconque de chiffres décimaux; seulement ces chiffres décimaux sont des zéros ; ainsi le nombre entier 45 peut être écrit sous la forme suivante : 45,000, et assimilé à un nombre décimal.

162. THÉORÈME. *Pour rendre un nombre décimal 10 fois ou 100 fois ou 1000 fois, etc., plus grand, on déplace la virgule de un ou de deux ou de trois, etc., rangs, vers la droite.*

Ainsi, pour rendre un nombre décimal 10 fois plus grand, il faut avancer la virgule d'un rang vers la droite; pour le rendre 100 fois plus grand, il faut avancer la virgule de deux rangs vers la droite ; et ainsi de suite.

DÉMONSTRATION. Prenons, par exemple, le nombre 32,475, et proposons-nous de le rendre 100 fois plus grand ; je dis qu'il suffit pour cela d'avancer la virgule de deux rangs vers la droite, ce qui donne 3247,5. En effet, décomposons les deux nombres en unités des différents ordres ; nous aurons

pour le premier :	pour le second :
5 millièmes,	5 dixièmes,
7 centièmes,	7 unités,
4 dixièmes,	4 dizaines,
2 unités.	2 centaines,
3 dizaines,	3 mille ;

or un dixième est 100 fois plus grand qu'un millième ; donc 5 dixièmes sont 100 fois plus grands que 5 millièmes. De même une unité est 100 fois plus grande qu'un centième ; donc 7 unités ont une valeur 100 fois plus grande que 7 centièmes. Pareillement, une dizaine est 100 fois plus grande qu'un dixième ; donc 4 dizaines valent 100 fois plus que 4 dixièmes; et ainsi de suite. Toutes les parties qui composent le second nombre sont donc 100 fois plus grandes que les parties correspondantes du premier; par conséquent le second nombre est 100 fois plus grand que le premier ; ce qu'il fallait prouver.

163. REMARQUE. Si le nombre décimal donné n'avait pas assez de chiffres décimaux pour qu'on pût avancer la virgule vers la droite d'autant de rangs qu'il est nécessaire, on écrirait des zéros sur la droite du nombre, ce qui n'en change pas la valeur.

EXEMPLE. Rendre 10000 fois plus grand le nombre 6, 7. Il faut, d'après le théorème précédent, avancer la virgule de 4 rangs vers la droite ; pour pouvoir le faire, nous écrirons d'abord trois zéros sur la droite du nombre, ce qui donnera 6,7000 ; puis en déplaçant la virgule de 4 rangs vers la droite, nous obtiendrons le nombre entier 67000, qui sera 10000 fois plus grand que le nombre décimal donné 6,7.

164. THÉORÈME. *Pour rendre un nombre décimal 10*

fois ou 100 *fois ou* 1000 *fois etc.*, *plus petit, on déplace la virgule d'un ou de deux ou de trois etc., rangs vers la gauche.*

DÉMONSTRATION. Proposons-nous par exemple, de rendre 1000 fois plus petit le nombre décimal 48901,65 ; je dis qu'il suffit de reculer la virgule de trois rangs vers la gauche, ce qui donne le nouveau nombre 48,90165. En effet, en vertu du théorème précédent, le premier nombre 48901,65 est 1000 fois plus grand que le second 48,90165 ; donc le second est 1000 fois plus petit que le premier.

Ce théorème ne diffère du précédent que par la forme de l'énoncé, et on pourrait, pour le démontrer, répéter les raisonnements que nous avons faits pour le premier.

165. REMARQUE I. Si le nombre donné ne contenait pas assez de chiffres à sa partie entière pour qu'il fût possible de reculer la virgule vers la gauche d'autant de rangs qu'il est nécessaire, on écrirait des zéros en nombre suffisant sur la gauche du nombre donné, ce qui n'en change pas la valeur.

EXEMPLE. Rendre 100 fois plus petit le nombre 4,85. Il faut reculer la virgule de deux rangs vers la gauche ; et pour pouvoir le faire, nous supposerons qu'on écrive le nombre donné sous la forme 004,85, ce qui n'en altère pas la valeur ; en déplaçant alors la virgule de deux rangs vers la gauche, on a un nombre 100 fois plus petit, qui est 0,0485.

166. REMARQUE II. On peut aussi se servir de ce théorème pour rendre un nombre entier 10 fois ou 100 fois ou 1000 fois etc., plus petit : il suffit de remarquer qu'un nombre entier peut être assimilé à un nombre décimal, en écrivant une virgule à la droite du chiffre des unités.

EXEMPLE. Rendre 10000 fois plus petit le nombre entier 78347. On obtient immédiatement, en déplaçant la virgule sous-entendue de 4 rangs vers la gauche : 7,8347.

167. NOMBRES DÉCIMAUX CONSIDÉRÉS COMME FRACTIONS. Les nombres décimaux sont des fractions ; car ils sont formés de parties égales de l'unité. Prenons le nombre décimal 4,57 ; on peut le lire : 457 *centièmes*, et par conséquent, l'écrire sous forme

de fraction ordinaire : $\dfrac{457}{100}$. De là vient le nom de *fractions dé-cimales* qu'on donne souvent aux nombres décimaux.

Les fractions décimales étant composées de dixièmes, de centièmes, de millièmes, etc., de l'unité, ont pour dénominateurs les nombres 10, 100, 1000, etc.; donc,

Une fraction décimale est une fraction qui a pour dénominateur l'unité suivie d'un ou de plusieurs zéros.

168. Le mode d'écriture indiqué plus haut dispense d'écrire le dénominateur de la fraction décimale; mais rien n'est plus simple que de passer d'un des systèmes d'écriture à l'autre.

RÈGLE. *Pour écrire un nombre décimal sous forme fractionnaire, on supprime la virgule dans le nombre, ce qui donne le numérateur de la fraction; le dénominateur est l'unité suivie d'autant de zéros qu'il y avait de chiffres décimaux dans le nombre donné.*

EXEMPLE ET DÉMONSTRATION. Je prends le nombre 6,458 ; en supprimant la virgule dans ce nombre, je le rends 1000 fois plus grand, et j'ai le nombre entier 6458 ; pour le rendre 1000 fois plus petit, je puis lui donner 1000 comme dénominateur ; donc

$$6{,}458 = \frac{6458}{1000} ;$$

ce qui justifie la règle.

169. RÈGLE. *Lorsqu'un nombre décimal est donné sous forme fractionnaire, pour l'écrire sans dénominateur, on écrit le numérateur, et l'on sépare par une virgule sur la droite de ce nombre autant de chiffres décimaux qu'il y avait de zéros au dénominateur.*

Cette règle est une conséquence immédiate de la précédente.

170. En considérant les nombres décimaux comme des fractions, on peut déduire les théorèmes des nos 160, 162 et 164 des propriétés connues des fractions. Le premier se démontrerait en remarquant qu'ajouter des zéros sur la droite d'un nombre décimal, c'est en réalité multiplier le numérateur et le dénominateur de la fraction décimale par un même nombre, par 10, ou par 100, ou par 1000, etc. Les théorèmes des nos 162 et 164 se déduisent des principes suivants :

Quand on divise le dénominateur d'une fraction par un certain nombre, on rend la fraction le même nombre de fois plus grande.

Quand on multiplie le dénominateur d'une fraction par un nombre, on rend la fraction ce même nombre de fois plus petite.

RÉSUMÉ.

145, 146. Des parties décimales de l'unité ; leurs rapports mutuels.
— 147. Suite des unités entières et décimales des différents ordres.
— 148. Définition des nombres décimaux. — 149. Décomposition
d'un nombre décimal en unités des différents ordres. — 150, 151.
Principe de la numération écrite des nombres décimaux ; virgule ;
partie entière, partie décimale, chiffres décimaux. — 152. Méthode
générale pour écrire en chiffres un nombre décimal. — 153, 154, 155,
156. Règles diverses pour lire un nombre décimal écrit en chiffres.
— 157, 158, 159. Règles diverses pour écrire un nombre décimal sous
la dictée. — 160. La valeur d'un nombre décimal ne change pas
quand on ajoute ou qu'on supprime des zéros sur sa droite. — 161.
Un nombre entier peut être regardé comme un nombre décimal, dont
les chiffres décimaux sont des zéros. — 162, 163. Rendre un nombre
décimal 10, 100, 1000, etc. fois plus grand. — 164, 165. Rendre un
nombre décimal 10, 100, 1000, etc. fois plus petit. — 166. Application
de la règle à un nombre entier. — 167. Les nombres décimaux sont
des fractions qui ont pour dénominateurs des nombres formés par l'u-
nité suivie d'un ou de plusieurs zéros. — 168, 169. Écrire un nombre
décimal sous forme fractionnaire, et réciproquement, écrire une fraction décimale sans écrire le dénominateur. — 170. Les théorèmes des
nᵒˢ 160, 162, 164 peuvent se déduire des principes généraux démon-
trés sur les fractions ordinaires.

EXERCICES.

1. Combien y a-t-il de dixièmes dans une dizaine, dans une centaine, dans un mille ? Combien de millièmes dans un dixième, dans
une dizaine, dans une centaine ? Combien de cent-millièmes dans un
centième, dans un millième, dans une dizaine ? Combien de millionièmes dans un millième, dans un centième, dans un dixième ?

2. Quelle fraction le dixième est-il de la dizaine, de la centaine, du
mille ? Quelle fraction le centième est-il du dixième, de la dizaine, du
mille ? Quelle fraction le dix-millième est-il du centième, du dixième,
de la dizaine ? Quelle fraction le dix-millionième est il du dix-millième, du millième, du centième, du dixième ?

3. Lire les nombres :

2,04 ;	0,004 ;	8,363008 ;
3,58 ;	0,0458 ;	0,7000095 ;
4,981 ;	9,8138 ;	9601,4857 ;
0,075 ;	72,7634 ;	489,60345 ;
57,813 ;	5,62051 ;	6048,845963 ;
981,005 ;	0,04793 ;	100,0000008.

4. Lire les nombres :
57,56481300756 ;
3,1415926535897 ;

2,718281828 ;
5,0009674518G3 ;
0,0000038000062.

5. Ecrire les nombres :
   Sept unités vingt-quatre centièmes ;
   Cinquante-six unités deux dixièmes ;
   Quarante unités cinq centièmes ;
   Trente-six unités deux cent trente-quatre millièmes ;
   Huit unités trois cent seize millièmes ;
   Neuf cent treize unités vingt-huit millièmes ;
   Trois unités six cent treize dix-millièmes ;
   Vingt-trois unités sept mille six cent dix-neuf dix-millièmes ;
   Six unités trois cent sept dix-millièmes :
   Seize unités cinquante-sept mille neuf cent vingt quatre cent-millièmes ;
   Onze unités quarante-sept cent-millièmes ;
   Deux unités six cent quarante-huit millionièmes ;
   Quatorze unités neuf mille cinq cent douze dix-millionièmes ;
   Vingt unités trois millions quatre cent mille dix-huit dix-millionièmes.

6. Ecrire les nombres :
   Deux cent seize dixièmes ;
   Quatre mille cinq cent-sept dixièmes ;
   Trois cent quarante neuf centièmes ;
   Six mille trente-quatre centièmes ;
   Trois cent neuf millièmes ;
   Quatre cent cinquante-neuf dix-millièmes ;
   Deux millions trois cent quarante-cinq mille six cent soixante-dix-huit dix-millièmes ;
   Neuf cent douze mille huit cent cinquante-cinq-cent-millièmes ;
   Deux cent soixante-quatorze cent-millièmes ;
   Neuf mille quatre cent-millièmes ;
   Six millions vingt-cinq mille trois cent huit millionèmes ;
   Quatre millions soixante-huit dix-millionièmes ;
   Deux cent trente-trois millionièmes ;
   Neuf cent millions trois cent vingt-deux mille dix-neuf dix-millionièmes.

7. Ecrire les nombres :
   Sept unités quarante-cinq millièmes huit cent cinquante-trois millionièmes deux cent trente-neuf billionièmes ;
   Quatre cent treize millièmes deux cent quinze millionièmes neuf cent quarante-six billionièmes huit dix-billionièmes ;
   Trois millièmes quarante-huit billionièmes ;
   Cinquante-sept millionièmes sept cent cinquante-six billionièmes quatre-vingt-deux cent-billionièmes ;
   Cinq unités trois millièmes sept billionièmes.

8. Rendre 10 fois plus grand le nombre 47,85 ;

—	100	—	0,873 ;
—	1000	—	56,3 ;
—	1000	—	7,695 ;
—	10000	—	6,598704 ;
—	10000	—	0,35 ;
—	100000	—	0,008 :

Rendre   100000   fois plus grand le nombre   647,856 ;
—   100000   —   0,5639148 ;
—   10000000   —   0,00058301.

9. Rendre 10 fois plus petit le nombre   57,4 ;
—   10   —   48,9546 ;
—   10   1746,
—   100   —   2,309 ;
—   100   —   0,04 ;
—   100   —   63,8 ;
—   10000   —   69,314 ;
—   100000   —   5784 ;
—   100000   —   7489,67 ;
— 10000000   —   68000 ;
— 10000000   —   30000.

10. Ecrire sous forme de fraction ordinaire les nombres :

5,8 ;   17,0045 ;
67,5 ;   0,0006 ;
4,38 ;   8134,612 ;
0,007 ;   2 03579 ;
59,639 ;   81,362047.

11. Ecrire sous forme décimale les fractions suivantes :

$$\frac{212}{100} \;;\qquad \frac{6545}{100000} \;;$$

$$\frac{48}{1000} \;;\qquad \frac{945347}{10000} \;;$$

$$\frac{21548}{10} \;;\qquad \frac{4532349}{100000} \;;$$

$$\frac{290057}{1000} \;;\qquad \frac{56014813}{1000000} \;;$$

$$\frac{1048}{10000} \;;\qquad \frac{57321}{10000000} \;;$$

CHAPITRE II.

Addition des nombres décimaux.

171. Définition. *L'addition des nombres décimaux a pour but, étant donnés plusieurs nombres entiers ou décimaux, d'en trouver un autre qui contienne à lui seul autant d'unités et de parties décimales de l'unité que les nombres donnés.*

Le résultat de l'opération se nomme *somme* ou *total* ;

l'addition s'indique par le signe $+$, comme pour les nombres entiers.

172. Règle. *Pour additionner plusieurs nombres décimaux, on les écrit les uns au dessous des autres, de manière que les unités de même espèce soient dans une même colonne verticale, c'est-à-dire que les unités simples soient sous les unités simples, les dixièmes sous les dixièmes, les centièmes sous les centièmes, etc. ; puis on souligne le tout pour séparer les nombres donnés de leur somme.*

On fait ensuite successivement l'addition de chaque colonne en commençant par la droite ; quand le total d'une colonne ne dépasse pas 9, on l'écrit au dessous ; s'il dépasse 9, on écrit seulement les unités de ce total, et on retient les dizaines pour les ajouter à la colonne suivante à gauche. On continue ainsi jusqu'à la dernière colonne à gauche, au dessous de laquelle on écrit la somme telle qu'on la trouve ; enfin on met au total une virgule au-dessous des virgules des nombres donnés.

Exemple et démonstration. Proposons-nous d'additionner les nombres $48,25 + 5,248 + 38,1 + 67,954 + 10,13$; j'écris ces nombres comme l'indique la règle, en plaçant les unités sous les unités, les dixièmes sous les dixièmes, etc.; les virgules des nombres seront alors dans une même colonne verticale ; puis je souligne le tout.

$$48,25$$
$$5,248$$
$$38,1$$
$$67,954$$
$$10,13$$

Total $\quad 169,682$

Pour réunir en un seul tous les nombres donnés, on peut ajouter successivement les unités de chaque espèce, c'est-à-dire tous les millièmes, puis tous les centièmes, puis tous les dixièmes, ensuite les unités simples et enfin les dizaines. En additionnant les millièmes, on trouve 12 millièmes, c'est-à-dire 2 millièmes et 1 centième ; j'écris le chiffre 2 au dessous de la colonne des millièmes, et je retiens le centième pour l'additionner avec les centièmes contenus dans les nombres. En faisant l'addition de la colonne des centièmes, on trouve

18 centièmes, c'est-à-dire 8 centièmes et 1 dixième ; j'écris les 8 centièmes au-dessous de la colonne des centièmes, et je retiens 1 dixième pour l'ajouter aux dixièmes des nombres donnés. En additionnant ensuite les dixièmes, je trouve 16 dixièmes, ou bien 6 dixièmes et 1 unité ; j'écris le chiffre 6 au-dessous des dixièmes des nombres, et je retiens l'unité pour l'ajouter aux unités que contiennent les nombres donnés. Je continue de même jusqu'à la dernière colonne ; et je mets au total une virgule entre le chiffre des unités et le chiffre des dixièmes, c'est-à-dire au dessous des virgules des nombres. Le nombre 169,682 est bien la somme des nombres donnés, puisqu'il contient toutes les unités, tous les dixièmes, tous les centièmes, etc., qui y sont contenus.

173. La preuve de l'addition des nombres décimaux se fait comme pour les nombres entiers, en recommençant l'opération en sens inverse ; on doit retrouver le même total.

RÉSUMÉ.

171. Définition de l'addition des nombres décimaux. — 172. Règle de l'opération ; démonstration. — 173. Preuve.

EXERCICES.

1. Faire les additions suivantes :
3,45 + 8,5 + 37,49 + 0,316 ;
151,24 + 19,309 + 8,237 + 56,45 ;
0,608 + 45,3 + 21,3489 + 204,6007 + 0,0317 ;
14,813 + 17,7548 + 308,9254 + 0,98736 + 25,006 ;
3,805 + 2,4 + 0,056 + 69,2513 + 45,6064 + 11,215 + 8,9065 + 0,04147 + 5,0006 + 42,98663 ;
52,6 + 0,04008 + 27,63421 + 45,29213 + 6,4301 + 47,524 + 0,0917 + 8,94532 + 3,1428 ;
27,64 + 315,29 + 214,35 + 8,15 + 118,38 + 14,55 + 668,44 + 239,76 + 458,32 + 209,45 + 154,90 + 60,39 ;
141,309 + 2117,4 + 74,987 + 315,48 + 24,714 + 0,039 + 64,0574 + 0,09691 + 48,6045 + 36,45295 + 149,8432.

2. Un ouvrier s'est acquitté en plusieurs fois d'une dette ; il a payé successivement 3f,20, puis 2f,50, puis 0f,75, puis 1f,95 ; combien devait-il en tout ?

3. Une personne achète au marché pour 2f,75 de viande, pour 3f,60

de beurre, pour 0^f,45 de pain et pour 0^f,40 de légumes ; combien a-t-elle dépensé ?

4. Un voyageur veut aller en chemin de fer de Paris à Marseille, en passant par Montargis, Saint-Germain-des-Fossés, Nîmes et Tarascon ; le prix des places est

de Paris à Montargis. . . . . . 10^f,85
de Montargis à St-Germain-des-Fossés. 21 ,80
de St-Germain-des-Fossés à Nîmes. . 33 ,95
de Nîmes à Tarascon . . . . . . 2 ,45
de Tarascon à Marseille. . . . . 9 ,15

combien lui coûtera le voyage de Paris à Marseille ?

5. Le poids d'une caisse vide est de 2^{kg},5 ; on y met 3^{kg},27 de thé, 2^{kg},65 de chocolat, 4^{kg},78 de sucre, et 0^{kg},5 de café ; quel sera alors le poids de la caisse ?

6. Pour faire un alliage, on fond ensemble 0^{kg},54 de zinc, 2^{kg},16 d'étain et 51^{kg},3 de cuivre ; quel sera le poids de l'alliage ?

7. Un négociant expédie par le chemin de fer trois wagons de marchandises ; le premier en contient 4 tonnes, le second 3^{tonnes},65 et le dernier 3^{tonnes},41 ; combien a-t-il expédié de tonnes de marchandises ?

8. Un propriétaire ensemence en blé trois pièces de terre dont les contenances respectives sont 2^{hectares},27, 1^{hectare}, 4530 et 0^{hectare}, 8145 ; combien a-t-il ensemencé d'hectares en blé ?

9. Pour combler une fosse, on y verse successivement quatre tombereaux de décombres ; le premier cube 1^{mc},01 ; le deuxième cube 0^{mc},8 ; le troisième cube 0^{mc},45 ; enfin le dernier cube 0^{mc},75 ; quelle était la capacité de cette fosse ?

10. Pour trouver la longueur d'une route, on l'a divisée en trois tronçons qui ont été mesurés séparément : le premier a 2^{km},687 de longueur, le deuxième est long de 3^{km},692, et le dernier de 3^{km},224 ; quelle est la longueur de cette route ?

12. Pour trouver la différence de niveau de deux points éloignés A et B, on marque entre ces points extrêmes des stations intermédiaires que je désignerai par a, b, c, d à partir de A. On trouve ensuite que le point A est plus élevé que le point a de 0^m,415.

. . . . . a . . . . b de 0^m,689.
. . . . b . . . . c de 0^m,81.
. . . c . . . . d de 0^m,458.
. . d . . . . B de 0^m,045.
Quelle est la différence de niveau des points A et B ?

CHAPITRE III.

Soustraction des nombres décimaux.

174. DÉFINITION. *La soustraction a pour but, étant donnés deux nombres quelconques, de trouver combien il faut ajouter au plus petit d'unités et de parties de l'unité pour obtenir le plus grand.*

Le résultat de l'opération se nomme *reste, excès* ou *différence*; la soustraction s'indique par le signe —, comme pour les nombres entiers.

175. Pour soustraire l'un de l'autre deux nombres, décimaux, on emploie la *méthode de compensation,* comme pour les nombres entiers, méthode qui est fondée sur le principe suivant, dont l'évidence est manifeste :

La différence de deux nombres ne change pas si on les augmente tous les deux d'un même nombre.

176. RÈGLE. *Pour soustraire deux nombres décimaux l'un de l'autre, on écrit le plus petit au dessous du plus grand, en plaçant les unités de même ordre dans une même colonne verticale, et on souligne le tout. On retranche ensuite chaque chiffre du plus petit nombre du chiffre placé au dessus en commençant par la droite, et on écrit le reste au dessous. Si l'un des chiffres du plus petit nombre surpasse le chiffre placé au dessus, on augmente ce dernier de 10 pour rendre la soustraction possible, et on augmente d'une unité le chiffre inférieur suivant vers la gauche. Enfin on met une virgule dans le reste au dessous des virgules des nombres donnés.*

EXEMPLE ET DÉMONSTRATION. Proposons-nous de retrancher 25,386 de 61,432; je dispose d'abord les nombres comme l'indique la règle;

$$
\begin{array}{r}
61,432 \\
25,386 \\
\hline
\end{array}
$$

Reste. . . .   36,046

Pour faire la soustraction, je puis retrancher successivement les millièmes du plus petit nombre des millièmes du plus grand, les centièmes du plus petit nombre des centièmes du plus grand, et ainsi de suite ; car cela revient à retrancher du plus grand nombre toutes les parties du plus petit.

On ne peut pas soustraire les 6 millièmes du plus petit nombre des 2 millièmes du plus grand ; on ajoute alors 10 millièmes au plus grand nombre, qui se trouve ainsi en avoir 12, et de ces 12 millièmes on retranche les 6 millièmes du plus petit nombre ; il reste 6 millièmes qu'on écrit au reste. Mais comme on a augmenté le plus grand nombre de 10 millièmes qui valent 1 centième, il faut, pour que la différence ne change pas, augmenter le plus petit nombre de la même quantité, ce qui se fait en ajoutant 1 au chiffre des centièmes ; on supposera donc que le nombre inférieur contienne 9 centièmes au lieu de 8.

On ne peut pas non plus retrancher les 9 centièmes du plus petit nombre des 3 centièmes du plus grand ; on ajoute alors 10 centièmes au plus grand nombre, ce qui en fait 13, et on en soustrait les 9 centièmes du nombre inférieur; le reste est 4 centièmes qu'on écrit au dessous. Mais comme on a augmenté le plus grand nombre de 10 centièmes qui équivalent à 1 dixième, il est nécessaire, pour que le reste ne soit pas altéré, d'augmenter le plus petit nombre de la même quantité, ce qui se fait en ajoutant 1 au chiffre des dixièmes ; on supposera donc que le plus petit nombre contienne 4 dixièmes au lieu de 3.

En continuant de même, on trouvera successivement tous les chiffres du reste ; et il n'y aura plus qu'à mettre une virgule entre le chiffre des unités et celui des dixièmes, c'est-à-dire au dessous des virgules des nombres donnés.

177. REMARQUE. Lorsque les deux nombres donnés n'ont pas le même nombre de chiffres décimaux, on ajoute par la pensée des zéros à celui des deux qui a le moins de décimales. La valeur de ce nombre n'est pas altérée, et la soustraction se fait alors comme il vient d'être dit.

EXEMPLE. De 364,8 retrancher 59,348.

J'imagine qu'on écrive deux zéros sur la droite du

premier nombre qui devient ainsi 364,800, on peut alors faire la soustraction : seulement il est inutile d'écrire effectivement les zéros, il faut les sous-entendre. Voici l'opération :

$$364,8$$
$$59,348$$
Reste. . . . $305,452$

178. La preuve de la soustraction des nombres décimaux se fait comme pour les nombres entiers : on ajoute le reste au plus petit nombre, et on doit retrouver le plus grand.

RÉSUMÉ.

174. Définition de la soustraction. — 175. Principe de la méthode de compensation. — 176. Règle et démonstration. — 177. Cas où les nombres donnés n'ont pas le même nombre de chiffres décimaux. — 178. Preuve de la soustraction.

EXERCICES.

1. Faire les soustractions suivantes :
37,45 — 20,24 ;
59,05 — 17,8 ;
225,3489 — 58,225 ;
45,52623 — 39,45807 ;
22,52 — 17 ;
29,2 — 7,25 ;
2 — 0,75 ;
20 — 4,759 ;
48,47 — 23,80945 ;
6048,007 — 4523,792248.

2. Un particulier a touché 83^f,25 et a payé une dette de 55^f,40 ; combien lui reste-t-il ?

3. Un marchand a acheté un objet 24^f,20 et l'a revendu 29^f,50 ; quel est son bénéfice ?

4. D'une pièce d'étoffe dont la longueur était de 7^m,80, on coupe un morceau long de 2^m,75 ; combien reste-t-il ?

5. Un entrepreneur qui s'est chargé de construire une route de 47^{km},5, en fait, en un an, une longueur de 22^{km},68 ; combien lui en reste-t-il à faire ?

6. Un vase, d'une capacité de 3^l,458, est plein de liquide ; on en retire 2^l,23 ; combien en reste-t-il ?

7. Une caisse, pleine de marchandises, pèse 34^{kg},3 ; la caisse vide pèse 2^{kg},92 ; quel est le poids net des marchandises ?

8. Le prix du voyage de Paris à Dijon est de 22^f,20 ; et pour aller

de Paris à Sens on paye 7^f,55 ; combien payera t-on de Sens à Dijon ?

9. La durée véritable de l'année est de 365 ^{jours},242227 ; dans le calendrier julien, on la supposait de 365 ^{jours},25 ; quelle erreur commettait-on ?

CHAPITRE IV.

Multiplication des nombres décimaux.

179. Définition. *La multiplication est une opération qui a pour but, étant donnés deux nombres, l'un appelé* multiplicande, *l'autre appelé* multiplicateur, *d'en trouver un troisième appelé* produit, *qui soit formé avec le multiplicande de la même manière que le multiplicateur est formé avec l'unité.*

Le multiplicande et le multiplicateur s'appellent les *facteurs* du produit.

· La multiplication de deux nombres décimaux s'indique comme celle des nombres entiers par le signe $\times$, placé entre les deux facteurs.

Pour bien comprendre cette définition, il faut examiner séparément le cas où le multiplicateur est entier, et celui où il est décimal.

180. Supposons d'abord que le multiplicateur soit un nombre entier, 4, par exemple : multiplier un nombre par 4, c'est, d'après la définition précédente, trouver un produit formé avec le multiplicande comme 4 est formé avec l'unité ; or 4 est formé en répétant 4 fois l'unité, en additionnant 4 nombres égaux à l'unité ; donc le produit devra être formé en additionnant 4 nombres égaux au multiplicande, ou, plus brièvement, en répétant 4 fois le multiplicande. Ainsi,

Multiplier un nombre quelconque par un nombre entier, c'est répéter le multiplicande autant de fois qu'il y a d'unités dans le multiplicateur.

On retrouve ainsi la définition simple donnée pour la multiplication des nombres entiers ; dans ce cas, le produit pourrait se trouver par une addition.

181. Proposons-nous alors de multiplier un nombre décimal par un nombre entier; par exemple, 7,86 par 14.

L'opération a pour but de répéter 14 fois 7,86 ou d'additionner 14 nombres égaux à 7,86 ; je fais cette addition.

$$
\begin{aligned}
&7,86\\
&7,86\\
&7,86\\
&\cdots\\
&\cdots\\
&\cdots\\
\hline
\text{Total.} \ldots\ &110,04
\end{aligned}
$$

On sait qu'elle se fait comme si les nombres étaient entiers, et qu'on place au total une virgule au dessous des virgules des nombres ; il reviendrait donc au même ici d'additionner 14 nombres égaux à 786, et de séparer deux chiffres décimaux sur la droite de cette somme, c'est-à-dire de multiplier 786 par 14, et de séparer sur la droite du produit autant de chiffres décimaux qu'il y en a au multiplicande. Ce raisonnement conduit à la règle.

Règle. *Pour multiplier un nombre décimal par un nombre entier, on fait abstraction de la virgule au multiplicande, et on fait la multiplication comme si le multiplicande était entier ; puis on sépare sur la droite du produit autant de chiffres décimaux qu'il y en avait au multiplicande.*

182. Considérons maintenant le cas où le multiplicateur est un nombre décimal, comme 0,4 : multiplier un nombre par 0,4, c'est trouver un produit qui soit formé avec le multiplicande comme 0,4 est formé avec l'unité ; or 0,4 ou 4 *dixièmes* est formé en prenant le dixième de l'unité et le répétant 4 fois ; donc on obtiendra le produit en prenant le dixième du multiplicande, et le répétant 4 fois, ou, plus brièvement, en prenant les 4 dixièmes du multiplicande. Ainsi multiplier un nombre par 0,4, c'est en prendre les 4 dixièmes.

De même, multiplier un nombre par 4,25 ou 425 *centièmes*, c'est répéter 425 fois le centième du multiplicande, ou, plus brièvement, prendre les 425 centièmes du multiplicande.

Ces explications font voir que le sens des mots *multiplication, multiplier*, est bien différent suivant que le multiplicateur est entier ou ne l'est pas ; dans le premier cas, la multiplication peut se faire par une addition ; dans le second cas, l'opération est complexe : elle se fait en prenant d'abord le dixième ou le centième ou le millième, etc., du multiplicande et répétant ensuite un certain nombre de fois le nombre ainsi trouvé. Exemple : multiplier un nombre par 7, c'est le répéter 7 fois ; multiplier un nombre par 0,07, c'est répéter 7 fois la centième partie de ce nombre.

183. Proposons-nous alors de multiplier un nombre quelconque par un nombre décimal; par exemple, 237,4 par 9,28. Comme nous venons de l'expliquer, cette opération a pour but de répéter 928 fois la centième partie du multiplicande. Or on obtient la centième partie du multiplicande en reculant la virgule de deux rangs vers la gauche dans ce nombre, ce qui donne 2,374, et il n'y a plus qu'à répéter 928 fois ce nombre ; en d'autres termes, nous sommes ramenés à multiplier le nombre décimal 2,374 par le nombre entier 928, ce que nous savons faire. Nous venons de voir qu'il faut faire la multiplication comme si le multiplicande était entier, et séparer sur la droite du produit autant de chiffres décimaux qu'il y en a dans le nombre 2,374 ; d'ailleurs ce nombre a évidemment autant de chiffres décimaux qu'il en avait en tout dans les deux facteurs primitifs 237,4 et 9,28. Donc :

RÈGLE GÉNÉRALE. *Pour multiplier deux nombres décimaux, on fait l'opération comme si les facteurs étaient entiers, en faisant abstraction des virgules ; puis on sépare sur la droite du produit autant de chiffres décimaux qu'il y en a dans les deux facteurs.*

Cette règle comprend comme cas particulier celle que nous avons établie précédemment ; c'est donc la règle générale de la multiplication des nombres décimaux.

Appliquons à notre exemple.

$$
\begin{array}{r}
237,4 \\
9,28 \\
\hline
18\ 992 \\
47\ 48 \\
2136\ 6 \\
\hline
2203,072
\end{array}
$$

Le produit est 2203,072.

184. REMARQUE. La règle générale que nous venons d'établir se déduit sans peine de la règle qui sert à multiplier deux fractions.

Soit, par exemple, à multiplier 17, 8 par 4, 19 ; ces deux nombres peuvent s'écrire $\frac{178}{10}$ et $\frac{419}{100}$; or

$$\frac{178}{10} \times \frac{419}{100} = \frac{178 \times 419}{10 \times 100} = \frac{178 \times 419}{1000}.$$

Il résulte de là que, pour avoir le produit, il faut multiplier les deux nombres donnés sans tenir compte des virgules, et diviser le produit par 1000, ce qu'on fait en séparant sur la droite de ce produit autant de chiffres décimaux qu'il y en a dans les deux facteurs.

185. THÉORÈME. *Lorsqu'on rend l'un des facteurs d'un produit un certain nombre de fois plus grand, le produit devient le même nombre de fois plus grand.*

Considérons le produit 13,45 × 9,8; si nous rendons l'un des facteurs 7 fois plus grand, par exemple, je dis que le produit deviendra en même temps 7 fois plus grand.

Supposons d'abord qu'on rende le multiplicande 7 fois plus grand ; l'opération a pour but de répéter 98 fois la dixième partie du multiplicande ; si nous rendons ce dernier nombre 7 fois plus grand, sa dixième partie deviendra aussi 7 fois plus grande, et par suite, les 98 dixièmes de ce nombre deviendront aussi 7 fois plus grands.

Supposons maintenant qu'on rende le multiplicateur 7 fois plus fort, sans changer le multiplicande ; alors au lieu de répérer 98 fois le dixième du multiplicande, on devra répéter ce dixième 7 fois plus ; on aura donc un produit 7 fois plus considérable.

Ainsi quel que soit celui des deux facteurs qu'on rende 7 fois plus grand, le produit deviendra 7 fois plus grand ; ce qu'il fallait démontrer.

186. La preuve de l'opération se fait comme pour les nombres entiers : on intervertit l'ordre des facteurs, et on doit trouver le même produit.

187. USAGES DE LA MULTIPLICATION DES NOMBRES DÉCIMAUX. La multiplication des nombres décimaux sert aux mêmes usages que la multiplication des nombres entiers; par exemple à trouver le prix d'un poids déterminé d'une denrée, connaissant le prix de l'unité de poids ; à calculer le chemin parcouru par un train de chemin de fer pendant un certain temps, connaissant le chemin qu'il fait dans l'unité du temps ; à trouver le rendement d'une pièce de terre d'une contenance déterminée, connaissant le rendement de l'unité de superficie, etc. Mais toutes ces questions, qu'on ne pouvait résoudre par la multiplication des nombres entiers que dans le cas où les données étaient des nombres entiers, peuvent être traitées maintenant dans tous les cas que présente la pratique, où les données sont le plus souvent des nombres décimaux. De plus, quoiqu'au point de vue théorique, il y ait une différence essentielle entre la multiplication par un nombre entier et la multiplication par un nombre décimal, cette distinction s'efface dans la pratique ; et tout problème qui se résolvait par une multiplication quand les données étaient des nombres entiers, se résout encore par la même opération, si les données deviennent des nombres décimaux.

Exemple. Le mètre d'une étoffe coûte $1^{fr\cdot},60$; quel sera le prix d'une longueur déterminée de cette étoffe ?

Supposons d'abord que la longueur donnée soit un nombre entier de mètres, 6 mètres, par exemple ; pour avoir le prix de 6 mètres d'étoffe, il faut répéter 6 fois le prix d'un mètre, c'est-à-dire multiplier $1^{fr\cdot},60$ par 6 ; ce qui donnera $9^{fr\cdot},60$.

Supposons en second lieu que la longueur de l'étoffe soit exprimée par un nombre décimal, comme $3^{m\cdot},7$ ou 37 dixièmes de mètre, il faudra raisonner ainsi : le prix de 37 dixièmes de mètre sera égal aux 37 dixièmes du prix d'un mètre, c'est-à-dire au produit de $1^{fr\cdot},60$ par 3,7 ; car on sait que multiplier un nombre par 3,7, c'est prendre les 37 dixièmes ; le prix sera donc $1^{fr\cdot},60 \times 3,7 = 5^{fr\cdot},92$.

On voit donc que, dans les deux cas, il faut multiplier le prix d'un mètre de l'étoffe par le nombre qui exprime la longueur de cette étoffe, que ce nombre soit entier ou décimal ; et il en serait de même dans toutes les questions qui se résolvent par une multiplication.

RÉSUMÉ.

179. Définition générale de la multiplication. — 180, 181. Cas où le multiplicateur est un nombre entier. — 182, 183. Cas où le multiplicateur est un nombre décimal : sens du mot *multiplication* dans ce cas ; règle générale de la multiplication des nombres décimaux. — 184. Démonstration de cette règle au moyen des fractions ordinaires. — 185. Lorsqu'on rend l'un des facteurs d'un produit un certain nombre de fois plus grand, le produit devient le même nombre de fois plus grand. — 186. Preuve de la multiplication des nombres décimaux. — 187. Usages de la multiplication des nombres décimaux.

EXERCICES.

1. Faire les multiplications suivantes :

$3,4 \times 8$;	$14,6 \times 3,934$;
$25,8 \times 5$;	$0,067 \times 8,95$;
$4,45 \times 16$;	$2,5632 \times 48.625$:
$0,005 \times 200$;	$52.7418 \times 39,6321$;
$11,459 \times 129$;	$3,1416 \times 3.1416$;
$46,03214 \times 2318$;	$0,364291 \times 6,2875$;
$0,00562 \times 48$;	$2549 \times 0,0375$;
$17,52 \times 0,48$;	$4048 \times 0,3125$.

2. Le kilogramme de sucre coûte 1 $^{fr},625$; combien coûteront 68 kilogrammes de sucre ?

3. Un ouvrier est payé à raison de 3 $^{fr},75$ par journée de travail ; combien lui devra-t on au bout de deux semaines, en supposant qu'il n'ait pas travaillé le dimanche ?

4. La contenance d'une terre est de 3 $^{hectares},2685$; à raison de 2700 fr. l'hectare, quelle est la valeur de cette terre ?

5. Un centimètre cube de cuivre pèse 8 $^{gr},85$; quel est le poids d'un lingot de cuivre dont le volume est de 12 $^{cent.\ cubes},3$?

6 Une pièce d'or de 20 fr. pèse 6 $^{gr},45161$; et elle contient les 0,9 de son poids en or pur ; quel est le poids de l'or pur contenu dans cette pièce ?

7. Il faut 0 $^{lit}.8$ de graine de chanvre pour ensemencer un are de terre ; quelle quantité en faudra-t-il pour ensemencer une terre ayant une contenance de 27 $^{ares},53$?

8. On fait voir en géométrie que pour avoir la contenance d'un cercle, il faut multiplier le rayon de ce cercle par lui-même, et multiplier ensuite le produit par le nombre 3,1416 ; quelle sera la superficie d'un cercle dont le rayon est 7 $^{m},5$?

9. La production totale de la houille en France s'est élevée, en 1864, à 11242000 tonnes ; le bassin houiller de la Loire a donné les 0,285 de la production totale ; combien a-t-il produit de tonnes ?

10. Un litre de lait produit environ 0 $^{Kg},029$ de beurre ; combien pourra-t-on faire de beurre dans une semaine avec le lait d'une vache qui en donne 6 $^{lit},8$ par jour ?

CHAPITRE V

Division des nombres décimaux.

188. Définition. *La division est une opération qui a pour but, étant donnés deux nombres, l'un appelé dividende, l'autre appelé diviseur, d'en trouver un troisième, appelé quotient, qui, multiplié par le diviseur, reproduise le dividende.*

Cette définition est identique à celle que nous avons donnée pour la division des nombres entiers ; elle exprime que la multiplication et la division sont deux opérations inverses l'une de l'autre : la première apprend à former un produit avec deux facteurs ; la seconde, à décomposer un produit en deux facteurs, lorsqu'on en connaît un.

Le signe par lequel on indique la division des nombres décimaux est celui que nous avons déjà employé pour les nombres entiers.

Nous distinguerons deux cas dans la division des nombres décimaux, suivant que le diviseur est un nombre entier ou un nombre décimal.

189. 1er Cas. *Le diviseur est un nombre entier.*

Proposons-nous, par exemple, de diviser 161,35 par 12. L'opération a pour but de trouver un nombre qui, multiplié par 12, c'est-à-dire répété 12 fois, donne le dividende 161,35 : il résulte de là que le quotient doit être la *douzième* partie du dividende. La division a donc pour but, dans ce cas, de *partager le dividende en autant de parties égales qu'il y a d'unités dans le diviseur.*

Je dispose l'opération comme dans le cas des nombres entiers.

```
161,35 | 12
  41    |‾‾‾‾‾‾
   5 3  | 13,44
    55
     7
```

Je prends d'abord la 12e partie de 161, en divisant le nombre entier 161 par 12 ; j'ai ainsi 13 pour quotient entier et 5 pour reste. Pour continuer l'opération, je convertis ces 5 unités en dixièmes, ce qui donne 50 dixièmes, auxquels j'ajoute les 3 dixièmes du dividende ; j'ai ainsi 53 dixièmes, dont la 12e partie est 4 dixièmes, et il reste 5 dixièmes ; j'écris le chiffre 4 au quotient, et pour exprimer qu'il représente des dixièmes, je mets une virgule à la droite du chiffre 3 qui représente des unités. Je change de même les 5 dixièmes qui restent en centièmes, ce qui donne 50 centièmes, et j'y ajoute les 5 centièmes du dividende ; j'obtiens ainsi un nouveau dividende, 55 centièmes, dont la 12e partie est 4 centièmes, que j'écris au quotient, et il reste 7 centièmes. La 12e partie de 161,35 est donc 13,44. et il reste encore 7 centièmes à partager en 12 parties égales ; 13,44 est un quotient aproché, et le reste est 7 centièmes ou 0,07.

On se fera une idée très-nette de cette opération si l'on suppose que le dividende 161,35 représente une somme d'argent ainsi composée :

      161 pièces d'un franc,
        3 pièces d'un dixième de franc, ou de 10 centimes

et 5 pièces d'un centime, ou centième de franc, et qu'on veuille répartir également cette somme entre 12 personnes. On leur distribuera d'abord autant de pièces d'un franc qu'on le pourra : chacune en recevra 13, et il en restera encore 5 à partager. Pour y arriver, on échange chacune de ces pièces contre 10 pièces de dix centimes, ce qui en donnera 50, auxquelles il faudra joindre les 3 qu'on avait d'abord ; on aura ainsi en tout 53 pièces à partager entre les 12 personnes ; chacune en recevra 4, et il en restera 5. On échangera de même chacune de ces pièces contre 10 pièces d'un centime, et on ajoutera aux 50 pièces d'un centime ainsi obtenues les 5 qu'on avait d'abord ; cela donnera 55 pièces d'un centime à répartir également entre les 12 personnes ; chacune en aura 4, et il en restera encore 7. Ainsi, chacune des 12 personnes aura reçu

      13 pièces d'un franc,
       4 pièces d'un dixième de franc,

et 4 pièces d'un centime ;
de plus il restera 7 pièces d'un centime.

En d'autres termes, le quotient approximatif est 13,44,
et le reste est 0,07.

RÈGLE. *Pour diviser un nombre décimal par un nombre entier, on fait la division comme si le dividende était entier ; seulement on met une virgule au quotient, quand on arrive à abaisser le premier chiffre décimal du dividende.*

190. REMARQUE I. Si la partie entière du dividende set plus petite que le diviseur, la partie entière du quotient sera 0 ; on écrit alors au quotient un zéro suivi d'une virgule ; puis on prend pour premier dividende partiel le nombre formé par la partie entière du dividende suivie du chiffre des dixièmes. Si ce nouveau dividende partiel est encore moindre que le diviseur, on met un zéro au quotient au rang des dixièmes, et on continue toujours de même, jusqu'à ce qu'on arrive à un dividende partiel dont la valeur absolue surpasse le diviseur.

EXEMPLE. Diviser 8,46632 par 2637.

$$
\begin{array}{r|l}
8,4\ 6\ 6\cdot3\cdot2\cdot & 2637 \\
5\ 5\ 5\ 3 & \overline{\quad 0,00321} \\
2\ 7\ 9\ 2 & \\
1\ 5\ 5 &
\end{array}
$$

Le quotient est moindre qu'un centième ; car le dividende est moindre que 2637 centièmes ; on devra donc écrire d'abord au quotient un zéro suivi d'une virgule pour représenter les unités, puis deux zéros pour exprimer qu'il n'y a ni dixièmes ni centièmes. Mais le dividende contient plus de 2637 millièmes, il en contient 8466 ; la 2637e partie de ce dividende sera donc plus grande qu'un millième ; et nous trouverons le chiffre des millièmes du quotient en prenant la 2637e partie de 8466 millièmes, qui est 3 millièmes, et il reste 555 millièmes ; on continue ensuite la division à la manière ordinaire. Le quotient est 0,00321, et le reste est 0,00155.

Pour écrire immédiatement au quotient les zéros nécessaires, on peut remarquer que *les plus hautes unités du quotient sont de même espèce que les plus faibles unités du premier dividende partiel*; ainsi, dans l'exemple précédent, les plus hautes unités du quotient sont des *millièmes*, qu'on obtient en prenant la 2637ᵉ partie du premier dividende partiel 8,466 ou 8466 *millièmes*.

Tout ce que nous venons de dire s'applique évidemment, lorsque la partie entière du dividende est 0.

191. Remarque II. *Dans la division d'un nombre décimal par un nombre entier, le reste représente des unités décimales de même espèce que les plus faibles du quotient.* Cela résulte du raisonnement que nous avons fait pour trouver le quotient et le reste.

192. 2ᵉ Cas. *Le diviseur est un nombre décimal.*

Proposons-nous, par exemple, de diviser 43,254 par 2,13. L'opération a pour but de trouver un nombre appelé quotient, qui, multiplié par 2,13, reproduise le dividende, 43,254. Or, si au lieu de multiplier le quotient par 2,13, on le multiplie par 213 qui est 100 fois plus grand, on obtiendra un produit aussi 100 fois plus grand (voy. le nᵒ 187), c'est-à-dire 43,254 × 100 = 4325,4. Le quotient est donc un nombre tel que, multiplié par 213, il donne 4325,4 ; en d'autres termes, on l'obtiendra en divisant 4325,4 par 213, ce que nous savons faire, puisque le diviseur est entier.

On ramène ainsi la division donnée à une autre, dans laquelle le diviseur est entier ; on voit de plus que nous avons été conduits pour cela à multiplier à la fois le diviseur 2,13 et le dividende 43,254 par un même nombre, tellement choisi que le diviseur devienne entier ; ce qui se fait en avançant la virgule d'un même nombre de rangs vers la droite dans les deux nombres. D'où la règle suivante :

Règle. *Pour diviser un nombre quelconque par un nombre décimal, on supprime la virgule au diviseur, et on l'avance au dividende d'autant de rangs vers la droite qu'il y a de chiffres décimaux au diviseur. On fait ensuite la division par la règle du premier cas.*

193. Remarque. Si le dividende et le diviseur ont le même nombre de chiffres décimaux, l'application de la règle conduit à supprimer la virgule dans les deux nombres.

Exemple. Diviser 467,8 par 5,3. Le quotient est le

même que celui de la division des deux nombres entiers 4678 : 53.

Si le dividende a moins de chiffres décimaux que le diviseur, on ajoutera au premier nombre assez de zéros pour que le nombre des décimales soit le même dans les deux nombres, puis on supprimera la virgule de part et d'autre.

EXEMPLES. Diviser 58,3 par 0,439. On ajoute deux zéros au dividende, ce qui n'en change pas la valeur ; puis on supprime les virgules ; et on est ainsi ramené à diviser 58300 par 439.

Diviser 21 par 0,67. Le dividende peut s'écrire: 21,00 ; et alors on supprime la virgule au dividende et au diviseur, et on a à diviser 2100 par 67.

194. On déduit facilement la règle précédente de la théorie de la division des fractions. Soit, en effet, 43,254 à diviser par 2,13 ; on peut écrire le diviseur sous forme de fraction $\dfrac{213}{100}$.

Or on sait que pour diviser un nombre par $\dfrac{213}{100}$, il faut le multiplier par $\dfrac{100}{213}$, c'est-à-dire le multiplier par 100, et diviser le produit par 213 ; je multiplie d'abord le dividende par 100, ce qui donne 4325,4, et il n'y a plus qu'à diviser ce nombre par 213 ; c'est précisément le résultat que donne la règle précédente.

195. PREUVE. La division des nombres décimaux se ramène toujours en définitive à une division de nombres entiers ou à la division d'un nombre décimal par un nombre entier, et dans ce dernier cas, l'opération se fait de la même manière que si le dividende était entier ; il résulte de là que pour vérifier l'exactitude d'une division de nombres décimaux, il suffira de faire la preuve de la division de nombres entiers à laquelle on sera conduit.

196. USAGES DE LA DIVISION DES NOMBRES DÉCIMAUX. La division des nombres décimaux sert à résoudre des questions de même nature que celles que nous avons résolues par la division des nombres entiers ; mais les solutions auront plus de généralité, parce que les données des problèmes ne seront plus assujetties à la condition d'être des nombres entiers.

PREMIER EXEMPLE. 3 ^{Kilogr},6 de sucre ont coûté 5 $^{fr.}$, 94 ; quel est le prix du kilogramme ?

Si l'on connaissait le prix d'un kilogramme, en le multipliant par 3,6, on aurait 5 $^{fr.}$,94 ; donc ce prix est le quotient de 5,94 : 3,6. En faisant la division, on trouve 1 $^{fr.}$,65.

DEUXIÈME EXEMPLE. Le mètre d'une étoffe coûte 3 $^{fr.}$,80 ; combien en aura-t-on de mètres pour 19 francs ?

En multipliant 3 $^{fr.}$,80 par le nombre de mètres, on aurait 19 fr.; donc on aura ce nombre de mètres en divisant 19 par 3,80, ce qui donne 5 mètres.

QUOTIENTS APPROCHÉS.

197. Lorsque la division de deux nombres entiers ou décimaux laisse un reste, et que par conséquent le quotient obtenu n'est pas le quotient exact, on peut souvent compléter le quotient au moyen de chiffres décimaux.

Prenons d'abord une division de nombres entiers, par exemple, 3894 à diviser par 125 ; on trouve pour quotient entier 31 et pour reste 19 ; mais en se rappelant que

$$
\begin{array}{r|l}
3894 & 125 \\
\,144 & \overline{311,52} \\
\,\,190 & \\
\,\,650 & \\
\,\,250 & \\
\,\,\,\,0 &
\end{array}
$$

l'opération a pour but de prendre la 125e partie du dividende, on pourra continuer la division, pourvu qu'on convertisse le reste 19 en dixièmes, ce qui donnera 190 dixièmes. La 125e partie de 190 dixièmes est 1 dixième que j'écris au quotient, en plaçant d'abord une virgule à la droite du quotient entier, pour exprimer que le chiffre 1 qu'on écrira à la suite représente des dixièmes. Il reste encore 65 dixièmes à partager en 125 parties égales ; pour y arriver, je les convertis en centièmes, ce qui donne 650 centièmes, dont la 125e partie est 5 centièmes que j'écris au quotient, et il reste 25 centièmes. Je les convertis à leur tour en millièmes; j'ai ainsi 250 millièmes, dont la 125e partie est 2 millièmes exactement. La 125ᵉ partie du dividende est donc 31,152; ce nombre décimal est le quotient exact de la division.

RÈGLE. *Pour exprimer le quotient de la division de deux nombres entiers au moyen des décimales, lorsqu'il y a un reste, on met une virgule à la droite du quotient entier et un zéro à la droite du reste; puis on divise ce nombre par le diviseur, ce qui donne les dixièmes du quotient. S'il y a encore un reste, on met un zéro sur sa droite, et on divise ce nouveau nombre par le diviseur, ce qui donne les centièmes du quotient; et on continue toujours de même.*

198. Supposons maintenant qu'on ait à diviser un nombre décimal par un nombre entier, et que la division donne un reste; le même raisonnement conduira à continuer l'opération, en ajoutant des zéros aux restes successifs.

EXEMPLE. Diviser 8,57 par 16.

$$
\begin{array}{r|l}
8,57 & 16 \\ \cline{2-2}
57 & 0,535625 \\
90 & \\
100 & \\
40 & \\
80 & \\
0 &
\end{array}
$$

En faisant l'opération à la manière ordinaire, on trouve 0,53 pour quotient, et le reste est 9 centièmes; on les change en millièmes, et on a ainsi 90 millièmes, dont la 16ᵉ partie est 5 millièmes qu'on écrit au quotient: et il reste 10 millièmes qu'on convertit en dix-millièmes; et ainsi de suite. Le quotient exact est 0,535625.

199. Enfin, si l'on avait deux nombres décimaux à diviser l'un par l'autre, on ramènerait d'abord la question à diviser un nombre décimal par un nombre entier, et on opérerait comme nous venons de l'expliquer.

200. Le quotient de deux nombres entiers ou décimaux ne peut pas toujours s'exprimer *exactement* par un nombre décimal; alors, dans les applications, on remplace le quotient exact par un quotient plus ou moins

approché, suivant le degré d'exactitude dont on a besoin.

On dit qu'un quotient est *approché à* 0,1, *ou à* 0,01, *ou à* 0,001 *près*, lorsqu'il diffère du quotient exact d'une quantité moindre que 0,1 ou 0,01 ou 0,001, etc. La différence entre le quotient exact et le quotient approché s'appelle l'*erreur* de ce dernier; cette erreur est *par défaut* lorsque le quotient approché est plus petit que le quotient exact; quand, au contraire, le quotient approché surpasse le quotient exact, l'erreur est *par excès*.

201. *Lorsqu'on calcule en décimales le quotient d'une division, et qu'on arrête l'opération à un chiffre quelconque, l'erreur du quotient approché est moindre qu'une unité décimale de l'ordre de son dernier chiffre.* Ainsi, quand on s'arrête après avoir trouvé le chiffre des dixièmes du quotient, l'erreur commise est moindre qu'un dixième; le quotient est approché à 0,1 près. Si l'on pousse la division jusqu'à ce qu'on ait obtenu le chiffre des centièmes du quotient, celui-ci sera approché à 0,01 près; et ainsi de suite.

DÉMONSTRATION. Divisons, par exemple, 34,5 par 7, et continuons l'opération jusqu'aux millièmes :

$$\begin{array}{r|l} 34,5 & 7 \\ 6\,5 & \overline{4,928} \\ 20 & \\ 60 & \\ 4 & \end{array}$$

On trouve 4,928 pour quotient approché; le reste est un nombre dont la valeur absolue est moindre que le diviseur 7; d'ailleurs ce reste représente des millièmes (voy. le n° 190); donc il est plus petit que 7 millièmes. Or, pour compléter le quotient, on devrait lui ajouter la 7e partie du reste, c'est-à-dire la 7e partie d'un nombre inférieur à 7 millièmes, c'est-à-dire enfin une quantité moindre qu'un millième. L'erreur du quotient 4,928 est donc plus petite que 0 001; ce qu'il fallait démontrer.

202. REMARQUE. Le quotient 4,928 est approché par défaut, puisqu'il y a un reste; mais si on l'augmente de 0,001, ce qui donne 4,929, on aura un nombre plus grand que le quotient exact, c'est-à-dire approché par excès, à 0,001 près; le quotient exact est compris entre les deux nombres 4,928 et 4,929 qui diffèrent d'un millième; et il diffère de chacun d'eux de moins d'un millième.

Dans les applications, il importe ordinairement fort peu que le quotient soit approché par défaut ou par excès, tandis qu'il est utile de diminuer l'erreur autant que possible, sans accroître le nombre des chiffres. On peut toujours faire que l'erreur soit moindre qu'*une demi-unité décimale de l'ordre du dernier chiffre.*

Reprenons l'exemple précédent, et calculons mentalement le chiffre suivant du quotient ; ce chiffre serait ici 5 ; il résulte de là que, pour compléter le quotient, il faudrait lui ajouter plus de 5 dix-millièmes ou un *demi-millième* ; l'erreur du quotient approché 4,928 est donc plus grande qu'un demi millième ; il en serait de même à plus forte raison si le chiffre des dix-millièmes du quotient était supérieur à 5. Par conséquent, pour avoir une erreur moindre qu'un demi-millième, il faudra prendre le quotient approché *par excès,* 4 929. ou. comme on dit, *forcer d'une unité la dernière décimale.* Mais si le chiffre des dix-millièmes du quotient était inférieur à 5, l'erreur du quotient 4,928 serait moindre que 5 dix-millièmes ou un *demi-millième* ; et dans ce cas ce serait le quotient par défaut qui serait approché à un demi-millième près.

Donc, *pour avoir un quotient approché à moins d'une demi-unité de l'ordre de son dernier chiffre, il faut le prendre par défaut, si le chiffre suivant est inférieur à 5 ; par excès, dans le cas contraire.*

203. On peut maintenant calculer le quotient d'une division quelconque à 0.1 près ou à 0,01 près, ou à 0,001 près, etc.

RÈGLE. *Pour calculer le quotient de la division de deux nombres entiers ou décimaux à 0,1 près ou à 0,01 près ou à 0,001 près, etc., on exprime le quotient en décimales, en continuant l'opération, jusqu'à ce qu'on ait obtenu au quotient des unités décimales de même ordre que le degré d'approximation indiqué.*

Cette règle est la conséquence immédiate du principe du n° 201.

EXEMPLE. Calculer à 0,0001 près le quotient de la division suivante :

$$0,053 : 0,26.$$

Je rends d'abord le diviseur entier, et j'ai alors à diviser 5,3 par 26 ; je fais cette division en exprimant le quotient en décimales jusqu'aux dix millièmes.

$$
\begin{array}{r|l}
5,3 & 26 \\
100 & \overline{0,2038} \\
220 & \\
12 &
\end{array}
$$

Le quotient 0,2038 est approché à 0,0001 près par défaut ; si on veut l'obtenir à un demi dix-millième près, il faut calculer mentalement le chiffre suivant, qui serait ici 4 ; on en conclut que 0,2038 est approché à un demi dix-millième près.

CONVERSION DES FRACTIONS ORDINAIRES EN FRACTIONS DÉCIMALES.

204. Le calcul des nombres décimaux étant aussi simple que celui des nombres entiers, on emploie, dans les applications du calcul, les fractions décimales, toutes les fois que cela est possible. Il est souvent nécessaire, pour ce motif, de remplacer une fraction ordinaire par un nombre décimal équivalent ou, comme on dit, de *convertir une fraction ordinaire en fraction décimale* ; à la vérité, on ne peut pas toujours résoudre cette question exactement ; mais on peut toujours trouver un nombre décimal qui diffère de la fraction donnée d'une quantité moindre que 0,1 ou 0,01 ou 0,001, etc.; et cela suffit dans la pratique.

RÈGLE. *Pour convertir une fraction ordinaire en fraction décimale, on divise le numérateur par le dénominateur, en exprimant le quotient en décimales ; et on continue la division jusqu'à ce qu'on arrive à un reste nul, ou qu'on ait obtenu le quotient avec l'approximation dont on a besoin.*

DÉMONSTRATION. En effet, nous avons prouvé qu'une fraction est égale au quotient de son numérateur par son dénominateur ; convertir une fraction ordinaire en fraction décimale, c'est donc exprimer ce quotient en décimales, ce que nous savons faire, ou exactement, ou avec telle approximation qu'on voudra.

EXEMPLES. Convertir $\frac{7}{8}$ en fraction décimale. Je fais la division

$$\begin{array}{r|l} 70 & 8 \\ 60 & \overline{0,875} \\ 40 & \\ 0 & \end{array}$$

j'arrive à un reste nul ; donc $\frac{7}{8} = 0,875$ exactement.

Convertir $\frac{21}{58}$ en décimales, et trouver le résultat à 0 01 près.

Je fais la division, en m'arrêtant après que j'aurai trouvé les centièmes du quotient

$$\begin{array}{r|l} 210 & 58 \\ 360 & \overline{0,36} \\ 12 & \end{array}$$

le quotient est 0.36 à 0,01 près, et même à un demi-centième près, comme on le voit aisément. Donc la fraction $\frac{21}{58}$ ne diffère de 0,36 que d'une quantité moindre qu'un demi-centième.

2C5. QUOTIENTS PÉRIODIQUES. Proposons-nous de réduire $\dfrac{3}{11}$ en décimales, et prolongeons la division indéfiniment.

$$
\begin{array}{c|l}
30 & 11 \\
80 & \overline{0,27\ 27\ldots} \\
\ \ 30 & \\
\ \ \ \ 80 & \\
\ \ \ \ \ \ 3 & \\
\end{array}
$$

nous voyons que la division ne se terminera jamais puisqu'on retrouve toujours les mêmes restes 3 et 8 alternativement et les mêmes chiffres 2 et 7 au quotient. Donc, la fraction $\dfrac{3}{11}$ ne peut pas être convertie exactement en décimales. On peut en outre se rendre compte des particularités que présente le quotient : les restes successifs de l'opération doivent être tous plus petits que 11 ; il ne peut donc pas y en avoir plus de dix différents ; par conséquent on est certain qu'après dix divisions successives *au plus*, ou bien l'opération sera terminée, ou bien on retrouvera un reste déjà obtenu ; et à partir de ce moment, les restes successifs et les chiffres du quotient se reproduiront indéfiniment dans le même ordre ; c'est ce qui arrive ici après deux divisions seulement.

Prenons encore la fraction $\dfrac{5}{7}$; voici la division :

$$
\begin{array}{c|l}
50 & 7 \\
10 & \overline{0,714285\ldots} \\
\ \ 30 & \\
\ \ \ \ 20 & \\
\ \ \ \ \ \ 60 & \\
\ \ \ \ \ \ \ \ 40 & \\
\ \ \ \ \ \ \ \ \ \ 5 & \\
\end{array}
$$

ici il a fallu faire six divisions pour retrouver un reste déjà obtenu ; à partir de là, les chiffres du quotient, 714285 se reproduiront indéfiniment.

Soit encore la fraction $\dfrac{47}{88}$.

$$
\begin{array}{c|l}
470 & 88 \\
300 & \overline{0,534\ 09\ 09\ 09\ldots} \\
\ \ 360 & \\
\ \ \ \ 800 & \\
\ \ \ \ \ \ 8 & \\
\end{array}
$$

après la cinquième division, nous trouvons un reste 8 déjà obtenu, et les chiffres 09 se reproduisent indéfiniment au quotient.

On appelle *quotient périodique* ou *fraction périodique* un nombre décimal illimité, où un certain groupe de chiffres se reproduit indéfiniment dans le même ordre ; ce groupe de chiffres s'appelle la *période*. Les trois quotients que nous venons d'obtenir sont périodiques ; la période est 27 dans le premier, 714285 dans le second et 09 dans le troisième.

La fraction périodique est *simple*, quand la période commence immédiatement après la virgule ; c'est le cas des deux premiers exemples. Elle est *mixte*, quand la période ne commence pas immédiatement après la virgule ; les chiffres placés entre la virgule et la première période se nomment chiffres *non périodiques* ; le troisième exemple nous a donné une fraction périodique mixte, dans laquelle les chiffres non périodiques sont 534, et la période est 09.

206. Nous donnons ici les valeurs en décimales des fractions ordinaires les plus simples et qui se rencontrent le plus souvent dans la pratique.

$$\frac{1}{2} = 0,5$$

$$\frac{1}{3} = 0,333....$$

$$\frac{1}{4} = 0,25$$

$$\frac{1}{5} = 0,2$$

$$\frac{1}{6} = 0,1666....$$

$$\frac{1}{7} = 0,142857\ 142857....$$

$$\frac{1}{8} = 0,125$$

$$\frac{1}{9} = 0,1111..;.$$

$$\frac{1}{10} = 0,1$$

$$\frac{1}{11} = 0,09\ 09\ 09....$$

$$\frac{1}{12} = 0,08333....$$

RÉSUMÉ.

188. Définition de la division. — 189. Cas où le diviseur est entier ;
règle et démonstration — 190. Remarque sur le cas où la partie
entière du dividende est moindre que le diviseur ; règle pour trouver
les plus hautes unités du quotient. — 191. Le reste représente des
unités de même espèce que les plus faibles du quotient — 192. Cas
où le diviseur est un nombre décimal ; règle générale. — 193. Résultat
qu'elle donne lorsque le nombre des décimales du dividende est égal
ou inférieur à celui des décimales du diviseur. — 194 Démonstration
de la règle de la division des nombres décimaux en les regardant
comme des fractions. — 195 Preuve de la division. - 196. Usages de
la division des nombres décimaux.

197, 198, 199. Méthode pour exprimer en décimales le quotient de
deux nombres entiers ou décimaux. — 200. Qu'appelle-t-on quotient
approché par défaut ou par excès à 0,1 ou à 0,01 ou à 0,001 etc. près ?
— 201. Lorsqu'un quotient est exprimé en décimales, l'erreur de ce
quotient est moindre qu'une unité décimale de l'ordre du dernier
chiffre — 202. Un quotient étant calculé en décimales, on peut toujours
l'obtenir à moins d'une demi-unité de l'ordre du dernier chiffre décimal. — 203. Règle pour calculer le quotient de deux nombres entiers
ou décimaux à 0,1 ou à 0,01 ou à 0,001 etc., près.

204. Conversion d'une fraction ordinaire en une fraction décimale
équivalente, ou qui en diffère de monis de 0,1 ou 0,01 ou 0,001, etc. —
205. Quotients périodiques ; période ; quotients périodiques simples,
périodiques mixtes. — 206. Expression en décimales de quelques fractions simples.

EXERCICES.

1. Faire les divisions suivantes :

36,8 : 8;	214,319 : 68;
43,52 : 7;	26,4318 : 453;
0,4312 : 8;	8,038921 : 164;
67,45 : 19;	8,76214 : 1967;
524,085 : 40;	464,832 : 7319.

et donner le quotient et le reste de chacune de ces divisions.

2. Faire les divisions suivantes :

681,31 : 2,6;	8,4611 : 0,0836;
45,9541: 0,38;	54,75329 : 0,00068;
854,6348 : 5,215;	14,2 : 0,03416;
634,78697 : 0,454;	36837 : 748,41 ;
915,36 : 7,28,	19 : 0.0317;
143,714 : 0,357;	1 : 0,00821.

3. Exprimer en décimales les quotients des divisions suivantes :

12 : 40;	78,65 : 104;
36 : 225;	259,347 : 256;
84 : 210;	41,61068 : 8,087;
68 : 2385;	1109 : 34,488;
64,86 : 80;	726,495 : 16,28;
4,375 : 112;	28850,8097053 : 692,3125.

4. Trouver

à 0,1 près le quotient de 34 : 7
à 0,01 — 18 : 6
à 0,001 — 45 : 14
à 0,0001 — 637 : 65
à 0,00001 — 9142 : 318
à 0,1 — 63,85 : 8
à 0,01 — 79,13 : 27
à 0,001 — 26 7 : 45
à 0,0001 — 36,64 : 729
à 0,00001 — 7348,75 : 83
à 0,1 — 17,854 : 0,47
à 0,01 — 0,7348 : 0,091
à 0,001 — 56,816 : 2,3587
à 0,0001 — 3,4813 : 41,734
à 0 00001 — 17,483 : 0,0456
à 0,000001 — 7 : 145,9
a 0,0000001 — 1 : 3,14159265

5. Convertir en fractions décimales les fractions :

$$\frac{3}{8}, \quad \frac{7}{16}, \quad \frac{27}{40}, \quad \frac{14}{25}, \quad \frac{33}{50}, \quad \frac{217}{125}, \quad \frac{49}{250}, \quad \frac{237}{512}, \quad \frac{815}{1024}, \quad \frac{4329}{25600}, \quad \frac{3128}{3125}, \quad \frac{463}{20480}.$$

6. Exprimer en décimales

à 0,1 près la valeur de la fraction $\dfrac{17}{39}$

à 0,01 — $\dfrac{48}{59}$

à 0,001 — $\dfrac{69}{13}$

à 0,0001 — $\dfrac{72}{121}$

à 0,00001 — $\dfrac{64}{343}$

à 0,000001 — $\dfrac{208}{7515}$

à 0,0000001 — $\dfrac{9}{17}$.

7. Trouver les quotients périodiques qu'on obtient en cherchant à convertir en fractions décimales les fractions suivantes :

$$\frac{4}{11}, \quad \frac{6}{7}, \quad \frac{15}{17}, \quad \frac{9}{13}, \quad \frac{14}{37}, \quad \frac{7}{12}, \quad \frac{17}{24}, \quad \frac{13}{28}, \quad \frac{61}{176}, \quad \frac{19}{52}, \quad \frac{23}{182}.$$

8. 6 litres d'huile pèsent 5^{Kilog},495 ; quel est à moins d'un millième de kilogramme le poids d'un litre d'huile d'olive ?

9. Un litre d'eau pèse 1000 grammes ; un litre d'air pèse 773 fois moins ; calculer, à 0^{gr},01 près, le poids d'un litre d'air ?

10. Un bec de gaz a brûlé en 48 heures 22 mètres cubes de gaz ; trouver à moins d'un millième de mètre cube la consommation de ce bec de gaz en une heure.

11. A raison de 92 francs par hectare, on a vendu la récolte d'une prairie 568 francs ; trouver à moins d'un dix-millième d'hectare la contenance de cette prairie.

12. Un litre de vin pèse 991 grammes; le vin contenu dans une bouteille pèse 695 grammes; trouver à un centième de litre près la capacité de cette bouteille.

13. Un train de chemin de fer fait 868 kilomètres en 21 heures environ ; trouver à un centième de kilomètre près le chemin qu'il fait en une heure.

14. Un centimètre cube d'argent pèse 10^{gr},47 ; trouver à un millième de centimètre cube près le volume d'un lingot dont le poids est de 314^{gr},2.

15. Une pièce de monnaie étrangère contient les 0,910 de son poids d'or pur : le poids de l'or pur est de 5^{gr},498 ; quel est le poids total de la pièce ?

16. 8^{lit},24 de mercure pèsent 112 kilogrammes ; quel est à 0^{kil},001 près le poids d'un litre de mercure ?

17 A 1^{fr},80 le kilogramme, on a acheté pour 4^{fr},25 de viande ; quel est le poids de cette viande ?

18. On a acheté 6^{kilog},75 de sucre pour 11^{fr},30 ; calculer à un demi-centime près le prix du kilogramme de sucre.

PROBLÈMES DE RÉCAPITULATION SUR LES NOMBRES DÉCIMAUX.

1. La longueur d'un rail est de 6 mètres ; entre deux rails consécutifs, on laisse un intervalle de 0^m,004 pour permettre au fer de se dilater. Quelle est la longueur d'une ligne de chemin de fer à double voie, où l'on a employé 81156 rails ?

2. Les grandes roues d'une locomotive ont 9^m,85 de circuit, de telle sorte qu'à chaque tour de roue la locomotive avance de 9^m,85 La locomotive effectue en 50 minutes un parcours de 32300 mètres ; combien les roues ont-elles fait de tours, et combien en font-elles par minute ?

3. 100 kilogrammes de houille donnent environ 23 mètres cubes de gaz de l'éclairage ; un hectolitre de houille pèse 78 kilogrammes environ ; combien faudra-t-il d'hectolitres de houille pour fabriquer 100 mètres cubes de gaz?

4. En 1862, la production de froment de toute la France s'est élevée à 109460000 hectolitres, valant 22^{fr},52 en moyenne; le nombre d'hectares cultivés en froment étant de 7457000, on demande le rendement moyen d'un hectare en froment, et en argent.

5. En 1867, la longueur totale des chemins de fer français était de 15720 kilomètres ; la recette brute s'est élevée à 665 millions de francs, et les frais d'exploitation à 300 millions de francs environ. Calculer le produit brut et le produit net par kilomètre, à un centime près ?

6 On a fondu ensemble 2^{kilog},25 d'un métal qui ont coûté 43^{fr},50 et 5^{kilog},6 d'un second métal, qui ont coûté 27 francs. Quel sera le prix d'un kilogramme de l'alliage en supposant qu'il y ait 2 pour 100 de déchet, et que la fabrication de cet alliage ait coûté 12 francs ?

7. On sait que la betterave donne en sucre environ les 0,07 de son

poids, qu'un mètre carré de terrain produit approximativement 3^{kilogr},125 de betteraves, et que les 1000 kilogrammes de betteraves sont évalués 16^{fr},50 On demande: 1° quelle superficie il faudrait ensemencer pour fournir de betteraves une fabrique qui doit produire annuellement 87500 kilogrammes de sucre ; 2° quelle serait la valeur des betteraves obtenues.

8. Un libraire s'engage à fournir 6548 francs de livres, moyennant un rabais de 17 pour 100 sur le prix courant des ouvrages qu'on lui demande ; il obtient des éditeurs qu'ils lui donneront 13 volumes pour le prix de 12, et qu'ils lui feront en outre sur le prix courant une remise de 24 pour 100, à condition qu'il se chargera du port et du brochage, pour lesquels sa dépense doit s'élever à $2\frac{1}{2}$ pour 100. Quel sera le bénéfice du libraire dans cette opération ?

9. Un pépiniériste loue une pièce de terre de 1^{hectare},07 au prix annuel de 150 francs l'hectare Il y plante des arbres qu'il achète 1 franc le pied ; les frais de culture coûtent annuellement 0^{fr},25 par arbre. Au bout de trois ans, une moitié des arbres a péri et le pépiniériste vend le reste 2700 francs en faisant un bénéfice de 1138^{fr},38 ; combien a-t-il planté d'arbres, et combien a-t-il vendu chacun des arbres restants ?

10. Pour faire 4 douzaines de chemises, on emploie 135 mètres de toile à 2^{fr},45 le mètre ; l'ouvrière qui les confectionne, y passe 32 jours, et on la paie 2 francs par jour ; enfin on dépense pour le fil et les boutons 3^{fr},60 ; on demande à combien revient chaque chemise ?

11. Une terre de 3^{hectares},15 a rapporté 16^{hectol},85 de blé par hectare ; on vend ce blé à raison de 32 francs les 120 kilogrammes. Quel prix en retirera t on, si l'hectolitre de ce blé pèse 76 kilogrammes ?

12. On estime qu'il y a en France 240000 ouvrières employées à faire de la dentelle ; la production annuelle a une valeur de 65000000 francs, et la valeur de la matière première est les 0,27 de la valeur totale ; trouver le montant des salaires de toutes ces ouvrières, et le salaire quotidien de chacune d'elles, en supposant qu'elles travaillent, en moyenne 240 jours par an ?

13. Une lampe brûle par heure 0^{kilogr},065 d'huile à 1^{fr},15 le kilogramme; une autre lampe ne brûle que 0^{kilogr},05 par heure, mais elle exige de l'huile à 1^{fr},45 le kilogramme. Quelle est celle des deux lampes qui présente le plus d'économie? De combien sera l'économie au bout de l'année, si chaque lampe est allumée en moyenne pendant 6 heures par jour ?

14. La poste se charge des envois d'argent, moyennant un droit de 2 pour 100 sur la somme envoyée, plus 0^{fr},25 pour timbre du mandat. Une personne, qui envoie une certaine somme par la poste, paie en tout 155^{fr},29. Quelle somme a-t-elle envoyée ?

15. On veut transformer des pièces de 5 francs en pièces de 2 francs; chaque pièce de 5 francs pèse 25 grammes et contient les 0,9 de son poids d'argent pur ; et chaque pièce de 2 francs pèse 10 grammes et contient les 0,835 de son poids d'argent pur; combien pourra-t-on faire de pièces de 2 francs avec 1000 pièces de 5 francs, et quel poids de cuivre faudra-t-il ajouter pour cela aux pièces de 5 francs ?

16. Une terre de 17 arpents a été achetée, il y a un siècle,

13000 francs; elle est vendue aujourd'hui à raison de 2180 francs l'hectare. Sachant que l'arpent vaut 0^{hectare},5107, on demande quelle est la valeur actuelle de cette terre, et de combien s'est accrue, dans l'intervalle d'un siècle, la valeur par hectare?

17. Le bronze des canons est formé de 89 parties de cuivre rouge et 11 d'étain; le cuivre vaut environ 290 francs les 100 kilogrammes, et l'étain 264 francs les 100 kilogrammes. Combien faudra t-il employer de kilogrammes de chacun de ces métaux pour fabriquer une pièce de 4, du poids de 328 kilogrammes, en admettant que le déchet qui se produit à la fonte soit de 4 pour 100? Quelle sera la valeur totale des métaux employés?

18. Un ouvrier consomme par jour 0^{fr},10 de tabac, et il mange en moyenne 0^{kilog},8 de pain à 0^{fr},45 le kilogramme; on demande pendant combien de jours cet ouvrier pourrait se procurer le pain qui lui est nécessaire avec la somme qu'il dépense en un an pour l'achat de son tabac.

19. Le stère de bois de chauffage pèse environ 450 kilogrammes, et vaut 17^{fr},50. Combien doit-on vendre 1000 kilogrammes de ce bois, pour qu'il soit indifférent d'acheter au poids ou au volume?

20. Une famille consomme, en moyenne, 3^{kilogr},5 de pain par jour; le sac de farine pèse 157 kilogrammes et coûte 69 francs; 4 kilogrammes de farine donnent à peu près 5^{kilog},2 de pain; enfin le bois employé pour la cuisson du pain de cette famille pendant toute l'année vaut 21 francs. On demande : 1° la dépense totale de l'année; 2° le prix de revient d'un kilogramme de ce pain.

LIVRE IV.

CHAPITRE I.

Notions sur la mesure des grandeurs.

207. Définition. On appelle *grandeur* ou *quantité* tout ce qui est susceptible d'augmentation ou de diminution ; tels sont la *longueur* d'un objet, le *poids* d'un corps, son *volume*, la *durée* d'un phénomène ou d'un événement, etc. ; on conçoit en effet qu'un objet soit plus ou moins long, qu'un corps soit plus ou moins p-sant, plus ou moins gros, qu'un évènement dure plus ou moins de temps, et ainsi de suite.

208. *Mesurer* une grandeur, c'est la comparer à une autre grandeur *de même espèce* prise pour *unité*, pour savoir combien de fois la grandeur donnée contient l'unité, ou combien elle contient de parties aliquotes de l'unité.

Proposons-nous, par exemple, de mesurer une longueur ; la première chose à faire, c'est de choisir une longueur pour *unité* ; on peut la choisir à volonté, pourvu qu'elle soit bien déterminée. Figurons ici la longueur qu'il s'agit de mesurer, AB, et supposons que l'unité choisie soit CD ; portons la longueur CD sur AB

autant de fois que possible ; il pourra se présenter deux
cas : ou bien l'unité sera contenue un nombre exact de

fois dans AB, ou bien elle n'y sera pas contenue exactement.

Supposons, en premier lieu, que l'unité de longueur CD
soit contenue exactement dans la longueur AB, cinq fois
par exemple, comme cela a lieu dans notre figure ; on
dira alors que la longueur AB est égale à 5 fois l'unité
de longueur, et le nombre entier 5 sera la *mesure* de la
longueur AB.

Supposons maintenant que la longueur AB ne contienne pas exactement l'unité de longueur CD et qu'en
portant CD sur AB autant de fois que possible, on trouve
que AB contient 5 fois CD, plus un reste, comme cela a

lieu dans la figure ; on partagera alors l'unité en parties
égales, dix par exemple, et on cherchera combien de
fois l'une de ces parties égales de l'unité est contenue
dans la longueur AB ; si elle y est contenue 57 fois, par

exemple, on dira que la longueur AB est égale aux $\dfrac{57}{10}$

de l'unité, et le nombre fractionnaire $\dfrac{57}{10}$ ou 5,7 sera la

mesure de la longueur AB. A la vérité, il peut arriver
que la partie de l'unité que l'on a choisie ne soit pas
contenue exactement dans AB; il faudra alors subdivi-
ser l'unité en parties aliquotes plus petites, et si le
nombre des divisions est assez grand, la longueur à mesurer contiendra l'une de ces parties de l'unité un certain nombre de fois, plus un reste très-petit qu'on
pourra négliger. Dans ce cas, on n'obtiendra pas la
mesure exacte de la longueur donnée, mais seulement
une mesure approximative qui suffira d'ailleurs pour les
besoins de la pratique.

Dans tous les cas, nous appellerons *mesure* d'une
grandeur le nombre entier ou fractionnaire qui indique

combien de fois cette grandeur contient l'unité, ou une partie aliquote de cette unité. Ainsi, dire que la mesure d'une grandeur est 7, c'est dire qu'elle contient 7 fois l'unité; dire que la mesure d'une grandeur est $\dfrac{5}{12}$, c'est dire qu'elle contient 5 fois la douzième partie de l'unité.

209. REMARQUE. On ne peut pas toujours comparer une grandeur à son unité aussi facilement que nous l'avons fait pour une longueur, c'est-à-dire en portant l'unité sur la grandeur à mesurer autant de fois que possible; la méthode qu'il faut employer pour effectuer la comparaison d'une grandeur à son unité dépend de la nature de cette grandeur. Pour mesurer les superficies et les volumes, on a recours aux règles que donne la géométrie; pour mesurer les poids, il faut employer un instrument qu'on appelle une balance, etc. Mais nous n'avons pas ici à nous occuper de faire connaître ces diverses méthodes; nous supposerons toujours qu'on sache comparer une quantité donnée à son unité, c'est-à-dire trouver combien de fois cette quantité contient l'unité ou une partie aliquote de cette unité.

210. DU CHOIX DE L'UNITÉ. A la rigueur, lorsqu'on veut mesurer une grandeur, on peut choisir l'unité arbitrairement; mais on conçoit aisément que pour les grandeurs qui se présentent le plus souvent dans les applications pratiques, telles que les longueurs, les surfaces, les volumes, les poids, le temps, il est indispensable de prendre des unités invariables, qui soient les mêmes pour tout un peuple et dans tous les temps. Il serait même désirable que tous les peuples qui sont liés par des relations commerciales s'entendissent pour avoir les mêmes unités.

211. SYSTÈME MÉTRIQUE. En France nous avons un ensemble d'unités pour les grandeurs usuelles, auquel on a donné le nom de *système métrique* ou de *système légal des poids et mesures;* il a été élaboré par une commission de savants français et étrangers de 1790 à 1795, et adopté par la Convention le 18 germinal an III (7 avril 1795); il est obligatoire dans notre pays depuis le 1er janvier 1840. Depuis cette époque, plusieurs autres nations l'ont adopté en tout ou en partie; les principales sont la Belgique, la Suisse, l'Italie, l'Allemagne, etc.

212. UNITÉS PRINCIPALES; UNITÉS SECONDAIRES. Lorsqu'on mesure une grandeur au moyen d'une unité très-petite, le résultat de cette mesure est un nombre fort grand ; au contraire, si l'on prend une unité très-grande, la quantité mesurée sera exprimée par un nombre très-petit ; or les nombres très-grands ou très-petits n'offrent aucune idée nette à l'esprit. Il convient donc d'avoir pour chaque espèce de grandeur plusieurs unités ; et il faut de plus que ces diverses unités aient entre elles des rapports assez simples, pour qu'on puisse comparer facilement les résultats obtenus avec chacune d'elles. Dans le système métrique, on a choisi pour chaque espèce de grandeur une unité *principale* et des unités *secondaires*, qui sont toutes des multiples ou des parties aliquotes de l'unité principale ; de plus ces diverses unités suivent l'échelle décimale, c'est-à-dire que les unités secondaires sont 10 fois, 100 fois, 1000 fois, 10000 fois plus grandes ou plus petites que l'unité principale ; c'est ce qu'on exprime en disant que le système métrique est *décimal*.

Ce mode de formation des unités secondaires constitue l'un des principaux avantages du système métrique ; il en résulte en effet que, dans les applications, on aura toujours à opérer sur des nombres entiers ou décimaux, et l'on sait que le calcul des nombres décimaux est aussi simple que celui des nombres entiers.

213. Les grandeurs usuelles qu'on mesure avec les unités du système métrique sont les *longueurs*, les *surfaces*, les *volumes* ou les *capacités*, les *poids*, et les *valeurs* des objets. Nous allons passer en revue ces différentes grandeurs, et nous y ajouterons la mesure du *temps*, bien que les unités employées pour cette espèce de grandeur ne suivent pas la loi décimale.

RÉSUMÉ.

207. Définition des grandeurs. — 208, 209. Notions sur la mesure des grandeurs. — 210. Du choix de l'unité. — 211. Système métrique ; son origine. — 212. Unités principales et secondaires ; le système métrique est *décimal* ; avantages qui en résultent. — 213. Énumération des grandeurs usuelles qu'on mesure au moyen des unités du système métrique.

CHAPITRE II.

Unités de longueur.

214. L'unité de longueur principale porte le nom de *mètre*.

Le mètre est la dix-millionième partie du quart du méridien terrestre.

On sait que la terre a très-sensiblement la forme d'une sphère ou boule énorme ; deux points opposés de la surface de cette sphère se nomment les *pôles*, et tout cercle

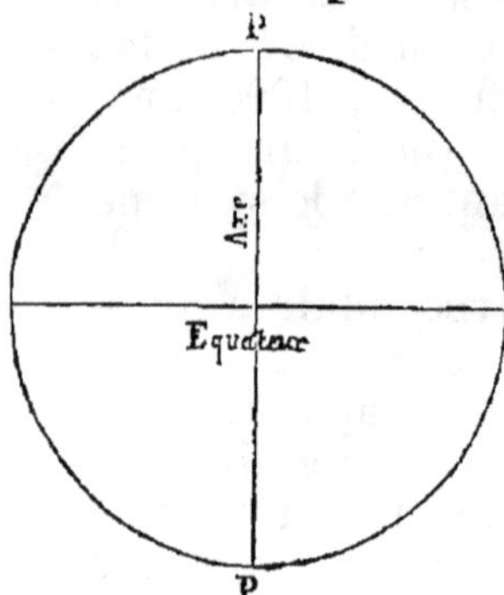

passant par les deux pôles s'appelle un *méridien* ; si l'on partage la longueur totale d'un de ces méridiens d'abord en quatre parties égales, et ensuite chacun de ces quarts en dix millions de parties égales, chacune d'elles sera égale à un mètre. Il résulte de ces explications que le tour de la terre a quarante millions de mètres de longueur.

215. Les unités secondaires dérivées du mètre sont :

$$\begin{array}{lll}
\text{le décamètre qui vaut} & 10 & \text{mètres} \\
\text{l'hectomètre} \quad — & 100 & — \\
\text{le kilomètre} \quad — & 1000 & — \\
\text{le myriamètre} \quad — & 10000 & —
\end{array}$$

et   le décimètre, qui vaut $\dfrac{1}{10}$ de mètre

     le centimètre   — $\dfrac{1}{100}$ —

     le millimètre   — $\dfrac{1}{1000}$ —

Il est bon de remarquer que celles de ces unités qui sont plus grandes que le mètre se nomment en faisant précéder le mot *mètre* des mots *deca*, *hecto*, *kilo*, *myria* qui sont tirés du grec, et qui signifient respectivement *dix, cent, mille. dix mille.* Les noms des unités plus petites que le mètre se forment en plaçant devant le nom du mètre les mots *déci, centi, milli* dérivés du latin et qui équivalent à un *dixième*, un *centième*, un *millième*. Le nom de chacune des unités secondaires indique par conséquent son rapport à l'unité principale ; et ce mode de nomenclature des unités secondaires au moyen de l'unité principale est, par ce motif, employé pour toutes les grandeurs usuelles que nous examinerons dans le système métrique.

216. Voici alors le tableau par ordre de grandeur de toutes les unités qu'on emploie pour mesurer les longueurs, avec l'indication de leurs valeurs, et des abréviations qui servent à les désigner.

Noms.	Valeurs en mètres.	Abréviation.
Myriamètre	10000 mètres	Mm ou M
Kilomètre	1000 id.	km
Hectomètre	100 id.	hm
Décamètre	10 id.	Dm
MÈTRE	1 id.	m.
Décimètre	$0^m,1$	dm.
Centimètre	$0^m,01$	cm. ou c.
Millimètre	$0^m,001$	mm.

Il est important de se familiariser avec les dimensions de ces diverses unités ; nous donnons ici la représentation exacte d'un décimètre divisé en centimètres : le premier centimètre est lui-même divisé en millimètres. On se fera une idée assez exacte du kilomètre, en sachant qu'un marcheur exercé parcourt un kilomètre en 10 minutes environ.

217. On emploie le mètre, le décimètre et le centimètre pour mesurer les longueurs de moyenne étendue, comme la longueur d'une étoffe, les dimensions d'un meuble, d'un appartement, etc. Pour les longueurs plus petites, on se sert du centimètre et du millimètre ; on évalue ainsi la longueur ou la largeur d'une feuille de papier, d'une plaque de métal, etc. Dans les mesures qui exigent une grande précision, les physiciens emploient le mil-

limètre, le dixième de millimètre et même le centième de millimètre. Le décamètre sert pour l'évaluation des dimensions d'une pièce de terre ; enfin l'hectomètre, le kilomètre et le myriamètre sont réservés pour la mesure des distances sur les routes ; on les appelle, pour cette raison, *mesures itinéraires*. Ainsi, sur les grandes routes, des bornes, dites bornes *kilométriques*, indiquent les distances de kilomètre en kilomètre ; des bornes plus petites, intercalées entre les premières, indiquent les hectomètres. Les kilomètres sont aussi marqués par des poteaux sur les chemins de fer.

218. De ces diverses unités de longueur, les unes, comme le mètre, le décimètre, le décamètre sont représentées par des objets réels que l'on peut manier, et constituent alors ce qu'on peut appeler des mesures *effectives* ou *réelles* ; les autres, trop grandes ou trop petites, sont des mesures *fictives*. C'est ainsi qu'on fabrique des règles d'un mètre et d'un décimètre ; mais on ne fait pas de mesures d'un hectomètre ou d'un kilomètre, non plus que des règles d'un millimètre, parce qu'elles ne seraient pas maniables (1).

De plus, pour la commodité des transactions, la loi autorise certaines mesures de longueur autres que celles dont nous venons de parler, mais qui en dérivent d'une manière simple ; voici le principe adopté, non-seulement pour les mesures de longueur, mais encore pour toutes celles qui font partie du système métrique.

Toute mesure réelle vaut 1 *fois,* 2 *fois ou* 5 *fois l'unité principale ou l'une des unités secondaires.*

Toutes les mesures réelles, en usage dans le commerce, doivent être vérifiées et poinçonnés par un agent spécial, qui porte le nom de vérificateur des poids et mesures.

219. Mesures de longueur réelles. Les mesures réelles autorisées pour les longueurs sont :

le *double décamètre*, qui vaut   2 décamètres
le *décamètre* (chaîne d'arpenteur) 1   —

----

(1) On conserve aux archives nationales une règle en platine, qui a un mètre de longueur, et qui a été construite par les auteurs du système métrique ; c'est le *mètre étalon*

le *demi-décamètre*	5	mètres
le *double mètre*	2	—
le *mètre*	1	—
le *demi-mètre*	5	décimètres
le *double décimètre*	2	—
le *décimètre*	1	—

On donne à ces mesures des formes diverses suivant l'usage auquel on les destine. Le double décamètre, le décamètre et le demi-décamètre qui servent aux arpenteurs ont la forme de chaînes en fil de fer. Le plus ordinairement, chaque chaînon a une longueur de

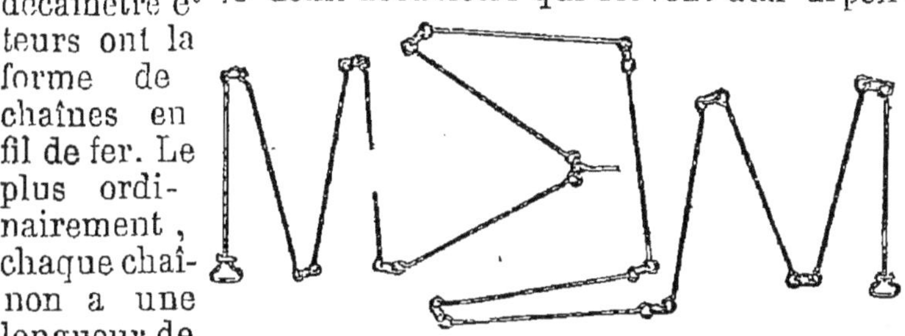

2 décimètres, ce qui donne 50 chaînons pour un décamètre ; les chaînons sont unis par des anneaux de fer ; mais de mètre en mètre, c'est-à-dire de cinq en cinq chaînons, l'anneau de fer est remplacé par un anneau de cuivre, et tous les cinq mètres une petite broche en fer est suspendue à l'anneau ; enfin les chaînons extrêmes sont munis de poignées qui servent à porter la chaîne et à la tendre quand on veut s'en servir pour mesurer une longueur sur le terrain. On emploie encore pour ces trois mesures un ruban de fil peint, divisé en mètres, décimètres et centimètres et renfermé dans une boîte ronde en cuir, où il s'enroule autour d'un petit cylindre de cuivre à l'aide d'une manivelle ; pour cette raison ce petit instrument s'appelle une roulette. Le double décamètre et le demi-décamètre sont peu employés ; le plus ordinairement la chaîne d'arpenteur et le ruban métrique ont une longueur d'un décamètre.

Le mètre, le double mètre et le demi-mètre dont on se sert pour mesurer les étoffes ont la forme de règles de bois carrées dont les bouts portent une garniture de cuivre, et qui sont divisées en centimètres et en millimètres. Les ouvriers du bâtiment emploient le mètre, le

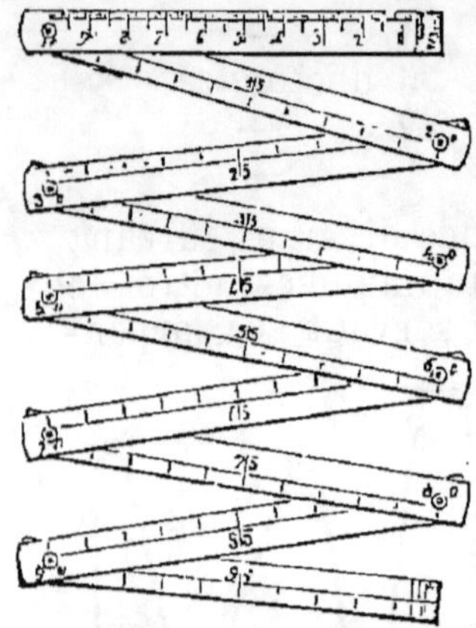

double mètre et le demi-mètre pliants en bois, en baleine, en ivoire, en cuivre ; chacune des parties a un décimètre Les tailleurs, les lingères, les couturières se servent de rubans métriques en toile, en cuir ou en soie ; etc.

Enfin le décimètre et le double décimètre à l'usage des dessinateurs et des architectes ont la forme de règles plates à biseau en buis ou en ivoire, qui sont divisées en centimètres et en millimètres.

220. CALCUL DES NOMBRES MÉTRIQUES. Les nombres qu'on obtient en mesurant les longueurs à l'aide du mètre, du décamètre, de l'hectomètre, etc., ou du décimètre, du centimètre, etc. sont des nombres décimaux, puisque ces diverses unités de longueur suivent la loi décimale ; il en résulte que les opérations qu'on peut avoir à faire sur ces nombres s'effectuent d'après les règles du calcul des nombres décimaux. On doit seulement, quand il s'agit d'additionner ou de soustraire des grandeurs de même espèce, avoir soin de les rapporter à la même unité, ce qui se fait toujours aisément par un simple déplacement de virgule.

Ex. On a mesuré séparément les trois tronçons d'une route, et on a trouvé pour leurs longueurs respectives :

1er tronçon   12 kilomètres 815 mètres

2e —   2 myriamètres 3 hectomètres

3° —   5214 mètres ;

quelle est la longueur de toute la route ?

Je rapporte toutes ces longueurs à une même unité, au kilomètre, par exemple ; et j'additionne ensuite ; je trouve ainsi :

1er tronçon $12^{km},815$

2e — $20^{km},3$

3e — $5^{km},214$

Total. $38^{km},329$

la longueur totale de la route est donc de $38^{km},329$ ou de 38 kilomètres 329 mètres.

221. VALEUR D'UN DEGRÉ DU MÉRIDIEN, DU MILLE MARIN, DE LA LIEUE MARINE. La longueur totale d'un méridien est, comme on sait, de 40000000 mètres ; si l'on partage cette longueur en 360 parties égales, chacune d'elles sera un *degré* du méridien ; si l'on partage ensuite chaque degré en 60 parties égales, chacune de ces subdivisions s'appellera une *minute* ; et enfin on donnera le nom de *seconde* à la 60ᵉ partie d'une minute. D'après ces définitions, le degré aura pour valeur la 360ᵉ partie de 40000000 mètres, c'est-à-dire,

$$\frac{40000000^{m}}{360} = 111111^{m},111$$

ou, approximativement, 111 kilomètres.

La minute vaudra 60 fois moins, ou

$$\frac{111111^{m},111}{60} = 1851^{m},851851....,$$

ou, à très-peu près, 1852 mètres.

La seconde vaudra encore 60 fois moins, c'est-à-dire,

$$\frac{1851^{m},851}{60} = 30^{m},864197..,$$

ou environ $30^{m},864$.

Les navigateurs emploient pour évaluer les distances parcourues, deux unités appelées le *mille marin* ou le *nœud* et la *lieue marine* ; le mille marin n'est autre chose que la minute, et la lieue marine vaut 3 milles marins ; elle est, par conséquent le 20ᵉ du degré ; leurs valeurs en mètres sont donc :

Mille marin . . . . . $1851^{m},851$

Lieue marine. . . . . $5555^{m},555$

Les géographes se servent de préférence de la *lieue géographique*, qui est le 25ᵉ du degré ; elle vaut, par conséquent,

$$\frac{111111^{m},111}{25} = 4444^{m},444....$$

Citons enfin une dernière mesure itinéraire que l'usage a consacrée, c'est la *lieue de poste métrique*, dont la longueur est de 4 kilomètres, et qui est la 10000ᵉ partie de la longueur du méridien.

RÉSUMÉ.

214 Définition du mètre. — 215, 216. Unités secondaires de longueur ; leurs noms ; leurs rapports au mètre. — 217. Usages des diverses unités de longueur. — 218. Unités effectives ou réelles, unités fictives — 219. Mesures réelles de longueur autorisées par la loi ; chaîne d'arpenteur, roulette. mètre droit, mètre pliant, double décimètre des dessinateurs. — 220 Calcul des nombres métriques ; changement d'unité — 221 Autres mesures itinéraires : degré, minute, seconde ; mille marin ou nœud, lieue marine ; lieue géographique ; lieue de poste métrique.

EXERCICES.

1. Combien le décamètre vaut-il de décimètres, de centimètres, de millimètres ? Combien le kilomètre vaut-il d'hectomètres, de décamètres, de décimètres, de centimètres, de millimètres ?

2. Qu'est-ce que le décamètre par rapport à l'hectomètre, au kilomètre, au myriamètre ? Qu'est-ce que le décimètre par rapport au décamètre, à l'hectomètre, au kilomètre ? Qu'est-ce que le centimètre par rapport au décimètre, au décamètre, à l'hectomètre ? Qu'est-ce que le millimètre par rapport au décimètre et au centimètre ?

3. Combien le méridien de la terre vaut-il de kilomètres et de myriamètres ?

4. Lire les nombres suivants :

$5^{m},4$	$2^{Dm},36$	$38^{M},252$	$21^{dm},75$	$39^{c},72$
$3^{m},25$	$2^{Dm},309$	$17^{hm},31$	$219^{dm},6$	$14^{mm},2$
$4^{m},504$	$8^{km},254$	$0^{km},358$	$28^{c},45$	$3590^{mm}.$

5. Décomposer les nombres qui précèdent en unités de longueur des différents ordres.

6. Rapporter successivement au kilomètre, au mètre et au centimètre pris pour unités, les longueurs suivantes :

$13^{Dm},45$	$0^{M},454$	$5141^{c},3$
$17^{Dm},246$	$2^{M},0514$	$0^{m},753$
$8^{hm},25$	$15^{hm},8$	$4^{km},529$
$2391^{hm},$	$6315^{dm},57$	$175489^{mm}.$

7. Écrire. en prenant le mètre pour unité, les longueurs suivantes :

Dix-sept mètres cinquante-trois centimètres ;

Trois décamètres quarante-huit centimètres ;

Vingt-cinq hectomètres trois mètres ;

Sept mille cinq cents centimètres ;

Quatre mille huit cent treize décimètres ;

Cinquante-deux mille six cent soixante-dix neuf millimètres ;

Trois kilomètres neuf hectomètres huit mètres neuf décimètres ;

8. Écrire, en prenant le kilomètre pour unité, les longueurs suivantes :

Sept mille trois cent quatorze mètres ;

Quatre cent trente-huit hectomètres ;

Deux mille six cent quatre-vingt quatorze décamètres ;

Six cent vingt-huit myriamètres ;

Vingt-quatre mille huit cent soixante-neuf décimètres ;

Deux myriamètres sept kilomètres cinq hectomètres neuf décamètres ;

Cent cinquante-trois myriamètres cinq hectomètres trois mètres ;

9. Écrire, en prenant le millimètre pour unité, les longueurs suivantes :

Trois décimètres quatre centimètres ;

Deux mètres six décimètres trois centimètres sept millimètres ;

Deux cent trente-sept centimètres ;

Six mille trois cent soixante-dix-neuf dixièmes de millimètre ;

Neuf cent trente sept millièmes de décimètre.

10. Il y a 512 kilomètres de Paris à Lyon, et 351 kilomètres de Lyon à Marseille : quelle est la distance de Paris à Marseille ?

11. A la température de la glace fondante, une barre de fer a une longueur de $1^m,4567$; à la température de l'eau bouillante, la même barre a une longueur de $1^m,4587$; de combien de millimètres s'est-elle allongée ? Quel serait, dans les mêmes circonstances, l'allongement d'une barre de fer, dont la longueur serait d'un mètre à la température de la glace fondante ?

12. Une locomotive parcourt, en moyenne, $42^{km},8$ à l'heure : quel chemin fera-t-elle en 7 heures ?

13. Deux trains de chemin de fer partent à la même heure, l'un de Paris pour Lyon, l'autre de Lyon pour Paris ; le premier fait $45^{km},511$ par heure ; le second fait $30^{km},118$ à l'heure ; la distance de Paris à Lyon étant de 512 kilomètres, on demande à quelle distance ces deux trains seront l'un de l'autre après 3 heures de marche.

14 On veut fabriquer des épingles de 3 centimètres de longueur avec un rouleau de fil de laiton dont la longueur est de $41^m,60$; combien pourra-t-on faire d'épingles, sachant que l'on perd 2 millimètres de fil par épingle dans la fabrication ?

15. Une vis avance de $4^c,35$, quand on lui fait faire 24 tours dans son écrou ; combien devra-t-elle faire de tours pour avancer de 5 centimètres ?

16. Un escalier a 112 marches, et chacune a $17^c,3$ de hauteur ; quelle est la hauteur totale de l'escalier ?

17. Un arpenteur se sert, pour mesurer une longueur, d'une chaîne d'un décamètre qui est trop longue de 24 centimètres ; il trouve que la longueur mesurée vaut 36 fois sa chaîne, plus 34 chaînons ; quelle est la valeur en mètres de cette longueur ? La chaîne est divisée en 50 chaînons.

18. Un paquebot marche à la vitesse de 8 nœuds à l'heure ; combien fera-t-il de kilomètres en 24 heures ?

19. La distance du soleil à la terre est d'environ 37,000,000 lieues métriques : évaluer cette distance en myriamètres ; combien de fois contient elle la longueur du méridien terrestre ?

20. Un vaisseau, qui suit exactement un méridien, a parcouru 87 lieues marines ; évaluer cette distance en kilomètres ; et trouver combien de fois elle est contenue dans le tour de la terre.

CHAPITRE III.

Unités de superficie.

222. DÉFINITION. On appelle *carré* une figure formée de quatre côtés égaux disposés d'équerre l'un sur l'autre.

Pour mesurer les superficies, on compare leur étendue à celle d'un carré de dimensions déterminées qui porte le nom d'unité de surface ou de superficie ; c'est la géométrie qui fait connaître les moyens d'effectuer cette comparaison. A la rigueur, on pourrait prendre un carré quelconque pour unité de surface ; mais pour simplifier la mesure des superficies, on a été conduit à adopter comme *unité de surface le carré qui a pour côté l'unité de longueur.*

223. MÈTRE CARRÉ. Dans le système métrique, *l'unité principale pour les superficies est le carré dont le côté a un mètre de longueur*; on l'appelle *mètre carré.*

Les unités secondaires sont des carrés ayant respectivement pour côtés un décamètre, un hectomètre, un kilomètre, un myriamètre, ou un décimètre, un centimètre, un millimètre ; on les nomme *décamètre carré, hectomètre carré*, etc., *décimètre carré, centimètre carré*, etc.

224. *Le mètre carré vaut* 100 *décimètres carrés.*

Supposons en effet que le carré ABCD soit un mètre carré, c'est-à-dire que chaque côté de ce carré ait un mètre de longueur; je vais faire voir qu'il contient

100 fois le décimètre carré. Partageons les côtés opposés AB et BC, en dix parties égales, chacune de ces parties vaudra le dixième du mètre ou un décimètre. Joignons

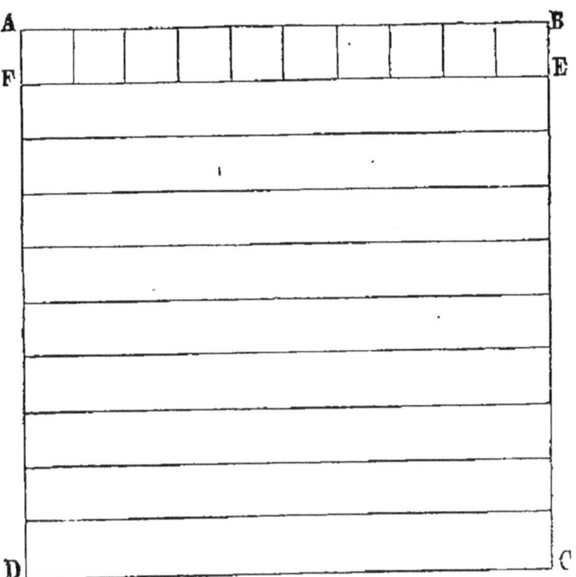

ensuite par des lignes droites les points de division correspondants, nous aurons ainsi partagé le mètre carré en dix bandes égales qui auront chacune un mètre de longueur et un décimètre de hauteur. Considérons maintenant l'une de ces bandes, telles que ABEF, et divisons encore en dix parties égales les deux côtés AB et EF qui ont un mètre de longueur, puis joignons par des lignes droites les points de division correspondants ; la bande ABEF sera alors parlagée en dix carrés ayant chacun un décimètre de longueur et un décimètre de hauteur ; ce seront donc des décimètres carrés. Or la bande ABEF en contient dix, et le mètre carré ABCD contient dix bandes pareilles ; il contient donc 10 fois 10 ou 100 décimètres carrés.

Le même raisonnement, appliqué aux autres unités de surface, montre que le décimètre carré vaut 100 centimètres carrés, celui-ci vaut 100 millimètres carrés, et ainsi de suite. Voici le tableau de ces diverses unités rangées par ordre de grandeur décroissante.

Myriamètre carré, qui vaut 100 kilomètres carrés.
Kilomètre carré, —　100 hectomètres carrés.
Hectomètre carré, —　100 décamètres carrés.
Décamètre carré, —　100 mètres carrés.
Mètre carré, —　100 décimètres carrés.
Décimètre carré, —　100 centimètres carrés.
Centimètre carré, —　100 millimètres carrés.
Millimètre carré.

D'où il résulte que :

Le myriamètre carré vaut

100 fois 100　　ou 10000 hectomètres carrés.
100 fois 10000　ou 1000000 décamètres carrés.
100 fois 1000000 ou 100000000 mètres carrés.

Le kilomètre carré vaut

100 fois 100　　ou 10000 décamètres carrés.
100 fois 10000　ou 1000000 mètres carrés, et ainsi
de suite.

Les abréviations usitées pour désigner ces différentes unités s'obtiennent en ajoutant la lettre q. à celles qui indiquent les unités de longueur correspondantes ; ainsi : M. q., km. q., Dm. q., m. q., dm. q., c. q., mm. q., signifient myriamètre carré, kilomètre carré, etc.

225. Le mètre carré, le décimètre carré et le centimètre carré sont employés pour mesurer les superficies d'étendue médiocre, comme la surface d'une chambre, d'un mur, d'une planche de métal, d'une feuille de carton, etc.

Le centimètre carré et le millimètre carré servent pour l'évaluation des petites surfaces, comme celle d'une pièce de monnaie. Le mètre carré, le décamètre carré et l'hectomètre carré sont en usage pour la mesure des terres et des champs. Enfin le kilomètre carré et le myriamètre carré ne sont employés que pour l'évaluation de grandes surfaces, comme la surface d'un département, d'une province, d'un pays ; on leur donne, pour cette raison, le nom de mesures *topographiques.*

226. Aucune des unités de surface n'est une mesure réelle : pour mesurer une surface, on ne peut pas porter effectivement le mètre carré sur cette surface, pour savoir combien de fois il y est contenu ; c'est à l'aide des

principes de la géométrie qu'on peut comparer une étendue superficielle au mètre carré.

227. Lorsque la mesure d'une superficie est exprimée par un nombre décimal et rapportée à l'une des unités que nous venons de définir, on peut aisément décomposer ce nombre en mètres carrés, décimètres carrés, centimètres carrés, etc. Prenons, par exemple, le nombre 23815$^{\text{m. q.}}$,328 ; puisque le décamètre carré vaut 100 mètres carrés, les centaines de ce nombre représenteront des décamètres carrés, et comme ce nombre renferme 238 centaines, la surface qu'il représente contiendra 238 décamètres carrés. Pour la même raison, l'hectomètre carré valant 100 décamètres carrés, ces 238 décamètres carrés contiennent 2 hectomètres carrés. Passons à la partie décimale : le décimètre carré étant la centième partie du mètre carré, les 32 centièmes de mètre carré que renferme le nombre équivalent à 32 décimètres carrés. Il reste encore 8 millièmes de mètre carré ou 8 dixièmes de décimètre carré ; pour trouver le nombre de centimètres carrés équivalent, il suffit de se rappeler que le décimètre carré vaut 100 centimètres carrés ; par suite le dixième du décimètre carré contient 10 centimètres carrés, et 8 dixièmes de centimètre carré valent 80 centimètres carrés. En résumé, le nombre donné équivaut à

2 hectomètres carrés,
38 décamètres carrés,
15 mètres carrés,
32 décimètres carrés,
80 centimètres carrés ;

D'où la règle suivante :

RÈGLE. *Pour décomposer une surface exprimée au moyen d'une unité du système métrique en mètres carrés, décimètres carrés, etc., on partage le nombre en tranches de deux chiffres à partir de la virgule à droite et à gauche, en ayant soin toutefois de compléter la dernière tranche à droite, s'il est nécessaire, par un zéro ; les tranches successives représentent alors les unités superficielles des divers ordres ; et il n'y a plus qu'à énoncer chaque tranche comme si elle était seule, en ajoutant après chacune le nom de l'unité qu'elle représente.*

228. Réciproquement, lorsque le nombre qui exprime la mesure d'une surface est décomposé en unités superficielles des différents ordres, on peut le rapporter à l'une quelconque de ces unités, et l'écrire alors sous forme de nombre entier ou décimal.

Exemple. Rapporter au décimètre carré pris pour unité le nombre suivant :

> 3 décamètres carrés,
> 81 mètres carrés,
> 73 décimètres carrés,
> 34 centimètres carrés,
> 70 millimètres carrés.

Le mètre carré vaut 100 décimètres carrés : donc 81 mètres carrés équivalent à 8100 décimètres carrés. Le décamètre carré vaut 100 mètres carrés, par suite, 100 fois 100 ou 10000 décimètres carrés ; donc 3 décamètres carrés valent 30000 décimètres carrés. On voit de même que 34 centimètres carrés peuvent s'écrire 34 centièmes de décimètre carré, et que 70 millimètres carrés valent 70 dix-millièmes de décimètre carré. Le nombre donné s'écrira donc

$$38173^{\text{dm. q.}},3470.$$

229. Changement d'unité. Lorsqu'une surface est exprimée au moyen d'une des unités de superficie, on peut la rapporter à une autre par un simple déplacement de la virgule dans le nombre décimal qui exprime cette surface. Supposons, pour fixer les idées, que le nombre donné représente des mètres carrés, et qu'on veuille l'exprimer en hectomètres carrés ; l'hectomètre carré vaut 10000 mètres carrés ; donc en divisant par 10000 un nombre qui représente des mètres carrés, on saura combien il renferme d'hectomètres carrés et de fractions d'hectomètre carré ; on raisonnerait de même pour toutes les questions analogues.

Exemples. I. Rapporter à l'hectomètre carré le nombre 32456 m. q.

Il suffit de le diviser par 10000 ; on a donc :

$$32456 \text{ m. q.} = 3^{\text{hm. q.}},2456.$$

II. Rapporter au mètre carré le nombre $36^{\text{Dm. q.}}, 265$. Comme le décamètre carré vaut 100 mètres carrés, il

faut multiplier le nombre donné par 100, ce qui donne :
$$36^{Dm.\ q.},265 = 3626^{m.\ q.},5.$$

III. Rapporter au centimètre carré le nombre
$$0^{m.\ q.},079251.$$

Le mètre carré vaut 10000 centimètres carrés; donc, en multipliant le nombre donné par 10000, on saura combien il contient de centimètres carrés ; on a ainsi :
$$0^{m.\ q.},079251 = 792^{c.\ q.},51.$$

230. Mesures agraires. Le décamètre carré est l'unité de mesure principale pour les surfaces des champs ; on lui a donné pour cette raison un nom particulier, on l'appelle *are*. Ainsi l'are est un carré dont chaque côté a 10 mètres.

Les mesures secondaires sont l'*hectare*, qui vaut 100 ares, et le *centiare*, qui est la centième partie de l'are.

L'are, l'hectare et le centiare s'appellent des mesures *agraires*, d'un mot latin qui signifie *champ*.

Il résulte de ce qui précède que l'are étant un décamètre carré, l'hectare est équivalent à un hectomètre carré, et le centiare, à un mètre carré. Il n'y aura par conséquent aucune difficulté à passer de l'hectare, de l'are et du centiare aux unités de superficie que nous avons énumérées précédemment.

Voici le tableau des mesures agraires avec les abréviations spéciales qui servent à les représenter:

hectare, vaut 100 ares ou 1 hectomètre carré.   .   *ha.*

are, vaut 1 décamètre carré.   .   .   .   .   *a.*

centiare, vaut 0 ª, 01 ou 1 mètre carré.   .   .   .   .   *ca.*

RÉSUMÉ.

222. Définition du carré ; on prend pour unité de superficie le carré qui a pour côté l'unité de longueur — 223. Unités superficielles du système métrique : mètre carré, décimètre carré, etc. — 224. Le mètre carré vaut 100 décimètres carrés; rapport de chacune des unités de superficie à toutes les autres. — 225. Usages des différentes unités de superficie. — 226. Toutes ces unités sont des mesures fictives. — 227. Décomposer en mètres carrés, décimètres carrés, etc., une surface exprimée au moyen d'une de ces unités — 228. Réciproquement, rapporter à l'une des unités superficielles une surface qui est décomposée en mètres carrés, décimètres carrés, etc. — 229. Une surface étant exprimée au moyen d'une des unités de superficie, la rapporter

à une autre unité. — 230. Mesures agraires : are, hectare, centiare ;
leur rapport au mètre carré.

EXERCICES.

1. Combien le myriamètre carré vaut-il de décamètres carrés, de
décimètres carrés, de millimètres carrés ? Combien l'hectomètre carré
vaut-il de mètres carrés, de décimètres carrés, de centimètres carrés ?
Combien le décamètre carré vaut-il de décimètres carrés, de centimètres carrés, de millimètres carrés ? Former un tableau faisant connaître la valeur de chacune des unités de surface exprimée au moyen
des unités inférieures.

2. Qu'est-ce que le millimètre carré par rapport au décimètre
carré, au mètre carré, à l'hectomètre carré? Qu'est-ce que le centimètre carré par rapport au mètre carré, au décamètre carré, à l'hectomètre carré ? Qu'est-ce que le décimètre carré par rapport au décamètre carré, à l'hectomètre carré, au myriamètre carré ? Exprimer en
général la valeur de chaque unité de surface par rapport à toutes les
unités supérieures

3. Que sont l'hectare, l'are et le centiare par rapport à toutes les
unités de surface ?

4. Combien le dixième du mètre carré vaut il de décimètres carrés ?
Combien le centième du mètre carré vaut-il de centimètres carrés ?
Combien le millième du mètre carré vaut-il de millimètres carrés ?
Combien valent le 1000ᵉ du décamètre carré, le 10000ᵉ du kilomètre
carré, le 10ᵉ du centimètre carré, le 1000ᵉ du myriamètre carré, le
10000000ᵉ du kilomètre carré ?

5. Décomposer en unités superficielles des différents ordres les
nombres suivants :

$$987^{hmq},364 \qquad\qquad 215^{mq},6075248$$
$$28^{kmq},4539 \qquad\qquad 5340^{dmq},751$$
$$0^{mq},053642 \qquad\qquad 19345^{cq},783$$
$$64297^{mq},36789 \qquad\qquad 3592000^{mmq},$$

6. Écrire, en les rapportant successivement au kilomètre carré, à
l'hectomètre carré et au mètre carré, les surfaces suivantes :

17 décamètres carrés 25 mètres carrés 34 décimètres carrés ;
2 hectomètres carrés 87 décamètres carrés 19 mètres carrés 63 dé-
    cimètres carrés ;
29 kilomètres carrés 40 hectomètres carrés 84 décamètres carrés
    39 mètres carrés ;
6 myriamètres carrés 37 kilomètres carrés 8 hectomètres carrés
    72 décamètres carrés ;
29 kilomètres carrés 3 hectomètres carrés 5 mètres carrés ;
34 hectomètres carrés 43 décimètres carrés ;
42 mètres carrés 8 décimètres carrés 20 centimètres carrés ;
14 décamètres carrés 38 mètres carrés 9 centimètres carrés ;
8 kilomètres carrés 7 hectomètres carrés 6 décamètres carrés
    10 mètres carrés.

7. Rapporter successivement au kilomètre carré et au mètre carré les nombres suivants :

$3417^{hmq},45$ $2139^{mq},7521$

$22^{Mq},35098$ $19345^{dmq},875$

$54839^{Dmq},7052$ $4345847^{dmq},$

$0^{Mq},00027321$ $837415^{cq},7$

$6^{hmq},780349$ $36413900^{mmq}.$

8. Rapporter successivement à l'hectare, à l'are et au centiare les surfaces suivantes :

$4372^{dmq},275$ $4327804^{mq}.$

$0^{kmq},047821$ $234849000^{dmq}.$

$692^{Dmq},953$ $569^{hmq},8075$

$11^{Mq},3512$ $0^{hmq},95214$

$48757^{mq},6$ $3648^{Dmq},7.$

9. Le papier de tenture a une superficie de 48^{dmq} par mètre courant, et la longueur d'un rouleau est de 12 mètres ; combien faudra-t-il de rouleaux de ce papier pour tapisser une chambre dont les murs ont une surface de 52^{mq} ?

10. La population spécifique d'un pays s'exprime par le nombre d'habitants qu'il renferme, en moyenne, dans un kilomètre carré : calculer la population spécifique du département du Nord dont la superficie est de 568087 hectares, et qui compte 1392041 habitants.

11. La contenance d'une terre est de 2 hectares 28 ares 17 centiares ; elle est vendue à raison de 2850^{fr} l'hectare ; quel est son prix ?

12. Un fabricant de tuyaux de poêles emploie $0^{mq},3268$ de tôle pour faire un bout de tuyau de 65 centimètres de longueur ; quelle surface de tôle devra-t-il employer pour un tuyau de même grosseur, ayant $4^{m},75$ de longueur ?

13. A raison de 75 francs par hectare, le foin d'une prairie s'est vendu 369 francs ; quelle est la superficie de cette prairie ?

14. Une brique a une superficie de $146^{cq},14$; combien faudra-t-il de briques pour carreler une pièce dont la superficie est de $61^{mq},59$?

15. A raison de 17 francs le mètre carré, on a payé 475 francs pour le parquet d'une chambre ; calculer à un centimètre carré près la superficie de cette chambre.

16. La surface du globe terrestre est de 5093000 myriamètres carrés environ ; chaque zone tempérée est les 0,26 de la surface entière de la terre, et chaque zone glaciale en est les 0,04 ; calculer la superficie de chaque zone tempérée, de chaque zone glaciale et de la zone torride.

CHAPITRE IV.

Unités de volume et de capacité.

231. On appelle *volume* d'un corps la portion de l'espace occupée par ce corps ; tout le monde comprend

qu'un corps puisse avoir un volume double, triple, quadruple d'un autre, et par conséquent, qu'on puisse comparer le volume d'un corps à un autre volume pris pour unité, c'est-à-dire *mesurer* le volume d'un corps.

On appelle *cube* un corps solide compris entre six faces qui sont des carrés égaux ; les côtés de ces carrés qui sont tous égaux, et qui sont au nombre de 12, s'appellent les côtés ou les *arêtes* du cube. Les dés à jouer, certaines boîtes ont la forme d'un cube.

Pour mesurer les volumes, on les compare à celui d'un cube de dimensions déterminées, qui porte le nom d'unité de volume ; c'est la Géométrie qui fournit les moyens d'effectuer cette comparaison. A la rigueur, on pourrait prendre un cube quelconque pour unité de volume ; mais pour simplifier la mesure des volumes, on a été conduit à adopter comme *unité de volume le cube qui a pour côté l'unité de longueur.*

232. MÈTRE CUBE. Dans le système métrique, *l'unité principale pour les volumes est le cube dont le côté a un mètre de longueur* ; on l'appelle *mètre cube.*

Les unités secondaires sont les cubes ayant respectivement pour côtés les unités secondaires de longueur, c'est-à-dire, le décimètre, le centimètre, le millimètre, et aussi le décamètre, l'hectomètre, etc.; on les nomme *décimètre cube, centimètre cube, millimètre cube, décamètre cube,* etc.

233. *Le mètre cube vaut* 1000 *décimètres cubes.*

Considérons, en effet, une caisse cubique dont toutes les dimensions intérieures soient égales à un mètre; son volume intérieur sera égal à un mètre cube. Le fond de cette caisse est un carré ayant un mètre de côté, c'est-à-dire un mètre carré ; et l'on peut alors le partager en 100 décimètres carrés. Cela posé, sur chacun de ces 100 décimètres carrés, plaçons un décimètre cube ; nous aurons alors, au fond de la caisse, une tranche formée de 100 décimètres cubes, et cette tranche n'aura qu'un décimètre de hauteur. Pour remplir toute la caisse avec des décimètres cubes, il faudra évidemment 10 tranches pareilles, c'est-à-dire, 10 fois 100 ou 1000 décimètres cubes. Le mètre cube équivaut donc à 1000 décimètres cubes.

On ferait voir de la même manière que le décimètre cube vaut 1000 centimètres cubes ; celui-ci vaut 1000 millimètres cubes ; de même le décamètre cube vaudrait 1000 mètres cubes, etc. Le décamètre cube, l'hectomètre cube, le kilomètre cube et le myriamètre cube n'étant pas usités, les seules unités de volume sont : ·

    le mètre cube qui vaut 1000 décimètres cubes
   le décimètre cube   »   1000 centimètres cubes
   le centimètre cube   »   1000 millimètres cubes
et le millimètre cube.

Il résulte de ce tableau que :
  le mètre cube vaut 1000 décimètres cubes
  1000 fois 1000 ou 1000000 centimètres cubes
  1000 fois 1000000 ou 1000000000 millimètres cubes.
le décimètre cube vaut 1000 centimètres cubes
  1000 fois 1000 ou 1000000 millimètres cubes

En d'autres termes encore,

Le décimètre cube est la 1000e partie du mètre cube. Le centimètre cube est la 1000e partie du décimètre cube, et la 1000000e partie du mètre cube.

Le millimètre cube est la 1000e partie du centimètre cube, la 1000000e partie du décimètre cube, et la 1000000000^e partie du mètre cube.

Les abréviations usitées pour désigner ces différentes unités de volume se forment en ajoutant la lettre c. à celles qui indiquent les unités de longueur correspondantes ; ainsi m. c., dm. c., c. c., mm. c. signifient mètre cube, décimètre cube, centimètre cube et millimètre cube.

234. Le mètre cube et le décimètre cube servent à évaluer les volumes assez forts comme le volume d'une pierre de taille, celui d'un mur, celui de la terre qu'on déplace dans les travaux de terrassements, la capacité intérieure d'une salle, etc. Le décimètre cube et le centimètre cube sont employés pour la mesure des volumes plus petits, comme celui d'une boîte, d'un bloc de fer ou de fonte, etc. Enfin le millimètre cube est réservé pour l'évaluation des volumes très-petits, comme celui d'un fil métallique très-fin, d'une goutte d'eau, d'un grain de plomb. Les unités plus grandes que le mètre cube ne sont employées que dans un cas, c'est lorsqu'on veut exprimer en nombre le volume d'un astre, et encore

n'emploie-t-on guère alors que le myriamètre cube qui vaut 1000000000000 mètres cubes.

235. La plupart de ces unités de volume sont purement fictives, et l'on a recours ordinairement aux méthodes géométriques pour comparer le volume d'un corps au mètre cube ou au décimètre cube; nous ferons connaître ultérieurement celles de ces mesures qui sont réelles.

236. Lorsque la mesure d'un volume est exprimée par un nombre décimal et rapportée à l'une des unités que nous venons d'énumérer, il est facile de décomposer ce nombre en mètres cubes, décimètres cubes, centimètres cubes et millimètres cubes. Prenons, par exemple, le volume suivant : $29316^{\text{dm. c.}},3467$; puisque le mètre cube vaut 1000 décimètres cubes, les 29000 décimètres cubes contenus dans ce nombre équivalent à 29 mètres cubes ; le centimètre cube est la 1000e partie du décimètre cube ; donc les 346 millièmes de décimètre cube contenus dans le nombre donné valent 346 centimètres cubes ; il ne reste plus que 7 dix-millièmes de décimètre cube ; or 7 dix-millièmes équivalent à 700 millionièmes, et le millionième du décimètre cube n'est autre chose qu'un millimètre cube ; donc enfin les 7 dix-millièmes de décimètre cube valent 700 millimètres cubes. Le nombre donné est alors décomposé ainsi:

29 mètres cubes
316 décimètres cubes
346 centimètres cubes
700 millimètres cubes

RÈGLE. *Pour décomposer en mètres cubes, décimètres cubes, etc., un volume exprimé au moyen d'une des unités du système métrique, on partage le nombre donné en tranches de trois chiffres à partir de la virgule à droite et à gauche, en ayant soin de compléter la dernière tranche à droite, si cela est nécessaire, par un ou deux zéros ; les tranches successives représentent alors les unités de volume des différents ordres; et il n'y a plus qu'à énoncer chaque tranche comme si elle était seule, en ajoutant après chacune le nom de l'unité de volume qu'elle représente.*

237. Réciproquement, lorsque le nombre qui exprime

la mesure d'un volume est décomposé en mètres cubes, décimètres cubes, etc., on peut le rapporter à l'une de ces unités et l'écrire alors sous forme de nombre entier ou décimal.

Ex. Rapporter au centimètre cube pris pour unité le volume suivant :

3 mètres cubes

19 décimètres cubes

458 centimètres cubes

7 millimètres cubes.

Le mètre cube vaut 1000000 centimètres cubes ; 3 mètres cubes valent donc 3000000 centimètres cubes ; de même 19 décimètres cubes équivalent à 19000 centimètres cubes, et 7 millimètres cubes à 7 millièmes de centimètre cube ; le nombre donné s'écrira donc :

$$3019458^{\text{c. c.}},007.$$

238. Changement d'unité. Quand un volume est exprimé au moyen d'une des unités qui précèdent, on peut toujours, par un simple déplacement de virgule, le rapporter à une autre : si la nouvelle unité est 1000 fois ou 1000000 fois plus grande que l'ancienne, il suffira de diviser le nombre donné par 1000 ou par 1000000, c'est-à-dire de reculer la virgule de 3 ou de 6 rangs vers la gauche ; si, au contraire, la nouvelle unité était 1000 fois ou 1000000 fois plus petite que l'ancienne, la virgule devrait être déplacée de 3 ou de 6 rangs vers la droite.

Exemple I. Rapporter au mètre cube le nombre $34568^{\text{c.c.}},7$.

Le centimètre cube est la 1000000e partie du mètre cube ; donc, pour exprimer ce volume en mètres cubes, il faut déplacer la virgule de manière que le chiffre 8, qui représente des centimètres cubes, soit au rang des millionièmes, c'est-à-dire qu'il faut reculer la virgule de 6 rangs vers la gauche, on a ainsi :

$$34568^{\text{c. c.}},7 = 0^{\text{m. c.}},0345687.$$

Exemple. II. Rapporter au centimètre cube le nombre $28^{\text{dm. c.}},34789$.

Le décimètre cube vaut 1000 centimètres cubes ; donc pour exprimer en centimètres cubes le nombre donné, il suffit de le multiplier par 5000, ce qui donne :

$$28^{\text{dm. c.}}, 34789 = 28347^{\text{c. c.}}, 89.$$

239. MESURES DE SOLIDITÉ : STÈRE. L'unité de volume en usage pour les bois de chauffage et de charpente est le mètre cube, qui prend alors le nom de *stère*. Les unités secondaires sont le *décastère*, qui vaut dix stères, et le *décistère*, qui vaut un dixième de stère ; voici le tableau de ces unités avec la valeur de chacune et les abréviations qui servent à les désigner.

Décastère qui vaut 10 stères, ... *Dst.*
STÈRE,   —   un mètre cube, . . .*st.*
Décistère,   —   un 10ᵉ de stère, . . *dst.*

Il résulte de là que le décistère, qui est le dixième du mètre cube, vaut 100 décimètres cubes ; le décastère vaut 10 mètres cubes ou 10000 décimètres cubes ; on passera donc aisément de ces unités nouvelles au mètre cube ou au décimètre cube, et réciproquement.

Fig. .

Pour les bois de charpente, ces mesures sont purement fictives, et l'on est obligé de déduire la mesure du volume d'une pièce de charpente, de la mesure de ses dimensions au moyen de certaines règles que nous ferons connaître ; mais pour le bois de chauffage, on emploie une mesure effective. Elle consiste dans une espèce de châssis formé essentiellement de trois pièces de bois : l'une horizontale repose sur le sol et s'appelle la *sole* ; les deux autres verticales s'appellent les *montants* ; la longueur de la sole entre les montants est de 1 mètre pour le stère, et de 2 mètres pour le double stère ; la hauteur des montants varie suivant la longueur des bûches ; quand elles ont un mètre de longueur, la hauteur des montants doit être d'un mètre, c'est ce qui a lieu dans notre figure ; si les bûches ont plus d'un mètre de longueur, les montants ont moins d'un mètre de hauteur, et il faut toujours, pour que la mesure soit exacte, que le produit de la longueur des bûches par la hauteur des montants soit égal à 1 ; ainsi, avec des bûches ayant 1^m,16 de longueur, la hauteur des montants devra être

$$\frac{1}{1,16} = 0^m,86,$$

à un centimètre près.

L'usage de cet instrument est aussi simple que possible : on empile des bûches sur la sole, jusqu'à ce que le tas arrive à la hauteur des montants.

DES MESURES DE CAPACITÉ.

240. L'unité principale employée pour mesurer la capacité, c'est-à-dire le volume intérieur d'un vase, et par suite, pour évaluer les volumes des liquides et des matières pulvérulentes comme les grains, le plâtre, la chaux, etc., porte le nom de *litre; le litre équivaut à un décimètre cube.*

Supposons qu'on fasse une boîte cubique ayant à l'intérieur un décimètre de longueur, un décimètre de largeur et un décimètre de profondeur; cette boîte aura une capacité d'un litre.

Voici le tableau de toutes les unités de capacité avec leurs valeurs et les signes abréviatifs qu'on emploie pour les désigner:

Hectolitre, qui vaut 100 litres,	. . . . . .	*hl.*
Décalitre, —	10 litres,	. . . . .	*Dl.*
Litre, —	1 décimètre cube,	. .	*l.*
Décilitre, —	0^l,1	. . . .	*dl.*
Centilitre, —	0^l,01	. . . . . .	*cl.*

241. Il résulte de la définition du litre que le mètre cube contient 1000 litres, et que le litre contient 1000

centimètres cubes ; par conséquent, le mètre cube contient 100 décalitres et 10 hectolitres ; le décilitre équivaut à 100 centimètres cubes, et le centilitre, à 10 centimètres cubes. Il sera alors toujours facile de passer des unités de capacité au mètre cube, au décimètre cube, au centimètre cube, et réciproquement.

EXEMPLES. I. Quelle est en mètres cubes la capacité d'une citerne qui renferme 158^{hl}, 34 ?

L'hectolitre est le dixième du mètre cube ; donc pour exprimer le nombre donné en mètres cubes, il suffit de le diviser par 10, ce qui donne 15$^{m·c}$, 834.

II. Combien pourra-t-on mettre de décalitres de blé dans un cylindre en tôle dont le volume est de 2$^{m·c}$,3467 ?

Le mètre cube vaut 100 décalitres ; donc pour rapporter au décalitre un nombre donné de mètres cubes, il suffit de multiplier ce nombre par 100 ; on a ainsi :

$$2^{m·c},3467 = 234^{Dl},67.$$

242. Les mesures réelles de capacité n'ont pas la forme cubique, qui serait incommode dans la pratique, elles

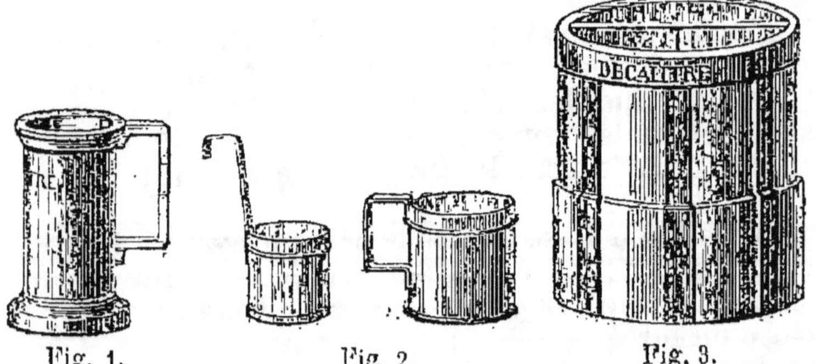

Fig. 1.　　　　Fig. 2.　　　　Fig. 3.

sont cylindriques ; pour le vin, la bière, l'eau-de-vie, ces mesures sont en étain (fig. 1), et ont la forme d'un cylindre dont la profondeur est double du diamètre intérieur ; pour l'huile et le lait, (fig. 2), les mesures sont en fer-blanc, et la profondeur du cylindre est égale à son diamètre. Enfin, pour les matières sèches, les mesures sont en bois (fig. 3), quelquefois en cuivre ou en tôle, et la profondeur du cylindre est encore égale au diamètre.

Comme pour les longueurs, les mesures réelles de capacité autorisées par la loi valent 1 fois, 2 fois ou 5 fois l'unité principale ou l'une des unités secondaires ; en voici la liste complète :

L'hectolitre,		
Le demi-hectolitre, qui vaut		5 décalitres,
Le double décalitre,	—	2 décalitres,
Le décalitre,	—	1 décalitre,
Le demi-décalitre,	—	5 litres,
Le double litre,	—	2 litres,
Le litre,	—	1 litre,
Le demi-litre,	—	5 décilitres,
Le double décilitre,	—	2 décilitres,
Le décilitre,	—	1 décilitre,
Le demi-décilitre,	—	5 centilitres,
Le double centilitre,	—	2 centilitres,
Le centilitre,	—	1 centilitre,

On ne fait en étain ou en fer-blanc que les mesures allant du centilitre au double litre ; les mesures plus grandes sont en bois, en tôle ou en cuivre étamé. Toutes ces mesures, avant de pouvoir servir dans le commerce, doivent avoir été vérifiées et poinçonnées par le vérificateur des poids et mesures.

RÉSUMÉ.

231. Définition du cube ; on prend pour unité de volume le cube qui a pour côté l'unité de longueur. — 232. Unités de volume du système métrique ; mètre cube, décimètre cube, centimètre cube, etc. — 233. Le mètre cube vaut 1000 décimètres cubes ; rapport de chaque unité de volume à toutes les autres. — 234. Usages de chacune des unités de volume. — 235. La plupart des mesures de volume sont fictives. — 236. Décomposer en mètres cubes, décimètres cubes, etc., un volume exprimé au moyen d'une de ces unités. — 237. Réciproquement rapporter à l'une des unités de volume un volume décomposé en mètres cubes, décimètres cubes, etc. — 238. Un volume étant exprimé au moyen d'une unité, le rapporter à une autre unité. — 239. Mesures de solidité : stère, décastère, décistère ; leur rapport au mètre cube.

240. Mesures de capacité : litre, décalitre, etc. — 241. Rapport de chacune de ces unités au mètre cube, au décimètre cube, au centimètre cube. — 242. Mesures de capacité réelles.

EXERCICES.

1. Combien le mètre cube vaut-il de décimètres cubes, de centi-

mètres cubes, de millimètres cubes ? Combien le mètre cube vaut-il de
stères, de décistères, d'hectolitres, de décalitres, de litres, de décilitres, de centilitres ? Combien le décimètre cube vaut-il de centimètres cubes, de millimètres cubes, de litres, de décilitres, de centilitres ?

2. Qu'est-ce que le millimètre cube par rapport au mètre cube, au
décimètre cube, par rapport au litre, au décilitre, au centilitre ?
Qu'est-ce que le centimètre cube par rapport au mètre cube, au litre,
au décilitre, au centilitre, au décalitre, à l'hectolitre ? Qu'est-ce que
l'hectolitre par rapport au mètre cube, au décastère, au décistère ?

3. Combien le dixième du mètre cube contient-il de décimètres
cubes ? Combien le centième du mètre cube contient-il de centimètres
cubes ? Combien le millième du mètre cube contient-il de millimètres
cubes ? Combien valent le 10e, le 100e, le 10000e, le 100000e du
mètre cube, du décimètre cube, de l'hectolitre ?

4. Décomposer en mètres cubes, décimètres cubes, centimètres cubes,
millimètres cubes, les volumes suivants :

27 $^{m·c·}$,43 ;	26 $^{dm·c·}$,80954 ;
214 $^{m·c·}$,6712 ;	4823 $^{c·c·}$,214 ;
0 $^{m·c·}$,347722 ;	32000 $^{c·c·}$,02 ;
0 $^{m·c·}$,000567348;	8732341 $^{mm·c·}$;
3728 $^{dm·c·}$,9542 ;	30072 $^{mm·c·}$,8.

5. Décomposer en hectolitres, décalitres, litres, décilitres et centilitres les nombres suivants ;

3 $^{m·c·}$,450 ;	0 $^{m·c·}$,03264 ;
0 $^{m·c·}$,39562 ;	25 $^{dm·c·}$,420 ;
347 $^{dm·c·}$,953 ;	815 $^{l·}$,24 ;
21415 $^{c·c·}$;	13 ^{Dl},394 ;
346500 $^{c·c·}$;	39 $^{hl·}$, 6702.

6. Écrire, en les rapportant successivement au mètre cube et au
décimètre cube comme unités, les volumes suivants :

33 mètres cubes 216 décimètres cubes 59 centimètres cubes 805
millimètres cubes ;
45 mètres cubes 37 décimètres cubes 690 centimètres cubes ;
8 mètres cubes 316 centimètres cubes ;
4 mètres cubes 5 décimètres cubes 7 centimètres cubes 200 millimètres cubes ;
6 mètres cubes 20 décimètres cubes 300 millimètres cubes ;
43 décimètres cubes 239 centimètres cubes 219 millimètres cubes ;
60 décimètres cubes 28 centimètres cubes ;
434 centimètres cubes ;
712 centimètres cubes 900 millimètres cubes ;
5 centimètres cubes 20 millimètres cubes.

7. Rapporter successivement au mètre cube, au décimètre cube et
au centimètre cube pris pour unités les nombres suivants :

4312 $^{m·c·}$,5723 ;	787819 $^{c·c·}$,34;
87 $^{m·c·}$,301248 ;	118 $^{c·c·}$,9641 ;
0 $^{m·c·}$,0256043 ;	245 $^{l·}$,314 ;
62962 $^{dm·c·}$,8421 ;	13 $^{hl·}$,7923 ;
348285 $^{dm·c·}$;	8 ^{Dl},36745 :

8. Rapporter successivement à l'hectolitre et au litre pris pour unités les volumes suivants :

3 $^{m·c·}$,29674 ;	1423450 $^{c·c·}$
0 $^{m·c·}$,3459 ;	9809 $^{c·c·}$,4 ;
0 $^{m·c·}$,08527 ;	2328 $^{l·}$,714 ;
52 $^{dm·c·}$,573 ;	3607 $^{dl·}$,87 ;
453 $^{dm·c·}$,601 ;	634 $^{Dl·}$,398 ;

9. Pour remplir un réservoir, on a dû y verser 228 tonneaux, ayant chacun une capacité de 2^{hl},81 ; quelle est, en mètres cubes, la capacité de ce réservoir?

10. Le mètre cube de sable coûte en carrière 1 ^{f},80; le transport coûte 1 ^{f},50 par tombereau, et le tombereau a un volume de 1 $^{m·c·}$,23; combien paiera-t-on pour 49 mètres cubes de sable?

11. Une machine à draguer extrait, en moyenne, 18 mètres cubes de terre à l'heure; combien en extraira-t-elle en 7 heures $\frac{1}{2}$?

12. Un voiturier se charge d'apporter du bois de la forêt dans un chantier pour 0 ^{f}, 75 par stère; à chaque voyage, il amène 24 décistères en moyenne, et il reçoit 54 francs en tout pour le transport; combien a-t-il transporté de stères, et combien a-t-il fait de voyages?

13. Un fermier veut faire construire un cylindre de tôle pour contenir tout le blé qu'il récolte; il cultive en blé 17 hectares en moyenne, et chaque hectare rapporte 18 hectolitres de blé ; quel devra être, en mètres cubes, le volume du réservoir de tôle?

14. Quelle devra être la capacité d'un réservoir pouvant contenir l'eau qui coule d'un robinet pendant 2 heures, à raison de 1 litre 15 centilitres par minute?

15. Un bec de gaz consomme 1 $^{hl·}$,35 de gaz par heure; quelle sera la consommation de 350 becs pareils allumés pendant 7 heures? Quelle sera la dépense, si le gaz coûte 0 ^{f}, 35 le mètre cube ?

16. En 1860, on a cultivé en froment 67110 kilomètres carrés, et on a récolté 101 millions d'hectolitres environ; quel est, en litres, le rendement moyen d'un hectare ?

17. On paie dans une ville 6 ^{f}, 50 de droit d'octroi pour un hectolitre de vin ; combien paiera-t-on pour un chargement de 6 pièces de vin contenant chacune 280 litres ?

18. Un homme bien portant consomme 10 $^{m·c·}$, 8 d'air par jour, et respire environ 21600 fois pendant ce même temps; évaluer en litres, à moins d'un centilitre près, le volume d'air qu'il consomme chaque fois qu'il respire.

19. 2812 hectolitres de houille peuvent remplacer pour le chauffage 1410 stères de bois; combien doit valoir l'hectolitre de houille pour qu'il soit indifférent de brûler de la houille ou du bois dans une ville où le stère de bois coûte 19 fr. ?

20. On a 12 hectolitres d'eau-de-vie marquant 48 degrés à l'alcoomètre centésimal, c'est-à-dire contenant les 0,48 de son volume d'alcool pur; on y ajoute 35 décalitres d'eau; combien ce mélange marquera-t-il alors de degrés à l'alcoomètre?

CHAPITRE V.

Unités de poids.

243. L'unité principale de mesure pour les poids porte le nom de *gramme; c'est le poids d'un centimètre cube d'eau pure*, prise à la température de 4 degrés centigrades et pesée dans le vide.

Considérons un petit vase cubique dont les dimensions intérieures soient toutes égales à un centimètre, et remplissons-le d'eau ; le poids de cette eau est ce qu'on appelle le gramme.

244. Il faut évidemment que l'unité de poids soit un poids constant ; de là la nécessité des conditions énoncées dans la définition du gramme.

1° L'eau doit être *pure*, c'est-à-dire ne contenir aucune substance en dissolution ; toutes les eaux naturelles, l'eau de mer, l'eau de rivière, l'eau de source, même l'eau de pluie, contiennent en dissolution une quantité plus ou moins grande de matières salines, et le poids d'un centimètre cube de ces diverses espèces d'eau n'est pas le même ; pour avoir un poids invariable, on est convenu de prendre de l'eau absolument pure, qu'on obtient par la distillation.

2° L'eau, comme tous les corps, change de volume suivant qu'elle est plus ou moins chaude ; il en résulte que le poids d'un centimètre cube d'eau varie avec la température de cette eau ; il est donc nécessaire, pour que l'unité de poids soit constante, qu'on indique la température à laquelle doit se trouver l'eau. Les auteurs du système métrique ont choisi la température de 4 degrés du thermomètre centigrade, parce qu'on a reconnu que c'est à cette température que l'eau pèse le plus sous le même volume ; elle est alors, comme disent les physiciens, à son *maximum de densité*.

3° Enfin l'eau doit être *pesée dans le vide*. Il résulte, en effet, d'un principe de physique que le poids d'un corps dans l'air n'est pas rigoureusement invariable, il dépend de la température, du degré d'humidité de l'air, de la pression barométrique ; pour rendre le poids du centimètre cube d'eau indépendant de ces variations de l'atmosphère, on est convenu de déterminer ce poids dans un espace vide d'air (1).

---

(1) En réalité, les savants chargés de déterminer le gramme n'ont pas pesé un centimètre cube d'eau, mais un litre d'eau qui pèse 1000

Dans la pratique usuelle, on peut négliger les légères variations de poids qui résultent de la température de l'eau et de la pesée dans l'air, et admettre que le poids d'un centimètre cube d'eau pure est très-sensiblement égal à un gramme.

245. Les unités secondaires de poids se déduisent de l'unité principale, en la multipliant ou la divisant par 10, 100, 1000. Voici le tableau de toutes les unités de poids avec leurs valeurs, et les abréviations employées pour les désigner.

Noms	Valeurs		Abréviations
Kilogramme	1000	grammes	*kg.*
Hectogramme	100	id.	*hg.*
Décagramme	10	id.	*Dg.*
GRAMME			*g.* ou *gr.*
Décigramme	0 $^{gr.}$, 1		*dg.*
Centigramme	0 $^{gr.}$, 01		*cg.*
Milligramme	0 $^{gr.}$, 001		*mmg.*

Pour les usages ordinaires de la vie, c'est le kilogramme qui est l'unité la plus employée ; et pour ce motif, on a dû ajouter à la liste précédente deux autres poids, multiples du kilogramme ; ce sont :

Le *quintal* (q.), qui vaut 100 kilogrammes.

Le *tonneau* ou la *tonne* (t.), qui vaut 1000 kilogrammes.

246. On se sert du kilogramme et de l'hectogramme pour peser les denrées ordinaires comme le pain, la viande, l'huile, etc. Le gramme et les unités inférieures sont réservés pour les pesées des métaux précieux, des substances pharmaceutiques, etc. ; les chimistes et les physiciens, dans les recherches de précision, emploient même des poids plus petits que le milligramme. Le quintal et le tonneau sont en usage pour évaluer les poids considérables comme le chargement d'une voiture, d'un train de chemin de fer, d'un navire, etc.

247. CORRESPONDANCE ENTRE LES UNITÉS DE POIDS ET LES UNITÉS DE VOLUME ET DE CAPACITÉ. Comme le centimètre

fois plus ; ils n'ont pas pu faire cette pesée dans le vide, mais du poids obtenu dans l'air, ils ont déduit le poids dans le vide par des corrections que la physique enseigne à faire ; ils ont fait exécuter ensuite un poids étalon en platine, qui a, dans le vide, le même poids qu'un litre d'eau pure prise à 4 degrés centigrades ; ce *kilogramme étalon* est déposé aux archives nationales.

cube d'eau pèse 1 gramme, le décimètre cube ou le litre d'eau, qui contient 1000 centimètres cubes pèsera 1000 grammes ou 1 kilogramme ; le mètre cube d'eau, qui équivaut à 1000 décimètres cubes d'eau, pèsera 1000 kilogrammes ou 1 tonne. De même, le millimètre cube d'eau, qui est la 1000ᵉ partie d'un centimètre cube d'eau, pèse 0ᵍʳ·, 001 ou 1 milligramme. On dit, pour cette raison, que les unités de volume et de poids se correspondent deux à deux ; voici le tableau complet de ces unités correspondantes.

Unités de volume ou de capacité.		Unités de poids.
Un *mètre cube* d'eau pèse		une *tonne*
Un *hectolitre*	—	un *quintal*
Un *litre*	—	un *kilogramme*
Un *décilitre*	—	un *hectogramme*
Un *centilitre*	—	un *décagramme*
Un *centimètre cube*	—	un *gramme*
Un *millimètre cube*	—	un *milligramme*

248. POIDS RÉELS. Les poids réels se divisent en trois séries : les *petits poids*, les *poids moyens*, et les *gros poids*.

Les petits poids vont du milligramme au demi-gramme ; ce sont :

Le milligramme, ...	1 milligramme,
Le double milligramme, . . .	2 milligrammes,
Le demi-centigramme, . . .	5 milligrammes,
Le centigramme, ...	1 centigramme,
Le double centigramme, . . .	2 centigrammes,
Le demi-décigramme, . . .	5 centigrammes,
Le décigramme, ...	1 décigramme,
Le double décigramme, . . .	2 décigrammes,
Le demi-gramme, ...	5 décigrammes.

Les poids moyens vont du gramme au demi-kilogramme ; en voici la liste.

Le gramme, ...	1 gramme,
Le double gramme, ...	2 grammes,
Le demi-décagramme, . . .	5 grammes,
Le décagramme, ...	1 décagramme,
Le double décagramme, . . .	2 décagrammes,
Le demi-hectogramme, . . .	5 décagrammes,

L'hectogramme, ... 1 hectogramme,
Le double hectogramme, . . 2 hectogrammes,
Le demi-kilogramme, . . . 5 hectogrammes.

Les gros poids vont du kilogramme au poids de 50 kilogrammes ou d'un demi-quintal ; ce sont les poids de

1 kilogramme,
2 kilogrammes,
5 kilogrammes,
10 kilogrammes,
20 kilogrammes,
50 kilogrammes.

249. Au point de vue de leur forme et du métal qui les compose, les poids réels se divisent en quatre espèces:

1° Les petits poids qui ont la forme de lames carrées, à coins coupés, et qui sont en laiton, en platine et quelquefois en argent (fig. 1).

2° Les poids à bouton qui sont en laiton, et ont la forme d'un cylindre surmonté d'un bouton (fig. 2 et 3) ; la hauteur du cylindre doit être égale à son diamètre, et la

Fig. 1. Fig. 2. Fig. 3.

hauteur du bouton doit être la moitié de celle du cylindre; il y a exception pour les poids du gramme et du double gramme qui ont un diamètre supérieur à leur hauteur ; la série des poids à bouton va depuis le gramme jusqu'au poids de 20 kilogrammes.

Fig. 4. Fig. 5.

3° Les poids à godet, ainsi nommés parce qu'ils ont la forme de godets coniques en laiton s'emboîtant les uns dans les autres ; ils vont depuis le gramme jusqu'au kilogramme (fig. 4).

Fig. 6.

4° Les poids à anneau, qui sont en fonte ; les plus petits, depuis le demi-hectogramme jusqu'au poids de 10 kilogrammes, ont la forme d'une pyramide tronquée à six pans (fig. 5) ; le poids de 20 kilogrammes et celui de 50 kilogrammes sont de forme rectangulaire (fig. 6).

250. Une série de poids doit toujours contenir certains poids en double ; supposons, par exemple, qu'on veuille faire une pesée de 4 kilogrammes avec des poids de 1 et de 2 kilogrammes, il faudra évidemment avoir deux poids de 2 kilogrammes, ou 2 poids d'un kilogramme ; il en serait de même si l'on voulait faire une pesée de 9 kilogrammes avec un poids de 5 kilogrammes et des poids de 1 et de 2 kilogrammes. C'est pour cette raison que les séries de poids contiennent toujours deux poids d'un gramme, deux poids d'un décagramme, deux poids d'un hectogramme, etc.

251. Pour peser un corps, c'est-à-dire pour comparer le poids de ce corps au gramme ou au kilogramme, on fait usage de divers instruments dont le plus employé est la balance que tout le monde connaît. Le corps que l'on veut peser se place dans l'un des plateaux de la balance, et dans l'autre on met des poids marqués jusqu'à ce qu'il y ait équilibre, c'est-à-dire que les deux plateaux se tiennent à la même hauteur ; il suffit alors de compter combien les poids marqués qu'on a mis dans le second plateau de la balance font de grammes ou de kilogrammes ; ce nombre fait connaître le poids du corps.

Exemple. Pour faire équilibre à un corps, on a employé un poids d'un kilogramme, un poids d'un demi-kilogramme, un poids de 2 hectogrammes, un poids d'un hectogramme, un poids de 2 décagrammes, un poids d'un demi-décagramme, un poids de 2 grammes, et deux poids de 1 gramme ; combien pèse le corps ?

En additionnant tous ces poids, on a :

1 kilogramme,

un demi-kilogramme, ou 5 hectogrammes;
2 hectogrammes,
1 hectogramme,
2 décagrammes,
un demi-décagramme, ou 5 grammes,
2 grammes,
1 gramme,
1 gramme,

ou encore,

1 kilogramme, 8 hectogrammes, 2 décagrammes et 9 grammes, c'est-à-dire, 1 ^{kg}., 829.

POIDS SPÉCIFIQUES DES CORPS.

252. Si l'on pèse des volumes égaux de différents corps, on trouve des poids différents ; ainsi, tandis qu'un centimètre cube d'eau pèse 1 gramme, un centimètre cube de plomb pèse 11^{gr},35, un centimètre cube de platine pèse 23 grammes, un centimètre cube d'huile d'olive pèse 0^{gr},915, etc. ; c'est ce qu'on exprime dans le langage ordinaire, en disant que le plomb est *plus lourd* que l'eau, que l'huile est *plus légère* que l'eau.

Supposons alors qu'on pèse *un centimètre cube* de chaque corps, et qu'on exprime les poids trouvés en *grammes*, ces poids s'appelleront les *poids spécifiques* de ces corps. Ainsi, le poids spécifique de l'eau pure est un gramme, celui du plomb est 11^{gr},35, celui du platine est 23 grammes, celui de l'huile d'olive est 0^{gr},915. Si, au lieu d'un centimètre cube, on prenait un décimètre cube de chaque corps, le poids deviendrait 1000 fois plus grand ; mais en rapportant ce poids au kilogramme comme unité, le nombre qui l'exprime resterait le même ; ainsi, puisqu'un centimètre cube de plomb pèse 11^{gr},35, un décimètre cube de plomb pèsera 1000 fois plus ou 11^{kg},35. Il en serait de même si l'on prenait une autre unité de volume, pourvu qu'on prenne pour unité de poids celle qui correspond à l'unité de volume ; ce qu'on peut énoncer ainsi : *le poids de l'unité de volume d'un corps est toujours exprimé par le même nombre, quelle que soit l'unité de volume, pourvu que les unités de volume et de poids soient des unités correspondantes.*

On appelle alors *poids spécifique d'un corps, le nombre qui représente le poids de l'unité de volume de ce corps, ce poids étant rapporté à l'unité de poids qui correspond à l'unité de volume employée.* Le poids spécifique d'un corps s'appelle aussi la *densité* de ce corps. D'après cette définition, dire que le poids spécifique ou que la densité de l'or, par exemple, est 19,36, c'est à dire que

$$
\begin{array}{ll}
\text{1 centimètre cube d'or pèse.} \ldots\ldots & 19^{gr},36 \\
\text{1 décimètre cube d'or pèse} \ldots\ldots & 19^{kg},36 \\
\text{1 mètre cube d'or pèse} \ldots\ldots & 19^{t},36 \\
\text{1 millimètre cube d'or pèse.} \ldots\ldots & 19^{mmg\cdot},36
\end{array}
$$

et de même pour tout autre corps.

253. PROBLÈME. *Connaissant le volume et la densité d'un corps, trouver son poids.*

Prenons un exemple : un bloc de granit a un volume de $87^{dmc},245$; son poids spécifique est 2,7 ; quel est le poids de ce bloc ?

Dire que le poids spécifique du granit est 2,7, c'est à dire qu'un décimètre cube de granit pèse $2^{kg},7$; par suite, $87^{dmc},345$ pèseront

$$2^{kg\cdot},7 \times 87,345 = 235^{kg},8315.$$

Ce raisonnement conduit à la règle :

RÈGLE. *Pour calculer le poids d'un corps dont on connaît le volume et la densité, il suffit de multiplier le volume par la densité ; le produit représente le poids exprimé en unités de poids correspondant à l'unité de volume employée.*

254. Puisque le poids d'un corps est un produit dont le volume et la densité sont les deux facteurs, si l'on donne le poids d'un corps et l'un des deux facteurs, l'autre s'obtiendra par une division ; donc,

RÈGLE. *Pour calculer le volume d'un corps dont on connaît le poids et la densité, il faut diviser le poids par la densité.*

EXEMPLE. Un morceau de houille pèse $12^{kg},34$; la densité de la houille est 1,33 ; quel est le volume de ce morceau de houille ?

Il suffit de diviser 12,34 par 1,33, et on aura le volume exprimé en décimètres cubes, puisque le poids est donné en kilogrammes ; on trouve ainsi $9^{dmc},278$, à 0,001 près, ou 9 décimètres cubes 278 centimètres cubes, à un centimètre cube près.

255. RÈGLE. *Pour calculer la densité d'un corps dont on connaît le poids et le volume exprimés en unités correspondantes, on divise le poids par le volume.*

EXEMPLE. 45 centimètres cubes d'eau de mer pèsent $46^{gr},17$; quelle est la densité de l'eau de mer ?

C'est le quotient de 46,17 : 45 ou 1,026.

256. Nous donnons ici la table des poids spécifiques des corps les plus usuels.

CORPS SOLIDES.

Acier trempé . . .	7,8	Fer forgé	7,79
Argent fondu. . .	10,47	Gypse ou pierre à	
Bois de chêne frais .	0,8	plâtre.	2,33
— sec .	0,7	Granit	2,7
Bois de hêtre . . .	0,8	Ivoire	1,92
— d'orme . . .	0,7	Laiton	8,265
— de peuplier . .	0,5	Marbre	2,7
— de sapin. . .	0,5	Or forgé	19,36
Bronze des canons .	8,89	Platine laminé . .	23
Buis de France . .	0,9	Pierre calcaire . .	2,6
Cuivre laminé. . .	8,95	Plomb	11,35
Diamant.	3,5	Verre à vitre . . .	2,53
Etain.	7,29	Zinc.	7,19

CORPS LIQUIDES.

Alcool absolu . . .	0,792	Lait	1,03
Eau pure	1	Mercure	13,596
Eau de la mer. . .	1,026	Vin de Bordeaux. .	0,994
Huile d'olive . . .	0,915	Vin de Bourgogne .	0,991

RÉSUMÉ.

243. Définition du gramme. — 244. Nécessité des diverses conditions énoncées dans la définition. — 245. Multiples et sous-multiples du gramme ; multiples du kilogramme. — 246. Usages des diverses unités de poids. — 247. Correspondance entre les unités de poids et les unités de volume et de capacité; poids d'un litre d'eau. — 248, 249, 250. Poids réels, petits poids, poids moyens, gros poids ; poids en lame, à bouton, à godet, à anneau ; nécessité d'avoir certains poids en double. — 251. Usage de la balance.

252. Définition du poids spécifique ou de la densité d'un corps. — 253. Connaissant le volume et la densité d'un corps, trouver son poids. — 254. Connaissant le poids et la densité d'un corps, trouver son volume. — 255. Connaissant le poids et le volume d'un corps, trouver sa densité. — 256. Table des poids spécifiques de quelques corps.

EXERCICES.

1. Combien le kilogramme vaut-il d'hectogrammes, de décagrammes, de décigrammes, de centigrammes, de milligrammes ? Combien l'hectogramme vaut-il de décagrammes, de décigrammes, de centigrammes,

de milligrammes ? Combien le décagramme vaut-il de décigrammes, de centigrammes, de milligrammes ? Combien le quintal et le tonneau valent-ils d'hectogrammes, de grammes, de milligrammes ?

2. Qu'est-ce que le milligramme par rapport au décigramme, au décagramme, au kilogramme ? Qu'est-ce que le centigramme par rapport à l'hectogramme, au kilogramme ? Qu'est-ce que le décagramme par rapport à l'hectogramme, au kilogramme, au quintal, au tonneau ? Qu'est-ce que l'hectogramme par rapport au quintal et au tonneau ?

3. Lire les nombres suivants, et les décomposer en unités de poids des différents ordres.

25 ^{gr},6 ;	0 ^{kg},48375 ;
328 ^{gr},45 ;	12 ^{kg},947 ;
9872 ^{gr},61 ;	2964 ^{kg},25 ;
37 ^{Dg},875 ;	3615 ^{cg}, 2 ;
119 ^{hg},3489 ;	42869 $^{mng.}$;
0 ^{hg},00486 ;	12428 ^{dg}, 3.

4. Rapporter les poids de l'exercice précédent successivement au gramme, au kilogramme et au milligramme pris pour unités.

5. Écrire, en prenant successivement pour unités de poids le gramme, le kilogramme et le tonneau, les poids suivants :

Trois kilogrammes deux hectogrammes huit décagrammes cinq grammes ;

Deux hectogrammes sept grammes cinq décigrammes huit centigrammes quatre milligrammes ;

Trois décagrammes cinq centigrammes ;

Quatre grammes cinq décigrammes sept centigrammes trois milligrammes ;

Quinze kilogrammes huit hectogrammes ;

Trois quintaux quatorze kilogrammes six décagrammes ;

Quatre-vingt-quatre kilogrammes six hectogrammes trois décagrammes ;

Un tonneau huit quintaux cinquante-six kilogrammes ;

Mille cinq cents tonneaux ;

Trente-six tonneaux quatre cent soixante kilogrammes.

6. Combien pèsent les quantités d'eau pure dont les volumes sont exprimés par les nombres suivants ?

145 ^{lit} ;	144 ^{cl},28 ;
2 ^{l},42 ;	0 $^{mm.c}$,4563 ;
7 ^{hl},219 ;	28 ^{dmc},956 ;
4 ^{Dl},67 ;	2747 $^{c.c.}$,18 ;
18 ^{dl},56 ;	62715 ^{mmc}.

7. Trouver les volumes des quantités d'eau pure dont les poids sont :

2 ^{kg},35 ;	741 ^{dg},35 ;
18 ^{kg},459 ;	17815 $^{centig.}$;
16 ^{hg},6321 ;	34198 ^{mmg}.
8 ^{Dg},09 ;	3 ^{q},045 ;
143 ^{gr},57 ;	0 ^{t},9678.

8. Un vase exactement plein d'eau en contient 64^{gr},847 ; on y plonge un petit caillou, qui fait sortir une certaine quantité d'eau qu'on

recueille et qu'on pèse ; son poids est de 4 ^{gr},315. L'eau étant supposée pure, on demande quel est le volume du caillou.

9. Un convoi de marchandises est composé de 47 vagons, dont la charge moyenne est de 3500 kilogrammes ; évaluer en tonnes le poids total des marchandises transportées par ce train.

10. Un vase plein d'eau pure pèse 142^{gr},35 ; vide, il ne pèse plus que 51^{gr},614 ; quelle est, en centimètres cubes, la capacité de ce vase ?

11. Le prix du demi-kilogramme de sucre étant de 0^f,85, combien coûtera un pain de sucre qui pèse 8^{kg},275 ?

12. On a payé 3^f,33 pour 1 kilogramme 8 hectogrammes 50 grammes de viande de bœuf ; quel est le prix du kilogramme et du demi-kilogramme ?

13. On a vendu 1368 kilogrammes de blé pour 390 francs ; on demande quel est le prix de l'hectolitre de ce blé, sachant qu'il pèse 76 kilogrammes ?

14. En calcinant de la houille, on obtient, pour 100 kilogrammes de houille, 71 kilogrammes de coke ; combien devra-t-on calciner de houille pour obtenir une tonne de coke ?

15. Un marchand achète 249^{kg},8 de savon à raison de 85^f,50 le quintal ; combien doit-il ?

16. Un fabricant de sucre a employé 218 tonnes de betteraves, et en a extrait 16147 kilogrammes de sucre ; calculer à un décagramme près la quantité de sucre qu'on peut extraire de 100 kilogrammes de betteraves.

17. Un litre d'air pèse 1^{gr},292 ; quel est le volume occupé par un kilogramme d'air ?

18. Un alliage, qui pèse 250 grammes, est composé de 23 pour 100 de cuivre et de 77 pour 100 de zinc ; quel poids contient-il de chacun de ces métaux ?

19. On achète de l'huile d'olive à 2^f,80 le kilogramme ; à quel prix revient le litre de cette huile ? La densité est 0,915.

20. Quel est le volume d'un vase en platine, dont le poids est de 172 grammes ? La densité du platine est 23.

21. Une règle en fer a un volume de 92^{cc},8 ; quel est son poids ? La densité du fer est 7,79.

22. Un fût plein de vin de Bourgogne pèse 173^{kg},75 ; vide il pèse 35^{kilogr}. ; quelle est sa capacité en litres ? La densité du vin de Bourgogne est 0,991 ?

23. Pour obtenir la densité d'un corps solide, on prend un flacon à large ouverture, dans lequel ce corps puisse pénétrer ; puis on pèse le flacon vide, et on trouve 18^{gr},253 ; on pèse ensuite le flacon plein d'eau pure, et on trouve 69^{gr},439. On plonge alors le corps dans le flacon, ce qui fait sortir une partie de l'eau ; on pèse une troisième fois le flacon, et on trouve 84^{gr},316. Enfin, le corps tout seul, pèse 17^{gr},32. Trouver, d'après ces éléments, la densité du corps.

CHAPITRE VI.

Des monnaies.

257. La comparaison des valeurs des diverses marchandises qui font l'objet des transactions commerciales s'opère à l'aide de pièces d'or, d'argent ou de bronze, qu'on appelle *monnaies*. De ces monnaies, les unes que nous appellerons *réelles* ont effectivement la valeur inscrite sur leur surface; les autres qu'on appelle monnaies de *billon* et qui ne servent que pour les payements de faible importance, ont, au contraire, une valeur intrinsèque inférieure à leur valeur nominale.

258. *L'unité monétaire est le* FRANC. *C'est une pièce du poids de 5 grammes, composée d'argent et de cuivre alliés dans une proportion déterminée par la loi.*

Le franc n'a pas de multiples; ses sous-multiples sont le *décime* ou dixième du franc, et le *centime* ou centième du franc. Le décime est peu employé.

Le franc se désigne par l'abréviation *fr.* ou *f.*

259. A l'origine du système métrique, on décida que la pièce d'un franc serait formée de 9 parties d'argent et de 1 partie de cuivre, c'est-à-dire qu'elle contiendrait les 0,9 de son poids d'argent pur et 0,1 de cuivre; toutes les autres pièces d'argent avaient la même composition. Mais la loi du 27 juin 1866 a autorisé la fabrication de pièces d'argent contenant une plus faible proportion d'argent et par contre, une plus grande quantité de cuivre; la pièce de 5 francs a seule été exceptée de cette mesure. Il en résulte que les autres monnaies d'argent ont toutes une valeur moindre que leur valeur nominale; ce sont de vraies monnaies de billon; aussi n'ont-elles cours forcé entre les particuliers que comme monnaie d'appoint, et jusqu'à concurrence de 50 francs pour chaque payement. Ces nouvelles pièces contiennent les 0,835 de leur poids d'argent pur, et les 0,165 de leur poids de cuivre.

260. Monnaies d'argent. Les monnaies d'argent sont les suivantes :

	Poids.	Diamètre.
La pièce de 20 centimes	1^{gr}	16^{mm}.
— 50 —	$2^{gr},5$	18^{mm}.
— 1 franc	5^{gr}	23^{mm}.
— 2 francs	10^{gr}	27^{mm}.
— 5 —	25^{gr}	37^{mm}.

261. Monnaies d'or. Comme les monnaies d'argent, les monnaies d'or sont formées d'un alliage d'or et de cuivre ; l'or pur est trop mou et s'userait trop vite par la circulation ; la proportion fixée par la loi est de 0,9 d'or pur et 0,1 de cuivre.

Quant au poids des monnaies d'or, il a été également déterminé par la loi qui a fixé à 155 le nombre des pièces de 20 francs qu'on doit tailler dans un kilogramme ; il résulte de cette disposition légale que le poids d'une pièce de 20 francs est la 155e partie de 1000 grammes, ou

$$\frac{1000^{gr}}{155} = 6^{gr},45161,$$

à moins d'un cent-millième de gramme. On déduit aisément de là les poids des autres pièces d'or dont voici la liste :

	Poids.	Diamètre.
Pièce de 5 francs	$1^{gr},61290$	17^{mm}.
— 10 —	$3^{gr},22580$	19^{mm}.
— 20 —	$6^{gr},45161$	21^{mm}.
— 50 —	$16^{gr},12903$	28^{mm}.
— 100 —	$32^{gr},25806$	35^{mm}.

262. Monnaies de bronze. Le bronze des monnaies est un alliage composé de 95 parties de cuivre, 4 parties d'étain et 1 partie de zinc. Le poids des pièces de bronze est calculé à raison d'un gramme par centime. Ces monnaies sont :

	Poids.	Diamètre.
La pièce de 1 centime	1^{gr}	15^{mm}.
— 2 —	2^{gr}	20^{mm}.
— 5 —	5^{gr}	25^{mm}.
— 10 —	10^{gr}	30^{mm}.

Ces quatre pièces ont une valeur intrinsèque bien

inférieure à leur valeur nominale, ce sont des monnaies de billon.

263. Il est bon de remarquer que toutes ces monnaies suivent la règle que nous avons donnée pour les mesures réelles de longueur, de capacité, de poids ; elles valent 1 fois, 2 fois ou 5 fois le centime, ou le décime, ou le franc, ou la dizaine de francs, etc. Ainsi notre système monétaire est composé de pièces

de   1 centime,   2 centimes,   5 centimes,
de 10 centimes, 20 centimes, 50 centimes,
de   1 franc,   2 francs,   5 francs,
de 10 francs,   20 francs,   50 francs,
de 100 francs.

Au dessus de 100 francs, la même loi se continue pour les billets de banque.

264. VALEUR D'UN KILOGRAMME DE MONNAIE D'ARGENT, DE MONNAIE D'OR, DE MONNAIE DE BRONZE. La pièce d'un franc pèse 5 grammes ; autant de fois 5 grammes seront contenus dans un kilogramme, ou 1000 grammes, autant il y aura de pièces d'un franc dans un kilogramme ; le kilogramme de monnaie d'argent vaut donc

$$\frac{1000}{5} = 200 \text{ francs.}$$

D'après la loi, il y a 155 pièces de 20 francs dans un kilogramme ; la valeur d'un kilogramme de monnaie d'or est donc

$$20 \text{ fr.} \times 155 = 3100 \text{ francs.}$$

Enfin, 1 gramme de monnaie de bronze vaut 1 centime ; donc 1 kilogramme de monnaie vaut 1000 plus, c'est-à-dire 1000 centimes ou 10 francs.

265. RAPPORTS DES VALEURS DES TROIS ESPÈCES DE MONNAIES A POIDS ÉGAL.

Prenons, par exemple, un kilogramme de chaque espèce de monnaies, et comparons leurs valeurs respectives : le kilogramme de monnaie d'argent vaut 200 francs, et le kilogramme de monnaie d'or vaut 3100 francs ; cherchons combien de fois le second nombre contient le premier ; on trouve

$$\frac{3100}{200} = 15,5 = 15\frac{1}{2} ;$$

donc, *à poids égal, la monnaie d'or vaut 15 fois et demie plus que la monnaie d'argent.*

Le kilogramme de monnaie d'argent vaut 200 francs, et le kilogramme de monnaie de bronze vaut 10 francs; ce dernier nombre est contenu 20 fois dans le premier ; donc, *à poids égal, la monnaie d'argent vaut 20 fois plus que la monnaie de bronze.*

Comparons de même la valeur d'un kilogramme de monnaie d'or, ou 3100 francs, à la valeur d'un kilogramme de monnaie de bronze qui est de 10 francs, et nous trouvons qu'*à poids égal, la monnaie d'or vaut 310 fois plus que la monnaie de bronze.*

266. VALEUR D'UN KILOGRAMME D'OR PUR OU D'ARGENT PUR. Considérons un kilogramme de monnaie d'or; sa valeur se compose de trois éléments : 1° la valeur de l'or pur qui y est contenu ; 2° la valeur du cuivre qu'on néglige par convention ; 3° les frais qu'a coûtés la transformation de cet or en pièces de monnaie ; ces *frais de fabrication* sont fixés par la loi à 6^f,70 par kilogramme.

Or, un kilogramme de monnaie d'or vaut 3100 francs ; donc, avant le monnayage, il vaut 6^f,70 de moins, c'est-à-dire

$$3100 \text{ fr.} - 6^f,70 = 3093^f,30 ;$$

ce chiffre représente donc la valeur intrinsèque de l'or pur contenu dans un kilogramme d'alliage monétaire ; nous savons que cet alliage ne contient que les 0,9 de son poids d'or pur ; un kilogramme en contient donc 900 grammes ; par conséquent la valeur de 900 grammes d'or pur est égale à 3093 ^{f}, 30 ; la valeur d'un gramme d'or sera 900 fois moindre, c'est-à-dire,

$$\frac{3093^f, 30}{900} = 3^f,437 ;$$

et la valeur d'un kilogramme d'or pur sera 1000 fois plus grande, ou 3437 francs.

On raisonne de même pour l'argent; les frais de fabrication sont de 1^f,50 par kilogramme, et le kilogramme de monnaie d'argent vaut 200 francs ; donc un kilogramme d'argent monétaire vaut, avant le monnayage,

$$200 \text{ fr.} - 1^f,50 = 198^f,50 ;$$

or, un kilogramme d'argent monétaire ne contient que 900 grammes d'argent pur ; donc, en négligeant la valeur du cuivre, nous pouvons dire que 900 grammes d'argent pur valent $198^f,50$; d'où l'on déduit que le gramme d'argent pur vaut

$$\frac{198^f,50}{900} = 0^f,220555\ldots,$$

et le kilogramme d'argent pur vaut 1000 fois plus, ou $220^f,555\ldots$, soit environ $220^f,56$, à un demi-centime près par excès.

DES ALLIAGES D'OR ET D'ARGENT.

267. L'or et l'argent ne servent pas seulement à faire des monnaies ; ces deux métaux sont encore employés pour un grand nombre d'objets usuels ; or tous les deux sont trop mous pour résister longtemps aux frottements; et pour leur donner plus de dureté, on les allie avec des quantités plus ou moins grandes de cuivre ; on obtient ainsi des alliages d'or ou d'argent, dont la valeur varie avec la proportion de métal précieux qu'ils contiennent.

On appelle *titre* d'un alliage d'or ou d'argent le quotient qu'on obtient en divisant le poids du métal précieux contenu dans l'alliage par le poids total de cet alliage. Supposons, par exemple, qu'un alliage, pesant en tout 12 grammes, contienne 11 grammes d'argent pur ; le titre de cet alliage sera le quotient de 11 : 12, c'est-à-dire, la fraction $\frac{11}{12}$. On a d'ailleurs coutume d'exprimer le titre en millièmes, en calculant le quotient en décimales, jusqu'au chiffre des millièmes ; dans l'exemple précédent, on réduirait $\frac{11}{12}$ en décimales, ce qui donnerait

0,917 à un demi-millième près par excès, et on dirait alors que le titre de cet alliage est 0,917.

Il résulte de ce qui précède que le titre des monnaies d'or et de la pièce de 5 francs en argent est 0,9 ou

0,900 ; le titre des autres monnaies d'argent est 0,835. L'or pur et l'argent pur sont au titre de 1000 millièmes.

Le titre d'un alliage indique la proportion de métal précieux qu'il contient : ainsi dire que le titre d'un alliage est 0,850, par exemple, c'est dire qu'il contient les 850 millièmes de son poids de métal précieux. En effet, par définition, 0,850 est le quotient du poids du métal précieux divisé par le poids total ; donc le poids du métal précieux est le produit du poids total multiplié par 0,850 ; ou, ce qui revient au même (voir le n° 182), le poids du métal précieux est les 850 millièmes du poids total.

268. La loi admet deux titres pour les ouvrages d'argent:

$$1^{er} \text{ titre} \quad . \quad . \quad . \quad . \quad 0,950$$
$$2^e \text{ titre} \quad . \quad . \quad . \quad . \quad 0,800$$

Il y en a trois pour les ouvrages d'or.

$$1^{er} \text{ titre} \quad . \quad . \quad . \quad . \quad 0,920$$
$$2^e \quad — \quad . \quad . \quad . \quad . \quad 0,840$$
$$3^e \quad — \quad . \quad . \quad . \quad . \quad 0,750$$

Tous les objets d'orfèvrerie ou de bijouterie sont contrôlés et poinçonnés après qu'on a vérifié leur titre ; la marque du poinçon indique le titre de la pièce.

269. PROBLÈME. *Connaissant le titre et le poids d'un alliage d'or ou d'argent, calculer le poids d'or pur ou d'argent pur qu'il contient.*

Le titre étant le quotient du poids du métal précieux divisé par le poids total, il en résulte que le poids du métal précieux est égal au produit du poids total par le titre.

RÈGLE. *Pour savoir combien un alliage contient d'or ou d'argent pur, il faut multiplier le poids de cet alliage par son titre.*

EXEMPLE. Combien la pièce d'un franc contient-elle d'argent pur ?

Son poids est 5 grammes, son titre est 0,835, donc le poids d'argent pur qu'elle contient est

$$5^{gr} \times 0,835 = 4^{gr},175$$

270. Problème. *Connaissant le titre d'un alliage, et le poids du métal précieux qu'il contient, trouver le poids total.*

Le poids du métal précieux est un produit dont les deux facteurs sont le titre et le poids total ; donc ce dernier nombre s'obtiendra en divisant le poids du métal précieux par le titre.

Règle. *Pour trouver le poids total d'un alliage, quand on connaît son titre et le poids d'or pur ou d'argent pur qu'il contient, il faut diviser ce dernier poids par le titre.*

Exemple. On a un lingot d'or pur qui pèse $47^{gr},24$ et on veut l'allier avec une quantité de cuivre telle que son titre devienne 0,840 ; quel sera le poids de cet alliage, et le poids du cuivre employé ?

Le poids de l'alliage sera

$$47^{gr},24 : 0.840 = 56^{gr},238,$$

à moins d'un dixième de milligramme ; le poids du cuivre ajouté sera évidemment

$$56^{gr},238 - 47^{gr},24 = 8^{gr},998.$$

271. Problème. *Trouver la valeur d'un objet d'or ou d'argent, lorsqu'on en connaît le poids et le titre.*

Il est admis que l'on néglige la valeur du cuivre, et qu'on ne tient compte que de la valeur de l'or pur ou de l'argent pur. Or, d'une part, on sait calculer le poids de métal précieux que contient l'objet, en multipliant le poids total par le titre ; d'autre part, on connaît la valeur d'un gramme d'or pur ou d'argent pur (v. le n° 266) ; donc la question est ramenée à trouver la valeur d'un certain poids d'une marchandise, connaissant la valeur d'un gramme, ce qui se fait par une multiplication.

Précisons davantage en prenant un exemple :

Combien vaut le *souverain anglais* (monnaie d'or), qui est au titre de 0,916, et qui pèse $7^{gr},988$?

Le poids d'or pur que contient cette pièce est

$$7^{gr},988 \times 0,916 = 7^{gr},317008 ;$$

d'autre part, 1 gramme d'or pur vaut $3^{f},437$; donc cette pièce vaut

$$3^{f},437 \times 7,317008 = 25^{f},148356496,$$

ou simplement, 25^f,15 à un demi-centime près par excès.

Remarquons qu'en définitive la solution revient à faire le produit des trois nombres $7,988 \times 0,916 \times 3,437$; on est ainsi conduit à la règle suivante :

RÈGLE. *Pour calculer la valeur d'un objet d'or ou d'argent dont on connait le titre et le poids en grammes, on multiplie le poids par le titre, et ce produit par la valeur d'un gramme d'or pur ou d'un gramme d'argent pur, suivant que l'objet considéré est en or ou en argent.*

EXEMPLE. Calculer la valeur de la pièce de 2 francs.

Son poids est 10 gr,, son titre 0,835, et la valeur d'un gramme d'argent pur est 0^f,22055.....; la valeur de cette pièce sera donc :

$$10 \times 0,835 \times 0,22055... = 1^f,84163888...$$

ou 1^f,84 à un demi-centime près par défaut.

272. En employant cette règle, on peut calculer la valeur d'un kilogramme d'or ou d'argent au 1er titre, au 2e titre, au 3e titre; on obtient ainsi le tableau suivant.

Valeur du kilogramme.

$$\text{Or} \begin{cases} 1^{er}\ \text{titre}\ 0,920 & . \ . \ . & 3162^f,04 \\ 2^o \quad - \quad 0,840 & . \ . \ . & 2887^f,08 \\ 3^e \quad - \quad 0,750 & . \ . \ . & 2577^f,75 \end{cases}$$

$$\text{Argent} \begin{cases} 1^{er}\ \text{titre}\ 0,950 & . \ . \ . & 209^f,53 \\ 2^e \quad - \quad 0,800 & . \ . \ . & 176^f,44 \end{cases}$$

273. REMARQUE. La valeur d'un objet d'or ou d'argent est le produit de trois facteurs qui sont

le poids de l'objet,

son titre,

et la valeur d'un gramme d'or pur ou d'argent pur.

Cette relation permet de résoudre facilement deux autres problèmes que nous nous bornons à indiquer:

1° Connaissant le titre et la valeur d'un objet d'or ou d'argent, trouver son poids.

2° Connaissant la valeur et le poids d'un objet d'or ou d'argent, trouver son titre.

RÉSUMÉ.

257. Des monnaies ; monnaies réelles, monnaies de billon. — 258. Franc, décime, centime. — 259. Composition des pièces d'argent autres que la pièce de cinq francs, de la pièce de cinq francs. — 260. Monnaies d'argent. — 261. Monnaies d'or. — 262. Monnaies de bronze. — 263. Les diverses pièces de monnaie valent 1 fois, 2 fois ou 5 fois le franc, ses multiples ou ses sous-multiples décimaux. — 264. Valeur d'un kilogramme de monnaie d'argent, d'or ou de bronze. — 265. Rapports des valeurs des trois espèces de monnaies à poids égal.— 266. Valeur d'un kilogramme d'or pur ou d'argent pur.

267. Alliages d'or et d'argent ; définition du titre — 268. Titres légaux pour les ouvrages d'or ou d'argent. — 269. Connaissant le titre et le poids d'un alliage d'or ou d'argent, calculer le poids de métal précieux qu'il contient. — 270. Connaissant le titre d'un alliage et le poids du métal précieux qu'il contient, trouver le poids total. — 271. Trouver la valeur d'un objet d'or ou d'argent, lorsqu'on en connaît le poids et le titre. — 272. Valeur du kilogramme d'or ou d'argent pour chacun des titres légaux.— 273. Problèmes inverses.

EXERCICES.

1. Combien faut-il de pièces de 2 francs pour faire un kilogramme ? Combien faut-il de pièces de 10 centimes pour faire un hectogramme ? Combien faut-il de pièces de 50 francs pour faire un kilogramme ?

2. Combien pèsent 1000 francs en argent ? Combien pèse un franc en monnaie de bronze ? Combien pèsent 1000 francs en monnaie d'or ?

3. Une bourse contient 3 pièces de 5 francs en argent, 7 pièces de 1 franc, 9 pièces de 50 centimes, et 31 pièces de 20 francs ; trouver le poids et la valeur de toutes ces pièces de monnaies.

4. Un rouleau de pièces de 20 francs pèse 400 grammes ; combien contient-il de pièces de 20 francs ?

5. Un sac contient des poids égaux de monnaie d'argent et de monnaie de bronze, et la valeur totale de toutes ces pièces d'argent et de bronze est de 9f,45. Quels sont le poids et la valeur de chaque espèce de monnaie prise à part ?

6. Quel serait le poids de 3 milliards en argent ? Combien faudrait-il de wagons pour porter cette somme, en supposant que chaque wagon porte 5 tonnes ? A 50 wagons par train, combien faudrait-il de trains pour transporter tout cet argent ?

7. Même problème pour 3 milliards en monnaie d'or.

8. Faute de poids marqués, on peut se servir de pièces de monnaie pour peser les corps ; on a trouvé qu'un corps fait équilibre à 8 pièces de 5 francs en argent, plus 5 pièces de 2 francs, plus 3 pièces de 1 franc, plus 4 pièces de 50 centimes, plus 3 pièces de 20 centimes ; quel est le poids de ce corps ?

9. Un corps, placé dans l'un des plateaux d'une balance, fait équilibre aux pièces de monnaies suivantes placées dans l'autre plateau :

$$
\begin{aligned}
&17 \text{ pièces de } 10 \text{ centimes,} \\
&44 \quad\; — \quad\quad 5 \text{ centimes,} \\
&13 \quad\; — \quad\quad 5 \text{ francs en argent,} \\
&155 \quad — \quad\quad 10 \text{ francs,} \\
&18 \quad\; — \quad\quad 50 \text{ centimes,} \\
&13 \quad\; — \quad\quad 2 \text{ centimes,} \\
&14 \quad\; — \quad\quad 1 \text{ franc ;}
\end{aligned}
$$

quel est le poids de ce corps ?

10. Quelle longueur obtient-on, si l'on place à la suite les unes des autres 2 pièces de 2 francs et 2 pièces de 1 franc ?

11. Même question pour 2 pièces de 10 centimes et 2 pièces de 2 centimes.

12. Même question pour 9 pièces de 5 francs et 29 pièces de 1 franc.

13. Même question pour 25 pièces de 20 francs et 25 pièces de 10 francs.

14. Quelle longueur obtient-on, si l'on place à la suite les unes des autres une pièce de 5 francs en argent, une pièce de 50 francs et une pièce de 100 francs.

15. Quel est le poids de l'or pur contenu dans un lingot qui pèse 152 grammes et dont le titre est 0,912? Combien faudrait-il lui ajouter de cuivre pour l'amener au titre des monnaies ?

16. Un lingot d'argent, au 2e titre, pèse 428 grammes ; combien contient-il d'argent pur ? Quelle est sa valeur intrinsèque ?

17. Le *double ducat* en or des Pays-Bas pèse 6 gr,988, et son titre est 0,978 ; quelle est sa valeur en francs ?

18. Une pièce étrangère en or pèse 17 gr,735 et vaut 55f,88 ; quel est son titre ?

19. Une pièce d'argent dont le titre est 0,865, a une valeur de 3f,92 ; quel est son poids ?

20. Une pièce de 20 francs en or usée a perdu 0 gr,875 de son poids ; quelle est alors sa valeur ?

21. On tolère sur le titre comme sur le poids des pièces de 20 francs une erreur de 2 millièmes en plus ou en moins ; si une pièce a un titre trop faible de 0,002, et un poids aussi trop faible des 0,002 de sa valeur, quelle valeur réelle aura cette pièce ?

22. Même problème pour la pièce de 5 francs en argent, sachant que la tolérance sur le titre est encore de 0,002, et que la tolérance sur le poids est des 0,003 du poids total.

CHAPITRE VII.

Notions sur la mesure du temps.

274. JOUR, HEURE, MINUTE, SECONDE. La terre tourne sur elle-même, de manière à présenter successivement aux rayons du soleil les différents points de sa surface ; pour la moitié du globe terrestre qui est tournée du côté du soleil, il fait jour ; pour l'autre il fait nuit. Si l'on réunit le jour et la nuit, on a une durée invariable que l'on a choisie pour unité de temps, et à laquelle on a donné le nom de *jour solaire*, ou simplement de *jour*.

Le jour se divise en 24 parties égales appelées *heures*. L'heure à son tour se divise en 60 parties égales appelées *minutes*, et la minute, en 60 parties égales appelées *secondes*.

Nous désignerons ces quatre unités de temps par les initiales de leurs noms ; ainsi $14^j\ 20^h\ 43^m\ 35^s$ signifie 14 jours 20 heures 43 minutes 35 secondes.

On fait commencer le jour à minuit et l'on compte les heures, non pas de 0 à 24, mais de 0 à 12, de minuit à midi, puis encore de 0 à 12, de midi à minuit ; les heures de la première moitié du jour, de minuit à midi, s'appellent les heures du *matin* ; celles de la seconde, de midi à minuit, s'appellent les heures du *soir*.

275. ANNÉE. MOIS, SEMAINE. On appelle *année tropique* le temps que la terre met à tourner autour du soleil, ou plus exactement le temps qui s'écoule d'un équinoxe du printemps au suivant ; les astronomes ont trouvé pour la valeur de l'année tropique 365^j, 2422166.

L'année *civile* doit être composée d'un nombre entier de jours ; or l'année véritable contient 365 jours et une fraction de jour un peu plus petite qu'un quart. On a d'abord supposé qu'elle se composait exactement de 365 jours 1/4, et pour tenir compte de ce quart de jour, on est convenu que sur quatre années consécutives, trois auraient 365 ours, et la quatrième 366 ; les années de 365 jours j'appellent années *communes*, celles de 366 jours, années *bissextiles*. Les années bissextiles sont celles dont le millésime est exactement divisible par 4 ; ainsi l'année 1872 est bissextile, les années 1873, 1874 et 1875 ne le seront pas, l'année 1876 le sera, et ainsi de suite. C'est ainsi que le calendrier fut réglé par Jules César, d'où le nom de calendrier *Julien*, qu'on lui donne habituellement.

En définitive, le calendrier julien suppose l'année trop grande, et l'erreur est de 3 jours environ en 400 ans ; pour corriger cette erreur, le pape Grégoire XIII prescrivit, en 1582, de supprimer trois années bissextiles tous les 400 ans ; ce sont celles dont le millésime est terminé par deux zéros, et n'est pas divisible exactement par 400; ainsi les années 1700, 1800 n'ont pas été bissextiles, l'année 1900 ne le sera pas non plus; mais l'année 2000 le sera, ainsi que 2400, 2800, etc. C'est là le calendrier appelé *grégorien*, qui est adopté par toutes les nations chrétiennes, à l'exception de la Russie et de la Grèce, et qui établit une concordance presque parfaite entre l'année civile et l'année astronomique.

L'année se divise en douze *mois* inégaux, ayant les uns 30 jours, les autres 31 jours, excepté le mois de février qui a 28 jours dans les années communes et 29 dans les années bissextiles. Voici leurs noms et leurs durées respectives.

Janvier.	31 jours.
Février.	28 ou 29.
Mars.	31
Avril	30
Mai	31
Juin.	30
Juillet	31
Aout.	31
Septembre	30
Octobre.	31
Novembre. . . .	30
Décembre.	31
Total. .	365 jours.

Enfin on appelle *semaine* une période de sept jours ; l'année de 365 jours renferme 52 semaines et 1 jour.

On appelle *siècle* une période de cent ans ; dans le calendrier grégorien, une durée de 4 siècles comprend 97 années bissextiles et 303 années communes, soit un nombre de jours égal à

$$365 \times 400 + 97 = 146097 \text{ jours}$$

276. Nombres complexes. Les nombres qui expriment une durée et qui sont composés, par exemple, de jours, d'heures, de minutes et de secondes, s'appellent des nombres *complexes* ; nous allons indiquer sommairement les règles du calcul de ces nombres ; mais nous traiterons au préalable deux questions qui se présentent à chaque instant, et qu'il faut savoir résoudre pour effectuer certaines opérations sur les nombres complexes.

276. Problème. *Étant donné un nombre complexe composé de jours, d'heures, de minutes et de secondes, réduire ce nombre en secondes.*

Soit, par exemple, le nombre

$$25^j \ 7^h \ 34^m \ 28^s$$

qu'on veut réduire en secondes ; je convertirai d'abord les jours en heures, en multipliant 24^h par le nombre de jours, c'est-à-dire par 25, ce qui donne 600 heures, auxquelles il convient d'ajouter les 7 heures que contient le nombre donné. Ainsi le nombre d'heures sera

$$24 \times 25 + 7 = 607 \text{ heures.}$$

Chaque heure valant 60^m, 607 heures vaudront 607 fois plus de minutes ou $60^m \times 607$; en ajoutant à ce produit les 34 minutes contenues dans le nombre donné, on aura pour le nombre total des minutes,

$$60 \times 607 + 34 = 36454^m.$$

Enfin, chaque minute vaut 60^s ; donc le nombre total des secondes que contient le nombre donné sera

$$60 \times 36454 + 28 = 2187268 \text{ secondes.}$$

Voici la disposition qu'on donne habituellement à ce calcul :

$$24^h$$
$$25$$
$$\overline{120}$$
$$48$$
$$7^h$$
$$\overline{607^h}$$
$$60$$
$$\overline{36420^{m\cdot}}$$
$$34^{m\cdot}$$
$$\overline{36454^{m\cdot}}$$
$$60$$
$$\overline{2187240^{s\cdot}}$$
$$28^{s\cdot}$$
$$\overline{2187268^{s\cdot}}$$

277. Problème. *Étant donné un certain nombre de secondes, trouver combien il contient de jours, d'heures et de minutes.*

Proposons-nous, par exemple, de décomposer en jours, heures, minutes et secondes le nombre 348614 secondes. La minute valant 60 secondes, nous aurons le nombre de minutes en cherchant combien de fois 60^s sont contenues dans 348614^s, c'est-à-dire, en divisant 348614 par 60 ; le quotient est 5810 et il reste 14 ; donc 348614^s équivalent à 5810 minutes et 14 secondes ; en divisant de même 5810 par 60, nous saurons combien il y a d'heures dans 5810 minutes ; on trouve ainsi que 5810 minutes valent 96 heures 50 minutes ; enfin en divisant 96 par 24, nous obtiendrons le nombre de jours contenus dans 96 heures ; ce nombre est 4 exactement. En résumé 348614^s valent 4 0^h 50^m 14^s ; on dispose ainsi qu'il suit la série des divisions à effectuer :

$$348614^s \mid 60$$
$$486 \quad \overline{5810^m \mid 60}$$
$$61 \quad\quad 410 \quad \overline{96^h \mid 24}$$
$$14^s \quad\quad 50^m \quad\quad 0^h \mid \overline{4^j}$$

278. Remarque. On a quelquefois à transformer en un nombre complexe de jours, heures, minutes et secondes un nombre décimal de jours ; on y parvient tout aussi facilement.

EXEMPLE. Quelle est en jours, heures, minutes et secondes la durée de l'année tropique, qui vaut $365^j,2422166$?

Il y a d'abord 365 jours ; pour convertir en heures la fraction décimale $0^j,2422166$, j'observe que le jour valant 24 heures, $0^j,2422166$ valent $24^h \times 0,2422166 = 5^h,8131984$. De même, l'heure valant 60 minutes, $0^h,8131984$ valent $60^m \times 0,8131984 = 48^m,791904$; enfin, puisque la minute vaut 60 secondes, $0^m,791904$ valent $60^s \times 0,791904 = 47^s,51424$. L'année tropique vaut donc 365^j 5^h 48^m 47^s 5 environ.

279. ADDITION DES NOMBRES COMPLEXES. On commence par écrire les nombres les uns au-dessous des autres, de manière que les unités de même espèce soient dans une même colonne verticale, comme on le voit ici :

$$3^j \ 5^h \, 18^m \, 34^s$$
$$21^j 17^h \, 15^m \, 19^s$$
$$6^j 21^h \, 47^m \, 39^s$$
$$0^j 19^h \, 34^m \, 53^s$$

Total $\overline{32^j 15^h \, 56^m \, 25^s}$

On additionne alors les secondes et on trouve 145^s ou $2^m 25^s$; on écrit les 25^s, et on retient les 2^m pour les ajouter à la colonne des minutes. En faisant la somme des minutes, on trouve 116^m ou 1^h 56^m ; on écrit les 56^m, et on retient 1^h pour l'ajouter à la colonne des heures. Le total des heures est 63^h ou 2^j 15^h ; on n'écrit que 15^h et on retient les 2^j pour les additionner avec la colonne des jours. Enfin la somme des jours est 32 ; donc le total général est

$$32^j 15^h \, 56^m \, 25^s.$$

280. SOUSTRACTION DES NOMBRES COMPLEXES. Proposons nous, par exemple, de retrancher 6^j 14^h 37^m 29^s de $14^j 7^h 13^m 43^s$; j'écris le plus petit nombre au dessous du plus grand, comme pour les additionner

$$14^j \ 7^h \, 13^m \, 43^s$$
$$6^j 14^h \, 37^m \, 29^s$$

Reste $\overline{7^j 16^h \, 36^m \, 14^s}$

je retranche d'abord 29^s de 43^s, ce qui donne 14^s que j'écris. Je passe ensuite aux minutes : comme on ne peut pas soustraire 37ᵐ de 13ᵐ, j'ajoute à ces dernières 1 heure ou 60ᵐ, ce qui donne 73ᵐ, et je retranche 37ᵐ de 73ᵐ, ce qui donne 36ᵐ. Mais comme j'ai ajouté 1ʰ au plus grand nombre, il faut ajouter, *par compensation*, 1ʰ au plus petit, et par suite, supposer qu'il contient 15ʰ au lieu de 14ʰ. De même, ne pouvant pas retrancher 15ʰ de 7ʰ, nous ajouterons 24ʰ ou 1ʲ au plus grand nombre, qui aura ainsi 31ʰ ; nous en retrancherons 15ʰ, ce qui donne pour reste, 16ʰ ; et par compensation nous ajouterons 1ʲ au plus petit nombre, qui en aura ainsi 7 ; enfin nous retrancherons ces 7ʲ des 14ʲ du plus grand nombre, et nous aurons pour le reste total

$$7^{j}\ 16^{h}\ 36^{m}\ 14^{s}.$$

281. MULTIPLICATION ET DIVISION D'UN NOMBRE COMPLEXE PAR UN NOMBRE ENTIER.

Ces deux questions n'offrent aucune difficulté ; la première revient à une addition ; la seconde est l'opération inverse de la première.

EXEMPLES. I. Multiplier par 7 le nombre 3ʲ 8ʰ 45ᵐ 51ˢ.

Je multiplie d'abord les secondes par 7 ; du produit j'extrais les minutes que je retiens pour les ajouter au produit suivant ; puis je multiplie les minutes par 7 et j'extrais les heures contenues dans ce produit, et toujours de même ; voici l'opération.

$$3^{j}\ \ 8^{h}\ 45^{m}\ 51^{s}$$
$$7$$
$$\overline{23^{j}\ 13^{h}\ 20^{m}\ 57^{s}}$$

II. Diviser par 6 le nombre complexe 58ʲ 3ʰ 33ᵐ 41ˢ.

Je prends d'abord le 6ᵉ de 58ʲ ; c'est 9ʲ, et il reste 4ʲ que je convertis en heures ; cela donne 96ʰ auxquelles j'ajoute les 3ʰ du nombre ; nous avons ainsi 99ʰ dont le 6ᵉ est 16ʰ et il reste 3ʰ que je change en minutes, et ainsi de suite. Voici la division :

$$\begin{array}{l|l} 58^{j}\ \ 3^{h}\ 33^{m}\ 41^{s} & \\ 9^{j}\ 16^{h}\ 35^{m}\ 36^{s} & 6 \end{array}$$

Le quotient est 9ʲ16ʰ35ᵐ36ˢ, et il reste 5ˢ.

282. DIVISION DE DEUX NOMBRES COMPLEXES. Lorsqu'on veut savoir combien de fois un nombre complexe en contient un autre, ou plus généralement à quelle fraction du second le premier est égal, il faut diviser le premier par le second. Pour faire cette opération, on réduit les deux nombres en unités de la plus petite espèce, par exemple, en secondes; puis on divise les deux nombres de secondes ainsi obtenues.

EXEMPLE. Diviser $44^j\ 3^h\ 25^m\ 10^s$ par $2\ 15^h\ 8^m\ 15^s$.

On a d'abord :

$$44^j\ 3^h\ 25^m\ 10^s = 3813910^s$$
$$2^j\ 15^h\ 8^m\ 15^s = 227295^s$$

Le quotient des deux nombres donnés est donc le même que celui des nombres entiers $3813910 : 227295$.

Telles sont les seules opérations pratiques qu'on ait à faire sur ces nombres qui expriment des jours, des heures, des minutes et des secondes; on voit combien les procédés de calcul qui leur sont applicables sont plus compliqués que ceux qu'on emploie pour les nombres décimaux, et on comprend par là l'avantage qu'offrent les mesures du système métrique sur les mesures qui ne suivent pas la loi décimale.

RÉSUMÉ.

274. Jour, heure, minute, seconde ; origine du jour, heures du matin, heures du soir. — 275. Année tropique, année civile ; calendrier julien, années communes, années bissextiles ; calendrier grégorien ; mois, inégalité des mois ; semaine ; siècle. — 276. Nombres complexes. — 277. Convertir en secondes un nombre composé de jours, d'heures, de minutes et de secondes. — 278. Réciproquement, décomposer un nombre donné de secondes en jours, heures, minutes et secondes. — 278. Décomposer en jours, heures, minutes et secondes un nombre décimal de jours. — 279. Addition des nombres complexes. — 280. Soustraction des nombres complexes. — 281. Multiplication et division d'un nombre complexe par un nombre entier. — 282. Division de deux nombres complexes.

EXERCICES.

1. Convertir en secondes les nombres suivants :

$$23^j\ 14^h\ 28^m\ 35^s$$
$$7^j\ 8^h\ 13^m\ 57^s$$
$$9^j\ 6^h\ 8^m\ 15^s$$
$$45^j\ 0^h\ 11^m\ 18^s$$
$$7^h\ 53^m\ 20^s$$

2. Décomposer en jours, heures, minutes, secondes, les nombres :

$$34815^s ;$$
$$215714^s ;$$
$$3792908^s ;$$
$$5437815^s ;$$
$$64817^m ;$$
$$214310^m ;$$
$$6588^h ;$$

3. Décomposer en jours, heures, minutes et secondes les nombres suivants :

$$365^j,2563744; (1)$$
$$224^j,700869 ; (2)$$
$$87^j,9692578; (3)$$

4. Additionner les nombres de l'exercice 1.

5. De 27^j 7^h 43^m, retrancher 25^j 12^h.

6. Multiplier et diviser successivement par 2, 3, 4, 5, 6, 7, 8, 9, et 10 les nombres suivants :

$$14^j 5^h 17^m 24^s$$
$$8^h 45^m 19^s$$
$$54^j 22^h 58^m 43^s$$

7. La durée d'une lunaison est de $29^j 12^h 44^m 2^s,9$; et la durée de l'année tropique est de $365^j 5^h 48^m 47^s,5$; combien y a-t-il de lunaisons dans un an, dans 19 ans ?

8. Dans le calendrier grégorien, on suppose que 400 ans valent 146097 jours, tandis que la vraie valeur de l'année et de $365^j,2422166$; calculer l'erreur du calendrier au bout d'un an, au bout d'un siècle, après 40 siècles. Calculer au bout de combien d'années cette erreur sera égale à un jour.

9. L'année des mahométans se compose de 12 lunaisons ; quelle est sa valeur en jours ? Combien 235 années des mahométans valent-elles d'années tropiques ?

10. L'année sacrée des Israélites se composait de 12 mois alternativement de 29 et de 30 jours ; de plus ils intercalaient 7 fois en 19 ans un mois de 29 jours. Calculer en jours, heures, minutes et secondes, la durée de cette année et la comparer à celle de l'année tropique.

11. La lumière parcourt environ 298000 mètres par seconde ; la lumière du soleil met $8^m 18^s,3$ pour arriver jusqu'à la Terre ; quelle est la distance du Soleil à la Terre ?

12. Un homme est né le 18 janvier 1800 à 6 heures du matin, et il est mort le 31 juillet 1861 à 9 heures du soir ; combien de jours et d'heures a-t-il vécu ?

13. Une roue, dans une machine, a fait 3541 tours en une heure : combien fait-elle de tours par seconde ? Quelle est, en secondes, la durée de 100 tours de cette roue?

(1) Durée de la révolution de la Terre autour du Soleil, ou année *sidérale*.
(2) Durée de la révolution de la planète *Vénus* autour du Soleil.
(3) Durée de la révolution de la planète *Mercure* autour du Soleil.

14. Le 1ᵉʳ janvier 1872 était un lundi ; quel jour de la semaine tombe le 15 août de cette même année ? À quel jour de la semaine tombera le 1ᵉʳ janvier 1900 ?

15. On a trouvé qu'une montre très-exacte, mais mal réglée, avance de 4ᵐ30ˢ en 15 jours ; on la met à l'heure le 1ᵉʳ mai à midi ; quelle sera l'heure exacte, quand cette montre marquera 2ʰ 43ᵐ 15ˢ de l'après-midi, cinq jours après qu'on l'a mise à l'heure ?

16. Un train de voyageurs part de Paris à 8ʰ 40ᵐ du soir et arrive à Genève le lendemain à 10ʰ 35ᵐ du matin ; la distance de Paris à Genève étant de 626 kilomètres, on demande combien ce train fait de kilomètres à l'heure, et combien il met de temps à parcourir un myriamètre.

17. La distance de Lyon à Marseille est de 352 kilomètres ; un train part de Lyon à 7ʰ50ᵐ du matin, et arrive à Marseille à 6ʰ38ᵐ du soir ; un autre train part de Marseille à 6ʰ du matin et arrive à Lyon à 9ʰ4ᵐ du soir ; à quelle heure ces deux trains se croiseront-ils ? À quelle distance de Lyon ?

PROBLÈMES DE RÉCAPITULATION SUR LE SYSTÈME MÉTRIQUE.

1. Un fermier vend 42 sacs de blé contenant chacun 1 hectolitre $\frac{1}{2}$, à raison de 31ᶠ,50 le quintal ; combien doit-il recevoir si l'hecto-litre de blé pèse 76 kilogrammes ?

2. La récolte d'une terre en froment a été vendue à raison de 27ᶠ,50 le quintal, et a rapporté 762 francs ; la contenance de cette terre est de 2 hectares 3 ares 20 centiares, et le double décalitre de ce blé pèse 155 hectogrammes. On demande le rendement d'un hectare en froment et en argent.

3. Un rouleau de pièces de 20 francs, valant 1000 francs, a une longueur de 64 millimètres ; quelle est l'épaisseur d'une pièce de 20 francs ? Combien faudrait-il empiler de pièces de 20 francs les unes sur les autres pour faire une pile d'un mètre de hauteur ?

4. On estime à 0ᵐᵐ,1 l'épaisseur d'un billet de banque de 1000 francs ; on demande quelle hauteur aurait une pile de billets de 1000 francs valant 5 milliards.

5. Les roues motrices d'une locomotive ont 7ᵐ,50 de contour ; cette locomotive faisant 45 kilomètres à l'heure, on demande combien de tours et de fractions de tour ces roues font dans une minute.

6. L'eau, en se congelant, augmente de volume ; sachant que la densité de la glace est 0,93, on demande quel volume de glace on obtiendra en faisant congeler une masse d'eau pure, dont le volume à 4 degrés centigrades est égal à un litre.

7. On verse 3456 grammes de mercure dans un vase d'un litre de capacité. Quel est le poids de l'eau pure nécessaire pour achever de remplir ce vase ? On sait que la densité du mercure est 13,596.

8. Un fil de cuivre pèse 1ᵍʳ,76 par mètre courant ; son poids total

est de 0^{kg},844 ; calculer sa longueur à un millimètre près ; calculer aussi son volume à un millimètre cube près, sachant que la densité du cuivre est 8,95.

9. Une terre de 2 hectares 32 ares est louée à raison de 25 fr. l'arpent, et l'arpent équivaut à 42 ares 20^{ca},8. Le fermier cultive du colza dans cette terre, et dépense en engrais, en semence, en frais de culture de toute espèce, 242^f,50 par hectare ; il récolte en tout 49 hectolitres de grains, qu'il vend à raison de 22^f,75 l'hectolitre. Calculer : 1° le bénéfice total ; 2° le bénéfice par hectare.

10. 4 kilogrammes d'eau de mer contiennent 1 hectogramme de sel pur ; le sel gris du commerce, qu'on extrait de l'eau de la mer par évaporation, ne renferme guère que 96 pour 100 de son poids de sel pur ; enfin 40 centimètres cubes d'eau de mer pèsent 41 gr. Calculer, au moyen de ces données, le nombre de litres d'eau de mer qu'il faudra évaporer pour en retirer 1500 kilogrammes de sel gris.

11. Une pièce de vin de Bourgogne contient 28 décalitres. Sachant que le dixième du mètre cube de ce liquide pèse 991 hectogrammes, on demande : 1° le poids total du liquide contenu dans la pièce ; 2° quel volume en litres représenterait un poids de vin de Bourgogne équivalant à 19^{kg},99.

12. Les bougies se vendent en paquets de 485 grammes, contenant chacun 5 bougies, et pour avoir 160 kilogrammes de bougie, il faut employer 225 kilogrammes de suif ; on demande combien l'on pourra faire de bougies avec 125 quintaux de suif.

13. On paye pour le contrôle des objets d'orfèvrerie 20 francs par hectogramme plus 15 centimes par franc de droit additionnel ; supposant qu'il s'agisse d'or au 1er titre, on demande de combien pour 100 ce droit de contrôle augmente la valeur intrinsèque des objets d'orfèvrerie.

14. L'hectolitre de pommes de terre pèse environ 80 kilogrammes ; un marchand achète dans un village 320 hectolitres de pommes de terre, à raison de 2^f,75 les 50 kilogrammes ; le port jusqu'à la ville lui coûte 14 francs la tonne, et il vend alors sa marchandise à raison de 80 centimes le décalitre ; quel bénéfice réalise-t-il sur cette opération ?

15. Une vache a donné dans une année assez de lait pour faire 80 kilogrammes de beurre, qui a été vendu au prix moyen de 1^f,30 le demi-kilogramme. Sachant qu'il faut environ 25 litres de lait pour faire 1 kilogramme de beurre, on demande s'il aurait été plus avantageux pour le propriétaire de vendre le lait de sa vache à 20 centimes le litre, et quel aurait été le bénéfice pour l'année entière.

16. Un particulier achète une pièce de vin du Midi qui lui coûte sur place 70 francs ; le transport à Paris coûte 12^f,70, et les droits d'entrée sont de 21^f,60 l'hectolitre ; enfin le fût coûte 15 francs, et se revend à Paris 3 francs. Sachant que la pièce contient 2^{hl},28, on demande à quel prix revient le litre de ce vin dans Paris.

17. La densité de l'argent est 10,47 ; celle de l'or est 19,26 ; calculer la valeur en francs d'un centimètre cube d'argent pur, et celle d'un centimètre cube d'or pur, et chercher combien de fois la première est contenue dans la seconde.

18. Les densités du cuivre, de l'étain et du zinc étant respectivement 8,95, 7,29 et 7,19, calculer la densité du bronze des monnaies.

19. Un vase plein d'eau pure pèse 78 décagrammes ; plein de mercure, dont la densité est 13,596, il pèse $6^{k}g,2$; on demande la capacité du vase et son poids quand il est vide.

20. On fond ensemble 1200 pièces de 5 francs en argent pour faire de la monnaie divisionnaire au titre de 0,835. Combien pourra-t-on faire de pièces d'un franc avec cette quantité d'argent, et quel poids de cuivre faudra-t-il y ajouter ?

LIVRE V.

APPLICATIONS DE L'ARITHMÉTIQUE.

CHAPITRE I.

Des rapports.

283. DÉFINITION. *On appelle rapport de deux grandeurs de même espèce le nombre qui mesure la première quand on prend l'autre pour unité.*

Pour avoir le rapport de deux grandeurs de même espèce, il faut donc concevoir que, la deuxième étant prise pour unité, on mesure la première avec cette unité, le nombre entier ou fractionnaire qu'on obtient ainsi (voy. le n° 208) est le rapport de la première grandeur à la seconde. Supposons, par exemple, qu'il s'agisse de deux longueurs, et que la première contienne 5 fois la seconde ; on dira que le rapport de ces deux grandeurs est égal à 5. Si la première longueur ne contient pas exactement la seconde, mais qu'elle en contienne les $\frac{5}{12}$, les $\frac{37}{10}$, les $\frac{149}{100}$, on dira que le rapport de ces deux longueurs est $\frac{5}{12}$ ou $\frac{37}{10}$ ou $\frac{149}{100}$. On peut donc encore définir ainsi le rapport de deux grandeurs : *c'est le nombre qui indique combien de fois la première contient la seconde, ou à quelle fraction de la seconde est égale la première.*

Le titre d'un alliage d'or ou d'argent est un rapport : c'est, d'après la définition que nous en avons donnée, le rapport du poids d'or ou d'argent que contient l'alliage au poids total de cet alliage.

La densité d'un corps peut aussi être considérée comme un rapport; c'est le rapport du poids de ce corps au poids d'un égal volume d'eau ; en effet, dire que la densité d'un corps est 10,5, par exemple, c'est dire qu'un centimètre cube de ce corps pèse $10^{gr},5$; or le même volume d'eau pèse 1 gr.; et le rapport de ces deux poids est 10,5.

Nous avons vu qu'à poids égal, la monnaie d'or vaut 15 fois et demie plus que la monnaie d'argent ; on aura un énoncé plus correct de cette proposition en disant que le rapport de la valeur de la monnaie d'or à celle de la monnaie d'argent à poids égal est $15\frac{1}{2}$ ou 15,5.

On pourrait donner beaucoup d'autres exemples de l'emploi de ce mot rapport. Il est bon de remarquer : 1° qu'on ne peut jamais parler du rapport de deux grandeurs d'espèce différente; car on ne peut pas chercher combien de fois une longueur contient un poids, par exemple ; on ne peut comparer que deux grandeurs de même espèce ; 2° qu'un rapport est toujours un nombre abstrait.

284. Un rapport peut toujours être considéré comme une fraction; car s'il est entier, on peut le mettre sous forme fractionnaire en lui donnant l'unité pour dénominateur. Deux rapports sont dits *inverses* l'un de l'autre lorsque le numérateur de l'un est égal au dénominateur de l'autre, et réciproquement. Ainsi 4 et $\frac{1}{4}$ sont des rapports inverses; il en est de même de $\frac{7}{8}$ et de $\frac{8}{7}$, de 3,24 et de $\frac{100}{324}$.

285. Considérons deux grandeurs de même nature, et supposons qu'on ait trouvé le rapport de la première à la seconde; le rapport de la seconde à la première sera l'inverse du premier rapport. Prenons, par exemple, deux volumes dont le rapport est $\frac{5}{6}$; cela veut dire que le premier volume équivaut à 5 fois la 6e partie du second, ou bien que si l'on partage le premier volume en 5 parties égales, chacune d'elles sera égale à la 6e partie du second volume ; donc le second volume contient 6 fois la 5e partie du premier ; ou en d'autres termes, le rapport du second volume au premier est $\frac{6}{5}$, rapport inverse de $\frac{5}{6}$.

286. *Le rapport de deux grandeurs de même espèce est égal au quotient des nombres qu'on obtient en mesurant ces grandeurs avec une même unité.*

Pour fixer les idées, je suppose qu'on veuille obtenir le rapport des poids de deux objets ; on les pèse et on trouve que le premier pèse $3^{kg},2$; et le second, $7^{kg},45$; je dis que le rapport demandé est le quotient de $3,2 : 7,45$, c'est-à-dire le quotient de $320 : 745$ ou enfin $\frac{320}{745}$. En effet, prenons pour unité de poids le centième de kilogramme, c'est-à-dire le décagramme, et nous pourrons dire que le premier objet pèse 320 décagrammes, et que le second en pèse 745 ; il résulte de là que le décagramme est la 745e partie du second poids, et par suite que le premier poids vaut 320 fois la 745e partie du second ; donc enfin le rapport des deux poids est égal à $\frac{20}{345}$, ce qu'il fallait démontrer.

287. Conséquence. Le rapport de deux grandeurs de même nature s'exprimant ainsi par le quotient de deux nombres, on a été conduit à considérer tout quotient comme pouvant représenter le rapport de deux grandeurs de même nature, sans spécifier d'ailleurs leur nature, et par conséquent à considérer des rapports de nombres abstraits ; on appelle alors *rapport de deux nombres le quotient de la division de ces deux nombres.* Ainsi le rapport de 12 à 3, c'est le quotient $12 : 3$ ou 4 ; le rapport de 3 à 5, c'est le quotient $3 : 5$ ou $\frac{3}{5}$; le rapport de $\frac{5}{6}$ à $\frac{7}{9}$, c'est le quotient $\frac{5}{6} : \frac{7}{9} = \frac{5 \times 9}{6 \times 7} = \frac{15}{14}$; le rapport de $0,43$ à $7,2$, c'est le quotient $0,43 : 7,2 = 43 : 720 = \frac{43}{720}$; etc.

A ce point de vue, on peut dire *qu'une fraction exprime le rapport de son numérateur à son dénominateur.*

287 *bis.* On appelle *proportion* l'égalité de deux rapports ; telle est l'égalité suivante :

$$\frac{3}{5} = \frac{6}{10}.$$

Les quatre nombres qui entrent dans cette égalité s'appellent les quatre *termes* de la proportion ; 3 et 10 sont les deux *extrêmes*, 5 et 6, les deux *moyens*. La propriété fondamentale des proportions, que nous ne démontrerons pas, c'est que *le produit des extrêmes est égal au produit des moyens.*

RÉSUMÉ.

283. Définition du rapport des deux grandeurs ; exemples de rapports, titre, densité, etc. — 284. Rapports inverses. — 285. Le rapport d'une première grandeur à une autre et le rapport de la seconde à la

première sont inverses l'un de l'autre. — 286. Le rapport de deux grandeurs de même espèce est égal au quotient des nombres qu'on obtient en mesurant ces grandeurs avec une même unité. — 287. Rapport de deux nombres. — 287 bis. Définition des proportions.

CHAPITRE II.

Des grandeurs proportionnelles et des règles de trois.

288. On a souvent à considérer dans les applications de l'arithmétique des grandeurs qui dépendent les unes des autres, de telle sorte que si quelques-unes viennent à augmenter ou à diminuer, les autres changent en même temps de valeur dans un sens ou dans un autre. Ainsi le prix d'une étoffe dépend de sa longueur, de sa largeur, de sa qualité; le poids d'un corps dépend de son volume et de sa densité; la valeur d'un alliage d'or ou d'argent dépend de son poids et de son titre, etc. Dans les chapitres qui suivent, nous résoudrons diverses questions relatives aux grandeurs qui sont liées entre elles par certaines conditions simples que nous allons exposer.

289. DÉFINITIONS. On dit que deux grandeurs sont *proportionnelles* ou *varient dans le même rapport*, lorsque, l'une d'elles devenant 2 fois, 3 fois, 4 fois, etc., plus grande, l'autre devient en même temps 2 fois, ou 3 fois, ou 4 fois, etc., plus grande. Ainsi, le prix d'une étoffe est proportionnel à sa longueur ; car si on en achète une longueur double, triple, quadruple, etc., de la longueur primitive, on devra payer un prix double, triple, quadruple; etc. De même le prix d'une denrée qui se vend au poids est proportionnel à son poids. De même encore, le poids d'un corps est proportionnel à son volume ; et ainsi de suite.

290. On dit que deux grandeurs sont *inversement proportionnelles*, ou varient en *raison inverse* l'une de l'autre, lorsque l'une devenant 2 fois ou 3 fois ou 4 fois, etc. plus grande, l'autre devient en même temps 2 fois ou 3 fois ou 4 fois, etc. plus petite. Ainsi le temps employé par des ouvriers à faire un ouvrage est inversement proportionnel au nombre des ouvriers ; car si l'on y emploie 2 fois, 3 fois, 4 fois plus d'ouvriers, il faudra 2 fois, 3 fois, 4 fois moins de temps. Si deux corps ont le même poids, les volumes de ces corps sont inversement proportionnels à leurs densités ; car si la densité du premier est 2 fois, 3 fois, 4 fois plus grande que celle du second, il faudra,

pour que le poids soit le même, que le volume du premier soit 2 fois, 3 fois, 4 fois plus petit que celui du second. De même le temps qu'une locomotive met à parcourir une certaine distance est inversement proportionnel à sa vitesse ; car si on lui donne une vitesse double, triple, quadruple, etc., elle mettra 2 fois, 3 fois, 4 fois moins de temps à faire le même chemin; et ainsi de suite.

291. On dit qu'une grandeur est proportionnelle à plusieurs autres, lorsque, toutes ces grandeurs excepté une restant constantes, la première grandeur est proportionnelle à celle qui varie. Ainsi le poids d'une pierre de taille rectangulaire est proportionnel à sa longueur, à sa largeur, à son épaisseur et à sa densité ; car si l'on suppose que, la largeur, l'épaisseur et la densité restant les mêmes, la longueur de la pierre devienne double, triple, quadruple de ce qu'elle était d'abord, le poids deviendra en même temps 2 fois, 3 fois, 4 fois plus grand; même raisonnement pour la largeur et l'épaisseur ; si l'on considère ensuite deux pierres de mêmes dimensions, mais de densités différentes, et que la densité de la première soit 2 fois, 3 fois, 4 fois plus grande que celle de la seconde, le poids de la première sera aussi 2 fois, 3 fois, 4 fois plus grand que le poids de la seconde. On voit donc que le poids d'une pierre bien équarrie doit être considéré comme proportionnel à ses trois dimensions et à sa densité. De même encore, le prix du transport des marchandises par chemin de fer est proportionnel au poids de ces marchandises et à la longueur du trajet.

292. Une grandeur peut encore être directement proportionnelle à plusieurs grandeurs et inversement proportionnelle à d'autres. Ainsi le nombre des ouvriers nécessaires pour creuser une tranchée d'une profondeur déterminée est directement proportionnel à la longueur et à la largeur de cette tranchée, et il est inversement proportionnel à la durée de la journée de travail et au nombre de jours que l'on met pour accomplir ce travail.

293. On appelle *règle de trois* un problème dans lequel, connaissant les valeurs correspondantes de plusieurs grandeurs directement ou inversement proportionnelles, on demande ce que devient l'une d'elles, quand toutes les autres changent de valeur.

La règle de trois est dite *simple*, lorsqu'on n'y considère que deux grandeurs, et elle est *directe* ou *inverse*, suivant que ces deux grandeurs sont directement ou inversement proportionnelles.

La règle de trois est *composée*, lorsqu'on y considère plus de deux grandeurs directement ou inversement proportionnelles.

RÈGLE DE TROIS SIMPLE DIRECTE.

294. PROBLÈME. On a payé 350 francs pour faire creuser un fossé de 410 mètres de longueur; combien paiera-t-on pour un fossé de même largeur, de même profondeur, et dont la longueur est de 528 mètres?

Ce problème est une règle de trois simple directe : les deux grandeurs qu'on y considère sont la longueur du fossé et le prix; elles sont évidemment proportionnelles; on donne les valeurs correspondantes de ces deux grandeurs, et l'on demande quel sera le prix, lorsque la longueur du fossé changera. Voici la solution:

Si, pour 410 mètres de fossé, on paie 350 francs, pour 1 mètre de fossé, on paiera 410 fois moins ou $\dfrac{350 \text{ fr.}}{410}$.

Si, pour 1 mètre de fossé, on paie $\dfrac{350 \text{ fr.}}{410}$, pour 528 mètres, on paiera 528 fois plus, ou $\dfrac{350 \text{ fr.} \times 528}{410}$.

Il est commode de disposer l'énoncé et les raisonnements de la manière suivante : on fait un tableau à deux colonnes; dans l'une, on met les valeurs successives de la première grandeur, et dans l'autre, on écrit en regard les valeurs correspondantes de la seconde grandeur; l'inconnue du problème se désigne par la lettre x.

Longueur du fossé.	Prix.
410^{m}	350 fr.
528	x
1	$\dfrac{350}{410}$
528	$\dfrac{350 \times 528}{410} = x.$

Pour calculer la valeur de x, on simplifie la fraction, en divisant les deux termes par 10; on a ainsi :

$$x = \frac{35^{\mathrm{f}} \times 528}{41} = \frac{18480^{\mathrm{f}}}{41} = 450^{\mathrm{f}},73,$$

à un centime près.

295. REMARQUE. La valeur de x peut s'écrire ainsi

$$x = 350^{\mathrm{f}} \times \frac{528}{410};$$

si l'on compare cette valeur à l'énoncé du problème, on arrive à la règle suivante.

RÈGLE. *Pour trouver l'inconnue d'une règle de trois simple directe, on multiplie la valeur donnée de la grandeur inconnue par le rapport de la nouvelle valeur de l'autre grandeur à l'ancienne.*

Appliquons cette règle à un exemple : 45 kilogrammes d'huile à brûler ont coûté 58ʳ,50 ; quel est le prix de 19 kilogrammes de la même huile ?

Pour éviter toute erreur, je dispose les nombres de l'énoncé comme précédemment :

Poids de l'huile.	Prix.
45ᵏᵍ	58ᶠ,50
19	x

l'application de la règle donne

$$x = 58^f,50 \times \frac{19}{45} = 24^f,70.$$

RÈGLE DE TROIS SIMPLE INVERSE.

296. PROBLÈME. Un train de chemin de fer qui fait 45 kilomètres à l'heure met 7 heures à parcourir un certain trajet ; combien de temps mettra un autre train qui ne fait que 38 kilomètres à l'heure ?

Ce problème est une règle de trois simple inverse : les deux grandeurs inversement proportionnelles qu'on y considère sont la vitesse du train et le temps qu'il met à accomplir son trajet ; on donne les valeurs correspondantes de ces deux grandeurs, et on démande ce que devient la durée du trajet, quand la vitesse change. Voici la solution.

Si, avec une vitesse de 45 kilomètres à l'heure, le train met 7 heures à faire son trajet, avec une vitesse de 1 kilomètre à l'heure, il mettrait 45 fois plus de temps ou $7^h \times 45$.

Si, avec une vitesse de 1 kilomètre à l'heure, le train met $7^h \times 45$ pour faire son trajet, avec une vitesse de 38 kilomètres à l'heure, il mettra 38 fois moins de temps ou $\dfrac{7^h \times 45}{38}$.

L'énoncé et les raisonnements se disposent en tableau comme précédemment

Vitesse du train.	Durée du trajet.
45ᵏᵐ	7^h
38	x
1	7×45
38	$\dfrac{7 \times 45}{38} = x.$

En faisant les calculs, on a
$$x = \frac{7^h \times 45}{38} = \frac{315^h}{38} = 8^h 17^m 22^s,$$
à une seconde près par défaut.

297. REMARQUE. La valeur de x peut s'écrire
$$x = 7^h \times \frac{45}{38};$$

en comparant cette valeur à l'énoncé du problème, on arrive à la règle suivante :

RÈGLE. *Pour trouver l'inconnue d'une règle de trois simple inverse, on multiplie la valeur donnée de la grandeur inconnue par le rapport de l'ancienne valeur de l'autre grandeur à la nouvelle.*

EXEMPLE. Deux lingots ont le même poids ; l'un d'eux a un volume de 49$^{c.c.}$ et une densité de 7,29 ; l'autre a une densité de 11,35 ; quel est son volume ?

Disposons l'énoncé à la manière habituelle.

Densité.		Volume.
7,29	. . . .	49$^{c.c.}$
11,35	. . . .	x.

On a, par la règle précédente,
$$x = 49^{c.c.} \times \frac{7,29}{11,35} = 31^{c.c.},472,$$
à un millimètre cube près par défaut.

RÈGLE DE TROIS COMPOSÉE.

298. PROBLÈME. Une pierre de taille de 2^m,50 de longueur, 1^m,20 de largeur et 0^m,60 de hauteur pèse 4140 kilogrammes ; quelle est la longueur d'une autre pierre de même espèce ayant 1^m,15 de largeur, 0^m,72 de hauteur et pesant 3645 kilogrammes?

Ce problème est une règle de trois composée : les quatre grandeurs qu'on y considère sont la longueur, la largeur, la hauteur et le poids de la pierre ; la longueur est directement proportionnelle au poids et inversement proportionnelle à la largeur et à la hauteur ; on donne les valeurs correspondantes de ces quatre quantités, et on demande ce que devient la longueur, quand toutes les autres changent de valeur.

La solution de cette question se ramène à la solution de plusieurs règles de trois simples directes ou inverses que nous allons faire successivement :

Première règle de trois simple : La largeur d'une pierre est égale à 1^m,20 et sa hauteur à 0^m,60 ; sa longueur est de 2^m,50, et elle pèse 4140 kilogrammes; supposant que la largeur et l'épaisseur ne changent pas, quelle sera la longueur si le poids devient 3645 kilogrammes ?

Si le poids, qui est de 4140 kilogrammes, se réduisait à 1 kilogramme, la longueur serait 4140 fois plus petite, c'est-à-dire $\dfrac{2^m,50}{4140}$. Si, au lieu de 1 kilogramme, le poids est de 3645 kilogrammes, la longueur sera 3645 fois plus grande ou

$$\frac{2^m,50 \times 3645}{4140} = 2^m,50 \times \frac{3645}{4140}.$$

Deuxième règle de trois simple. Une pierre qui a 1^m,20 de largeur et 0^m,60 de hauteur, et qui pèse 3645 kilogrammes, a une longueur égale à $2^m,50 \times \dfrac{3645}{4140}$; quelle sera la longueur d'une autre pierre de même espèce, ayant le même poids et la même hauteur, mais ayant 1^m,15 de largeur ?

Si, au lieu de 1^m,20 de largeur, la pierre n'avait que 0^m,01 de largeur, sa longueur devrait être 120 fois plus grande pour que la pierre eût le même poids ; cette longueur serait donc $2^m,50 \times \dfrac{3645}{4140} \times 120$. Si au lieu de 0^m,01 de largeur, la pierre a 1^m,15 de largeur, sa longueur devra être 115 fois moindre, pour que la pierre conserve toujours le même poids ; cette longueur sera donc $2^m,50 \times \dfrac{3645}{4140} \times \dfrac{120}{115}$.

Troisième règle de trois simple. Une pierre de 1^m,15 de largeur, de 0^m,60 de hauteur, et qui pèse 3645 kilogr., a une longueur égale à $2^m,50 \times \dfrac{3645}{4140} \times \dfrac{120}{115}$; quelle sera la longueur d'une autre pierre de même largeur et de même poids, mais dont la hauteur sera égale à 0^m,72 ?

Si, au lieu de 0^m,60 de hauteur, la pierre n'avait que 0^m,01 de hauteur, sa longueur devrait être 60 fois plus grande, c'est-à-dire $2^m,50 \times \dfrac{3645}{4140} \times \dfrac{120}{115} \times 60$. Si au lieu de 0^m,01 de hauteur, la pierre a 0^m,72 de hauteur, il faudra, pour que le poids ne change pas, que la longueur devienne 72 fois plus petite ; elle sera donc, en définitive,

$$2^m,50 \times \frac{3645}{4140} \times \frac{120}{115} \times \frac{60}{72}.$$

Telle est la valeur de l'inconnue. Voici maintenant le tableau de l'énoncé et des raisonnements.

13.

Poids.	Largeur.	Hauteur.		Longueur.
4140^{kg}	$1^m,20$	$0^m,60$		$2^m,50,$
3645	$1\ ,15$	$0\ ,72$		$x.$

1	$1\ ,20$	$0\ ,60$		$\dfrac{2,50}{4140},$
3645	$1\ ,20$	$0\ ,60$	$2\ ,50\times$	$\dfrac{3645}{4140},$
3645	$0\ ,01$	$0\ ,60$	$2\ ,50\times$	$\dfrac{3645}{4140}\times 120,$
3645	$1\ ,15$	$0\ ,60$	$2\ ,50\times$	$\dfrac{3645}{4140}\times\dfrac{120}{115},$
3645	$1\ ,15$	$0\ ,01$	$2\ ,50\times\dfrac{3645}{4140}\times\dfrac{120}{115}\times 60,$	
3645	$1\ ,15$	$0\ ,72$	$2\ ,50\times\dfrac{3645}{4140}\times\dfrac{120}{115}\times\dfrac{60}{72}=x.$	

Pour calculer l'inconnue, on simplifie le plus possible la fraction, et l'on a finalement :

$$x=\frac{2^m,50\times 405\times 24\times 5}{460\times 23\times 6}=\frac{2^m,50\times 405\times 4}{92\times 23}=\frac{2^m,50\times 405}{23\times 23}$$

$$=\frac{1012^m,50}{529}=1^m,91,$$

à $0^m,01$ près par défaut.

249. REMARQUE. Reprenons la valeur de x,

$$x=2^m,50\times\frac{3645}{4140}\times\frac{120}{115}\times\frac{60}{72};$$

et comparons cette valeur à l'énoncé, en remarquant que la longueur est directement proportionnelle au poids, et inversement proportionnelle à la largeur et à la hauteur : nous arrivons à la règle suivante, qu'on pourrait aussi déduire des règles établies pour les règles de trois simples.

RÈGLE. *Pour avoir l'inconnue d'une règle de trois composée, on multiplie la valeur donnée de la grandeur inconnue par les rapports des nouvelles valeurs aux anciennes pour les grandeurs qui lui sont directement proportionnelles et par les rapports des anciennes valeurs aux nouvelles pour les grandeurs inversement proportionnelles à la grandeur inconnue.*

EXEMPLE. Une colonne de mercure d'une hauteur de 56 centimètres exerce sur le fond d'un vase, fond qui a une superficie de $2^{cq},6$, une pression de $1^{kg},980$; quelle serait la hauteur d'une colonne d'huile qui exercerait une pression de $1^{kg},5$ sur une surface de $3^{eq},5$? La densité du mercure est 13,596 et celle de l'huile est 0,915.

Surface du fond du vase.	Pression.	Densité.	Hauteur.
$2^{cq},6$	$1^{kg},98$	13,596	56^c,
3 ,5	1 ,5	0,915	x.

La hauteur de la colonne liquide est proportionnelle à la pression exercée sur le fond du vase, et inversement proportionnelle à la superficie de ce fond et à la densité du liquide; on a donc, par la règle précédente,

$$x = 56^c \times \frac{2,6}{3,5} \times \frac{1,5}{1,98} \times \frac{13,596}{0,915};$$

et, en faisant les calculs,

$$x = \frac{56^c \times 26 \times 150 \times 13596}{35 \times 198 \times 915} = \frac{8^c \times 26 \times 6 \times 2266}{33 \times 183}$$

$$= \frac{8^c \times 26 \times 2 \times 206}{3 \times 61} = \frac{85696^c}{183} = 468^c,3,$$

ou $4^m,683$, a $0^m,001$ près par excès.

300. REMARQUE. La méthode que nous venons d'employer pour la solution des règles de trois, porte le nom de *méthode de réduction à l'unité*; parce qu'en effet, pour trouver ce que devient la grandeur inconnue lorsqu'une autre grandeur change de valeur, on cherche d'abord ce que devient la grandeur inconnue quand l'autre se réduit à l'unité.

RÉSUMÉ.

288. Grandeurs qui dépendent des unes des autres. — 289. Définition des grandeurs proportionnelles. — 290. Grandeurs inversement proportionnelles. — 291. Grandeurs proportionnelles à plusieurs autres. — 292. Grandeurs directement proportionnelles à plusieurs autres et inversement proportionnelles à d'autres. — 293. Définition des règles de trois.

294. Solution de la règle de trois simple et directe. — 295. Règle générale pour la solution de tous les problèmes de même espèce.

296. Solution de la règle de trois simple inverse. — 297. Règle générale pour la solution de tous les problèmes de même espèce.

298. Solution d'une règle de trois composée par la décomposition en règles de trois simples. — 299. Règle générale pour la solution des règles de trois. — 300. Méthode de réduction à l'unité.

EXERCICES.

1. On a payé 67 francs pour 34 kilogrammes de viande; combien aura-t-on de kilogrammes de viande pour 150 francs ?

2. 65 centimètres cubes d'argent pèsent 680^{gr},55 ; quel est le volume de 100 grammes d'argent ?

3. Avec 25^{lit},27 de lait, on a fabriqué 960 grammes de beurre ; combien pourra-t-on extraire de kilogrammes de beurre de 145 litres de lait ?

4. Une pièce de vin de 136 litres a coûté 65 francs ; quel sera le prix de 10 pièces de 228 litres chacune ?

5. De 125 kilogrammes de canne à sucre fraîche, on a retiré 9 kilogrammes de sucre ; combien faudra-t-il prendre de kilogrammes de canne à sucre pour en extraire 100 kilogrammes de sucre ?

6. On estime à 250 litres la quantité de seigle qu'il faut pour ensemencer 1 hectare de terre ; combien en faudra-t-il de litres pour ensemencer 37^a,67 ?

7. Une vis avance de 52 millimètres en 41 tours ; combien devra-t-elle faire de tours pour progresser de 8 centimètres ?

8. On loue une pièce de terre à raison de 60 francs l'arpent de 42^a,21 ; quel sera le prix de location par hectare ?

9. A 28 mètres au-dessous du sol, à Paris, la température est constante et égale à 11,7 degrés centigrades ; à une profondeur de 505^m au-dessous du sol, la température est de 27,33 degrés centigrades. On admet que l'*accroissement* de la température est proportionnel à la quantité dont on s'enfonce. On demande à quelle profondeur la température sera de 31 degrés centigrades.

10. 100 degrés du thermomètre centigrade valent 80 degrés Réaumur ; quelle est la température du thermomètre centigrade qui correspond à 25 degrés Réaumur ?

11. Il a fallu 659 carreaux ayant une superficie de 1$^{dm.q}$,6 pour carreler une pièce ; combien faudrait-il employer de carreaux, si leur superficie était de 95 centimètres carrés ?

12. Un piéton qui fait un kilomètre en 10 minutes a mis 5^h 28^m à faire un certain trajet ; combien de temps mettrait pour faire le même trajet un cheval faisant 15 kilomètres à l'heure ?

13. 4 ouvriers, travaillant 8 heures par jour, ont fait un certain ouvrage ; quelle devrait être la durée de la journée de travail pour que le même ouvrage soit fait par 3 ouvriers dans le même nombre de jours ?

14. Deux vases contiennent le même poids de deux liquides, dont les densités sont respectivement 0,869 et 1,841 ; le volume du premier liquide est égal à 2^{lit},37 ; quel est le volume du second ?

15. Pour recouvrir le parquet d'un salon, on a employé 68 mètres d'un tapis ayant 48 centimètres de largeur ; si l'on emploie un tapis ayant 70 centimètres de largeur, combien faudra-t-il de mètres de ce nouveau tapis ?

16. Un fermier a vendu 69 hectolitres de blé à raison de 18^f,50 l'hectolitre pour payer son prix de ferme ; l'année suivante, le blé se vend 20^f,15 l'hectolitre ; combien devra-t-il en vendre d'hectolitres pour payer son prix de ferme ?

17. Deux plaques de marbre de même espèce ont la même longueur

et le même poids ; la première a 25 millimètres d'épaisseur et 13 centimètres de largeur ; la seconde a 32 millimètres d'épaisseur ; quelle est sa largeur ?

18. Une fontaine qui donne 10 litres d'eau par seconde met 56 minutes à remplir un réservoir ; une autre fontaine mettrait 1ʰ20ᵐ à remplir le même réservoir ; combien donne-t-elle de litres d'eau par seconde ?

19. Un navire porte des vivres pour un équipage de 140 hommes et une traversée de 100 jours ; après 24 jours de traversée, il recueille l'équipage d'un navire naufragé s'élevant à 30 hommes ; pendant combien de jours pourra-t-il encore naviguer, en donnant ration complète à tout le monde ?

20. Une pierre de taille qui a 2ᵐ,10 de longueur, 0ᵐ,35 de largeur et 0ᵐ,12 d'épaisseur pèse 2000 kilogrammes ; quel sera le poids d'une pierre de même densité ayant 0ᵐ,90 de longueur, 0ᵐ,45 de largeur et 0ᵐ,30 d'épaisseur ?

21. On emploie 7 heures pour labourer un champ de 280 mètres de longueur sur 80 mètres de largeur ; combien faudra-t-il de temps pour labourer un champ de 112 mètres de longueur sur 94 mètres de largeur ?

22. 18 ouvriers, travaillant 10 heures par jour, ont mis 7 jours à défoncer à la pioche un champ de 90 mètres de longueur sur 56 mètres de largeur ; combien faudra-t-il d'ouvriers, travaillant 11 heures par jour, pour défoncer un champ de 64 mètres de longueur sur 50 mètres de largeur en 5 jours ?

23. 17 mètres de drap d'une largeur de 1ᵐ,20 ont coûté 204ᶠ,30 ; combien coûteront 62 mètres d'un drap ayant 1ᵐ,30 de largeur, et dont la qualité est estimée aux $\frac{2}{3}$ de la qualité du premier ?

24. 70 ouvriers, travaillant 10 heures par jour, ont mis 104 jours à creuser un canal de 435 mètres de longueur, 18 mètres de largeur et 3 mètres de profondeur ; combien faudra-t-il de jours à 54 ouvriers, travaillant 9 heures par jour, pour creuser un canal de 260 mètres de longueur, 15 mètres de largeur et 2ᵐ,80 de profondeur ?

CHAPITRE III.

Problèmes sur l'intérêt et l'escompte.

RÈGLES D'INTÉRÊT.

301. DÉFINITIONS. On nomme *intérêt* le prix du loyer que retire de son argent celui qui le prête.

L'intérêt dépend évidemment de la grandeur de la somme

prêtée, qu'on appelle le *capital* et de la durée du prêt ; il est évident que l'intérêt est proportionnel au capital ; on suppose en outre habituellement qu'il est proportionnel à la durée du prêt.

De plus, pour un même capital placé pendant le même temps, l'intérêt peut varier suivant les conventions particulières faites par le prêteur et l'emprunteur : ordinairement ces conventions ont pour effet de déterminer l'intérêt de 100 francs pendant un an ; c'est ce nombre qu'on appelle le *taux* de l'intérêt : dire que le taux est 4 pour 100 c'est dire que 100 francs rapporteront 4 francs en un an. Suivant l'usage, au lieu d'écrire 4 pour 100, 5 pour 100, etc., nous écrirons 4 0/0, 5 0/0, etc. Le taux légal est 5 0/0 entre particuliers et 6 0/0 dans le commerce ; tout prêt fait à un taux plus élevé est réputé *usuraire*.

Il y a donc quatre quantités à considérer dans les questions d'intérêt, le capital, le taux, la durée du prêt, et l'intérêt ; trois de ces quantités étant connues, on peut trouver la quatrième ; nous aurons ainsi à résoudre quatre problèmes sur l'intérêt.

302. PREMIER PROBLÈME. *Connaissant le capital prêté, le taux de l'intérêt, et la durée du prêt, calculer l'intérêt.*

Je supposerai d'abord que la durée du prêt soit un nombre exact d'années.

EXEMPLE. Calculer l'intérêt que rapporte un capital de 642 fr. placé à 4 $^0/_0$ pendant 6 ans.

Ce problème revient à la règle de trois suivante : 100 fr. rapportent 4 fr. en 1 an ; combien rapporteront 642 fr. en 6 ans ? Nous savons donc le résoudre ; voici le tableau.

Capital	Temps	Intérêt
100 fr.	1 an	4 fr.
642	6	x
1	1	$\dfrac{4}{100}$
642	1	$\dfrac{4\times642}{100}$
642	6	$\dfrac{4\times642\times6}{100}=x.$

Voici maintenant les raisonnements développés.

Si 100 fr. en 1 an rapportent 4 fr., 1 fr., en 1 an, rapportera 100 fois moins, ou $\dfrac{4\ \text{fr.}}{100}$.

Si 1 fr., en 1 an, rapporte $\dfrac{4\ \text{fr.}}{100}$, 642 fr., en 1 an, rapporteront 642 fois plus, ou $\dfrac{4\ \text{fr.}\times642}{100}$

Enfin, si 642 fr. en 1 an, rapportent $\dfrac{4\,\text{fr.}\times 642}{100}$, en 6 ans, ils

rapporteront 6 fois plus, ou $\dfrac{4\,\text{fr.}\times 642\times 6}{100} = 154^\text{f},08$.

En comparant la valeur de x aux données du problème, on arrive à la règle suivante.

RÈGLE. *Pour avoir l'intérêt que rapporte un capital placé à un taux donné pendant un certain nombre d'années, on multiplie le taux par le capital et par le nombre d'années et on divise ce produit par 100.*

303. Supposons, en second lieu, que la durée du prêt se compose d'années et de mois; on commencera par la réduire en mois, en multipliant le nombre d'années par 12, et ajoutant au produit les mois qui restent.

EXEMPLE. Calculer l'intérêt que rapporte un capital de 715 fr. placé à 6 % pendant 2 ans 5 mois.

2 ans 5 mois valent 29 mois ; alors le problème revient à la règle de trois suivante : 100 fr., en 12 mois, ont rapporté 6 fr.; combien 915 fr. rapporteront-ils en 29 mois? Nous nous bornerons à donner le tableau de l'énoncé et des raisonnements.

Capital.	Temps.	Intérêt.
100 fr. . . .	12 mois. . . .	6 fr.,
715	29	x.

1	12	$\dfrac{6}{100}$,
715	12	$\dfrac{6\times 715}{100}$,
715	1	$\dfrac{6\times 715}{100\times 12}$,
715	29	$\dfrac{6\times 715\times 29}{100\times 12} = x$,

On peut écrire cette valeur ainsi :

$$x = \frac{6^\text{f}\times 715\times 29}{1200} = 103^\text{f},675.$$

RÈGLE. *Pour avoir l'intérêt que rapporte un capital placé à un taux donné pendant un certain nombre de mois, on multiplie le taux par le capital et par le nombre de mois, et on divise ce produit par 1200.*

304. Supposons enfin que la durée du prêt se compose d'années, de mois et de jours; on réduira d'abord cette durée en jours, en comptant chaque mois pour 30 jours, et par suite l'an-

née entière pour 360 jours; c'est une convention qu'on fait dans toutes les questions d'intérêt.

EXEMPLE. Calculer l'intérêt que rapporte un capital de 568^f,50, placé à $4\frac{1}{2}$ °/₀ pendant 3 ans 2 mois 18 jours.

3 ans 2 mois 18 jours valent 1158 jours; le problème revient alors à la règle de trois suivante : 100 fr., en 360 jours, rapportent $4\frac{1}{2}$ ou 4^f,50; combien rapporteront 568^f,50 en 1158 jours? Voici le tableau qui donne la solution :

Capital.	Temps.	Intérêt.
100 fr.	360 j.	4^f,50
568,50	1158	x

$$1 \quad\quad 360 \quad\quad \frac{4,50}{100}$$

$$568,50 \quad\quad 360 \quad\quad \frac{4,50 \times 568,50}{100}$$

$$568,50 \quad\quad 1 \quad\quad \frac{4,50 \times 568,50}{100 \times 360}$$

$$568,50 \quad\quad 1158 \quad\quad \frac{4,50 \times 568,50 \times 1158}{100 \times 360} = x.$$

La valeur de l'inconnue est donc

$$x = \frac{4^f,50 \times 568,50 \times 1158}{36000} = 82^f,29,$$

à un demi-centime près par défaut.

RÈGLE. *Pour avoir l'intérêt que rapporte un capital placé à un taux donné par un certain nombre de jours, on multiplie le taux par le capital et par le nombre de jours, et on divise le produit par 36000.*

305. REMARQUE. Si l'on observe que le mois est égal à $\frac{1}{12}$ d'année, et le jour à $\frac{1}{360}$ d'année, on peut ramener les trois règles précédentes à une seule.

RÈGLE GÉNÉRALE. *Pour avoir l'intérêt que rapporte un capital placé à un taux connu, pendant un temps exprimé en années, on multiplie le taux par le capital et par le temps, et on divise ce produit par 100.*

Reprenons en effet les deux derniers exemples : dans le premier, le temps sera exprimé par la fraction $\frac{29}{12}$, et l'application de la règle précédente donnera

$$x = 6^f \times 715 \times \frac{29}{12} : 100 = \frac{6^f \times 715 \times 29}{12} : 100 = \frac{6^f \times 715 \times 29}{1200},$$

ce qui est bien la valeur trouvée directement. De même, dans le dernier exemple, le temps sera exprimé par la fraction $\frac{1158}{360}$ d'année; et la règle précédente donnera

$$x = 4^f,50 \times 568,50 \times \frac{1158}{360} : 100 = \frac{4^f,50 \times 568,50 \times 1158}{360} : 100$$

$$= \frac{4^f,50 \times 568,50 \times 1158}{36000},$$

résultat identique à celui qu'avait donné la solution directe.

306. FORMULE DES INTÉRÊTS SIMPLES. Nous pouvons écrire en abrégé la règle générale qui précède; convenons de désigner le capital par la lettre C, le taux par la lettre T, le temps par la lettre A, initiale du mot année, et l'intérêt par I; la règle s'exprimera par l'égalité suivante :

$$I = \frac{T \times C \times A}{100};$$

cette égalité se nomme une *formule*; comme on le voit, ce n'est pas autre chose que la traduction de la règle énoncée longuement plus haut, au moyen de lettres conventionnelles et des signes des opérations. Cette traduction se prête d'ailleurs admirablement aux applications; ainsi cherchons l'intérêt que rapportent 4532 fr. placés à 5 % pendant 4 ans 8 mois 15 jours ou 1695 jours; il suffira de remplacer dans la formule

$$\begin{array}{ccc} \text{la lettre T par le nombre} & & 5 \\ - \quad \text{C} \quad - & & 4532 \\ - \quad \text{A} \quad - & & \dfrac{1695}{360} \end{array}$$

et nous aurons

$$I = \frac{5 \times 4532 \times 1695}{360 \times 100} = 1066^f,91,$$

à un demi-centime près par excès.

307. DEUXIÈME PROBLÈME. *Connaissant le taux de l'intérêt, la durée du prêt et l'intérêt, trouver le capital prêté.*

La solution de ce problème peut se déduire de la règle générale ou de la formule donnée dans le numéro qui précède; en effet, l'intérêt rapporté est, d'après cette règle, un quotient dont le diviseur est 100, et dont le dividende est le produit du capital par le taux et par le temps; il en résulte que le produit de l'intérêt par 100 est égal au produit du capital par le taux multiplié par le temps, et par suite que le capital est égal à un quotient dont le dividende est égal au produit de l'intérêt par 100, et dont le diviseur est égal au taux multiplié par le temps. On saisit mieux ce raisonnement en s'aidant de la formule

$$I = \frac{T \times C \times A}{100};$$

en multipliant par 100 les deux quantités égales, elles ne cesseront pas d'être égales, et l'on aura ainsi :

$$I \times 100 = T \times C \times A,$$

ou, en changeant l'ordre des facteurs du second membre,

$$I \times 100 = T \times A \times C;$$

divisons maintenant ces deux produits égaux par $T \times A$, ils ne cesseront pas d'être égaux, et nous aurons alors :

$$\frac{I \times 100}{T \times A} = C,$$

formule nouvelle qui donne la solution du problème.

308. On peut d'ailleurs ramener ce problème à une règle de trois, et le résoudre par la méthode de réduction à l'unité.

EXEMPLE. Quel est le capital qui, placé à 5 % pendant 3 ans, a rapporté 189^f,64 d'intérêt ?

Ce problème revient à la règle de trois suivante : 100 fr. en 1 an, rapportent 5 fr.; quel est le capital qui, en 3 ans, rapporte 189^f,64 ? Voici le tableau des raisonnements :

Temps.	Intérêt.	Capital.
1 an . .	5 fr	100 fr.
3	189,64	x
1	1	$\dfrac{100}{5}$
1	189,64 . . .	$\dfrac{100 \times 189{,}64}{5}$
3	189,64 . . .	$\dfrac{100 \times 189{,}64}{5 \times 3} = x.$

RÈGLE. *Pour calculer le capital qui, placé à un taux connu, rapporte un intérêt donné pendant un temps donné, on multiplie l'intérêt par 100, et on divise ce produit par le taux multiplié par le temps.*

En faisant les calculs, on trouve : $x = 1264^f{,}27$, à un demi-centime près par excès.

309. REMARQUE. Dans la règle précédente, le temps s'exprime en années, par un nombre entier ou fractionnaire. Supposons par exemple que, les données du problème précédent restant les mêmes, à l'exception du temps, ce temps soit égal à 2 ans 11

mois 25 jours ou à 1075 jours; on devra le représenter par la fraction $\dfrac{1075}{360}$, et la valeur de x deviendra :

$$x = 189^{f},64 \times 100 : 5 \times \frac{1075}{360} = 189^{f},64 \times 100 : \frac{5 \times 1075}{360}$$

$$= \frac{189^{f},64 \times 100 \times 360}{5 \times 1075} = \frac{189^{f},64 \times 36000}{5 \times 1075};$$

on voit par là que, si le temps est exprimé en jours, il faut multiplier l'intérêt par 36000, et diviser le produit par le taux multiplié par le nombre de jours.

310. TROISIÈME PROBLÈME. *Connaissant le capital, et l'intérêt qu'il rapporte pendant un temps donné, trouver le taux de l'intérêt.*

On peut d'abord résoudre ce problème à l'aide de la formule du nº 306, comme nous avons fait pour le 2ᵉ problème ; écrivons d'abord cette formule ainsi :

$$I \times 100 = T \times C \times A ;$$

si nous divisons maintenant les deux quantités égales par le produit $C \times A$, elles ne cesseront pas d'être égales, et nous aurons, par conséquent,

$$\frac{I \times 100}{C \times A} = T,$$

formule qui fera connaître le taux.

311. Mais nous pouvons encore ramener la question à une règle de trois.

EXEMPLE. Un capital de 1532 fr., placé pendant 5 ans, a rapporté 344ᶠ,70 ; quel est le taux de l'intérêt ?

Ce problème revient à la règle de trois suivante : 1532 fr., en 5 ans, ont rapporté 344ᶠ,70 ; combien rapporteront 100 fr. en 1 an ? Voici la solution :

Capital.	Temps.	Intérêt.
1532 fr.	5 ans.	344ᶠ,70
100	1	x

$$1 \ldots \ldots 5 \ldots \ldots \quad \frac{344,70}{1532}$$

$$100 \ldots \ldots 1 \ldots \ldots \quad \frac{344,70 \times 100}{1532}$$

$$100 \ldots \ldots 1 \ldots \ldots \quad \frac{344,70 \times 100}{1532 \times 5} = x$$

RÈGLE. *Pour calculer le taux de l'intérêt, connaissant le capital placé, la durée du placement et l'intérêt rapporté,* on multiplie l'intérêt par 100, et on divise le produit par le capital multiplié par le temps.

En faisant les calculs, on trouve $x = 4,5$; le taux est donc 4,5 ou $4\frac{1}{2}$ %.

312. REMARQUE. Cette règle suppose encore que le temps soit exprimé en années, par un nombre entier ou fractionnaire; si le temps était donné en jours, il faudrait multiplier l'intérêt par 36000, et diviser le produit par le capital multiplié par le nombre de jours.

313. QUATRIÈME PROBLÈME. *Connaissant le capital placé, l'intérêt qu'il rapporte et le taux, trouver la durée du placement.*

La formule du n° 306 nous fournit encore une solution simple du problème; écrivons la formule ainsi :

$$I \times 100 = T \times C \times A;$$

et divisons les deux quantités égales par le prouit $T \times C$, nous aurons :

$$\frac{I \times 100}{T \times C} = A,$$

formule qui fait connaître le temps.

314. Résolvons maintenant le problème directement.

EXEMPLE. Un capital de 5340 fr., placé à 3 %, a rapporté 655f,80 ; quelle est la durée du placement ?

Ce problème revient à la règle de trois suivante : 100 fr. rapportent 3 fr. en un an ; pendant combien de temps faut-il placer 5340 fr. pour rapporter 655f,80 ? En voici la solution.

Capital.	Intérêt.	Temps.
100 fr.	3 fr.	1 an.
5340	655,80	x

1	3	$1 \times 100 = 100$
5340	3	$\dfrac{100}{5340}$
5340	1	$\dfrac{100}{5340 \times 3}$
5340	655,80	$\dfrac{100 \times 655,80}{5340 \times 3} = x$

RÈGLE. *Pour connaître le temps pendant lequel il faut placer un capital donné à un taux connu pour qu'il rapporte un intérêt donné, on multiplie l'intérêt par 100, et on divise le produit par le capital multiplié par le taux.*

Faisons les calculs ; on a

$$x = \frac{65580}{16020} = \frac{6558}{1602}$$

en faisant la division indiquée, on trouve 4 pour quotient, et 150 pour reste; le temps est donc 4 ans $+ \dfrac{150}{1602}$; il faut maintenant transformer cette fraction d'année en mois, en la multipliant par 12, ce qui donne $\dfrac{1800}{1602}$ de mois ou 1 mois $+ \dfrac{198}{1602}$; il n'y a plus qu'à convertir cette fraction de mois en jours en la multipliant par 30, et on a ainsi $\dfrac{5940}{1602}$ de jour ou 3 jours $+ \dfrac{1134}{1602}$. Dans les questions d'intérêt on néglige les fractions de jour; toutefois comme la fraction $\dfrac{1134}{1602}$ surpasse évidemment $\dfrac{1}{2}$, le nombre de jours est plus près de 4 que de 3; nous voyons donc, en définitive, que le temps demandé est 4 ans 1 mois 4 jours, à un jour près par excès. Voici la disposition des calculs :

```
6558  |1602
 150
  12    4 ans 1 mois 3 jours + 1134
 ———                            ————
  30                            1602
  15
 ————
1800
 198
  30
 ————
5940
1134
```

315. AUTRES MÉTHODES POUR LE CALCUL DES INTÉRÊTS. Des quatre problèmes que nous venons de résoudre, le premier est celui qui se présente le plus souvent dans les applications, et les banquiers emploient pour le résoudre des procédés rapides que nous allons faire connaître. Je fais remarquer d'abord que le temps est toujours exprimé en jours dans les calculs de banque; je ne m'occuperai donc que de ce cas.

Méthode des diviseurs. Proposons-nous de calculer l'intérêt de 325 fr., placés à 6 % pendant 68 jours. La règle générale donne :

$$x = \frac{6^f \times 325 \times 68}{36000};$$

je remarque que le numérateur et le dénominateur de cette fraction sont divisibles par 6, et la fraction simplifiée devient :

$$x = \frac{325^f \times 68}{6000};$$

toutes les fois que le taux pourra diviser exactement le nombre

36000, cette simplification pourra être opérée. Cela posé, on appelle *diviseur* le quotient obtenu en divisant 36000 par le taux, et *nombre*, le produit du capital par le nombre de jours ; ces définitions admises, on a la règle suivante :

RÈGLE. *Pour calculer l'intérêt, on divise le nombre par le diviseur.*

Voici la liste des diviseurs correspondant aux taux les plus usuels.

$$\text{Taux} \dots \quad 3 \;,\; 4 \;,\; 4\tfrac{1}{2} \;,\; 5 \;,\; 6 \;.$$

Diviseurs. . . 12000, 9000, 8000, 7200, 6000.

316. *Méthode des parties aliquotes.* Cette méthode consiste à calculer d'abord l'intérêt à un taux simple, comme 6 %, et à en déduire ensuite l'intérêt au taux véritable, en ajoutant ou retranchant au résultat une partie aliquote de ce même résultat. Ainsi l'intérêt à 5 % se déduira de l'intérêt à 6 % en diminuant ce dernier de $\frac{1}{6}$ de sa valeur ; l'intérêt à 4 % s'obtiendra en déduisant de l'intérêt à 6 % le tiers de sa valeur, etc.

Proposons-nous, par exemple, de calculer de cette manière l'intérêt à $3\frac{1}{2}$ % d'un capital de 530 francs pendant 115 jours. Je calcule d'abord l'intérêt à 6 %, qui est,

$$\frac{530^{\text{f}} \times 115}{6000} = 10^{\text{f}},16,$$

à un demi-centime près par excès. On forme alors le tableau suivant :

Intérêt à 6 % . . . . 10^f,16

Intérêt à 3 %, moitié du précédent . . . . . 5^f,08

Intérêt à $\frac{1}{2}$ %, sixième du précédent . . . . . 0^f,85

Intérêt à $3\frac{1}{2}$ %, somme des deux précédents. 5^f,93.

Cet exemple suffit pour faire comprendre cette méthode, qu'on applique surtout quand le taux ne divise pas exactement le nombre 36000.

RENTES.

317. On appelle *rente* l'intérêt annuel que rapporte un capital. Les problèmes sur les rentes sont donc des problèmes d'intérêt, dans lesquels le temps est toujours égal à 1 an.

On peut résoudre trois questions sur les rentes ; les règles suivantes en donnent immédiatement la solution.

1re RÈGLE. *On obtient la rente d'un capital en multipliant le taux par le capital, et divisant le produit par* 100 (V. la règle du n° 305).

2e RÈGLE. *On obtient le capital qui donne une certaine rente à un taux connu, en multipliant la rente par* 100, *et divisant ce produit par le taux* (V. la règle du n° 308).

3e RÈGLE. *On calcule le taux auquel est placé un capital qui rapporte une rente déterminée, en multipliant la rente par* 100, *et divisant ce produit par le capital* (V. la règle du n° 311).

318. RENTES SUR L'ÉTAT. Lorsque l'Etat fait un emprunt, il s'engage à donner une rente fixe, 3 fr., 4^f,50, 5 fr., etc., pour un capital déterminé, et qui varie suivant les circonstances. Les titres de rente que délivre le gouvernement à ses créanciers se vendent à la Bourse à des prix débattus, comme toute autre marchandise. Le prix auquel se vend un titre rapportant 3 fr. s'appelle le *cours* de la rente 3 %; de même pour les autres espèces de rentes.

En France, nous avons trois espèces principales de rentes sur l'Etat, la rente 3 %, la rente $4\frac{1}{2}$ % et la rente 5 %.

319. PROBLÈME. Au cours de 85^f,70, à quel taux place-t-on son argent en achetant de la rente 5 % ?

La 3e règle donne immédiatement

$$x = \frac{5 \times 100}{85,70} = 5,83,$$

à 0,01 près par défaut; le taux du placement est donc de 5,83 %.

320. PROBLÈME. En plaçant 10000 francs en rente $4\frac{1}{2}$ % au cours de 80^f,75, combien aura-t-on d'intérêt annuel?

Le problème est une règle de trois simple directe : pour 80^f,75 on a 4^f,50 de rente; combien en aura-t-on pour 10000 fr.; le résultat est

$$\frac{4^f,50 \times 10000}{80,75} = 557^f,28,$$

à un demi centime près par excès.

321. PROBLÈME. Au cours de 55^f,55, quel capital faut-il placer en rente 3 % pour avoir 1800 fr. de rente?

C'est encore une règle de trois simple directe ; le résultat est

$$\frac{55^f,55 \times 1800}{3} = 33330 \text{ fr.}$$

On résoudrait d'une manière analogue toutes les questions sur les fonds publics des autres États, sur les actions et sur les obligations des Sociétés de crédit, des chemins de fer, des entreprises industrielles, etc.

ESCOMPTE.

322. Lorsqu'un commerçant achète des marchandises qu'il ne paie pas au comptant, il souscrit au vendeur un *billet* par lequel il s'engage à lui payer sa dette à une date déterminée, ou bien il l'autorise à tirer sur lui une *lettre de change*, ou un *mandat* ou une *traite* à une époque convenue. On donne le nom d'*effets* de commerce à ces deux espèces d'engagements.

Les billets ont ordinairement la forme suivante :

Au (la date) *prochain, je paierai à M.* (le nom du créancier), *ou à son ordre, la somme de* (en toutes lettres), *valeur en compte, ou en marchandises, ou reçue comptant.*

Puis viennent la date en toutes lettres, la signature du débiteur et son adresse.

Les traites, mandats ou lettres de change sont ainsi formulées :

Au (la date) *prochain, veuillez payer à M.* (le nom du créancier), *ou à son ordre la somme de* (en toutes lettres), *valeur en compte, ou en marchandises, ou reçue comptant.*

Viennent ensuite la date, la signature du créancier, et l'adresse du débiteur.

On appelle *échéance* de l'effet, l'époque à laquelle il doit être payé, et *valeur nominale* ou *montant* de cet effet, la somme inscrite en toutes lettres dans le corps du billet ou de la traite.

Lorsque le porteur d'un effet veut être payé avant l'échéance, il s'adresse à un banquier qui lui avance les fonds, moyennant une retenue faite sur le montant; c'est cette retenue qui s'appelle l'*escompte*.

323. ESCOMPTE COMMERCIAL. D'après la loi, l'escompte d'un effet de commerce est égal à l'intérêt du montant du billet jusqu'au jour de l'échéance ; le taux de cet intérêt s'appelle le *taux de l'escompte*. Il résulte de cette disposition de la loi que les problèmes sur l'escompte reviennent à des problèmes d'intérêt; il importe toutefois de remarquer que le temps est toujours exprimé en jours ; on compte le jour où on escompte le billet, et on ne compte pas le jour de l'échéance.

EXEMPLE. Le 19 avril, on présente à l'escompte un billet dont l'échéance est au 15 juillet; le montant du billet est de 340 francs, et le taux de l'escompte est de $4\frac{1}{2}$; calculer l'escompte de ce billet.

Du 19 avril au 1er mai, il y a 12 jours; du 1er mai au 1er juin, 31 jours; du 1er juin au 1er juillet, 30 jours, et enfin du 1er au 15 juillet, 14 jours, en négligeant le jour de l'échéance ; cela fait en tout 87 jours.

Alors l'escompte est égal à

$$\frac{4^f,50 \times 340 \times 87}{36000},$$

ou, par la méthode des diviseurs,

$$\frac{340^f \times 87}{8000} = 3^f,70,$$

à un demi-centime près par excès. Le porteur du billet recevra donc

$$340^f - 3^f,70 = 336^f,30.$$

RÈGLE. *Pour trouver l'escompte d'un billet, on multiplie le montant du billet par le nombre de jours à écouler jusqu'à l'échéance et par le taux de l'escompte, et on divise ce produit par 36000.*

324. Les banquiers emploient toujours la méthode des nombres et des diviseurs dans les calculs d'escompte ; cette méthode est particulièrement avantageuse lorsqu'une même personne présente le même jour plusieurs effets à l'escompte; le taux de l'escompte et le diviseur correspondant sont les mêmes pour tous ces effets; et on calcule alors l'escompte total par la règle suivante :

RÈGLE. *Pour avoir l'escompte total de plusieurs effets, on fait la somme des nombres et on divise cette somme par le diviseur correspondant au taux de l'escompte.*

EXEMPLE. Un particulier présente à l'escompte trois billets :

le 1er de 350 fr., payable dans 45 jours,
le 2e de 180 fr.,   —   58 jours,
le 3e de 760 fr.,   —   84 jours ;

le taux de l'escompte étant 6 %, quel escompte subira-t-il ?

Les nombres sont :

$$350 \times 45 = 15750$$
$$180 \times 58 = 10440$$
$$760 \times 84 = 63840$$
Total . . . $\overline{90030}$

Le diviseur est 6000; donc l'escompte total est

$$\frac{90030^f}{6000} = 15^f,005.$$

325. ESCOMPTE RATIONNEL. On pourrait employer un autre mode d'escompte, plus rationnel, mais moins simple. Considérons un billet non échu ; sa valeur *actuelle* est moindre que sa

valeur nominale, et si l'on ajoutait à la valeur actuelle les intérêts qu'elle rapporterait jusqu'à l'échéance, on devrait retrouver le montant du billet. De là cette conséquence que l'escompte rationnel est l'intérêt de la valeur actuelle du billet jusqu'au jour de l'échéance, et non pas l'intérêt du montant du billet ; l'escompte rationnel est donc un peu plus petit que l'escompte commercial.

Proposons-nous maintenant de calculer l'escompte rationnel d'un billet de 340 francs, payable dans 87 jours, au taux de 4,5 %, c'est-à-dire du même billet que précédemment. Je cherche d'abord l'intérêt de 36000 fr. au taux de 4,5 % pendant 87 jours ; c'est

$$\frac{4^f,50 \times 36000 \times 87}{36000} = 4^f,50 \times 87 = 391^f,50 ;$$

donc, au bout de 87 jours, une somme de 36000 francs s'est accrue de 391^f,50, et par suite est devenue égale à 36391^f,50. De là résulte que sur un billet de 36391^f,50, payable dans 87 jours, l'escompte serait de 391^f,50. Sur un billet d'un franc, l'escompte serait

$$\frac{391^f,50}{36391,50} ,$$

et sur un billet de 340 fr., l'escompte sera

$$\frac{391^f,50 \times 340}{36391,50} = \frac{4^f,50 \times 87 \times 340}{36000 + 4,50 \times 87} = 3^f,66 ,$$

à un demi centime près par excès.

RÈGLE. *Pour avoir l'escompte rationnel d'un billet, on multiplie le montant du billet par le nombre de jours à écouler jusqu'à l'échéance et par le taux de l'escompte, et on divise ce produit par le nombre 36000, augmenté du produit du taux par le nombre de jours.*

326. REMARQUE. L'escompte ainsi calculé n'est pas, comme on pourrait le croire, plus juste que l'escompte commercial ; nous avons en effet admis, pour le calculer, que le taux de l'escompte était précisément égal au taux qui devrait servir à calculer l'intérêt de la valeur actuelle du billet, et c'est là une hypothèse que rien ne justifie. L'escompte commercial est donc parfaitement légitime.

227. REMISE, COMMISSION, COURTAGE, PRIMES D'ASSURANCES. On entend par *remise* le rabais que fait un négociant aux acheteurs qui paient comptant ; cette remise, qui s'appelle quelquefois improprement un escompte, se calcule ordinairement en prenant 1 ou 2 ou 3 ou 4... pour 100 sur le prix de vente, c'est-à-dire en multipliant par 1 ou 2 ou 3... le centième de ce prix de vente.

On appelle *commission* ou *courtage* la rémunération que

donnent les négociants aux commissionnaires ou agents qui font pour eux des ventes ou des achats; cette rémunération est aussi calculée à raison de tant pour cent sur le chiffre de l'affaire. Le courtage des agents de change chargés d'acheter et de vendre à la Bourse les titres de rentes sur l'Etat, les actions, les obligations, etc., est de $\frac{1}{8}$ pour 100 du prix d'achat ou de vente; on l'obtient donc en prenant d'abord le centième de ce prix, puis le 8ᵉ de ce centième.

Les compagnies d'assurances contre l'incendie font payer à leurs assurés une somme annuelle appelée *prime d'assurance*, et qui se calcule à raison de tant pour 1000 de la valeur de la maison ou du mobilier assuré. Les compagnies d'assurances sur la vie demandent aussi aux assurés des primes; mais leur valeur dépend de l'âge des personnes et d'autres conditions encore, et ne peut plus se calculer aussi simplement.

328. Quelques-unes des questions qu'on peut se proposer sur les remises, les courtages, etc., peuvent se traiter par le même procédé que le problème sur l'escompte rationnel.

EXEMPLE. Une personne paie à son agent de change 4372ᶠ,50, pour achat d'une certaine somme de rentes 3 %, compris le courtage. Le cours étant à 56ᶠ,80, combien cette personne a-t-elle de rentes?

Si l'on avait acheté pour 800 fr. de rentes, le courtage serait de 1 fr.; donc quand on donne 801 fr. à l'agent de change, on n'a réellement que pour 800 fr. de valeurs; si l'on donnait 1 fr. à l'agent de change, on aurait des titres valant $\frac{800^f}{801}$, et quand on lui paie 4372ᶠ,50, il en a acheté pour une somme de

$$\frac{4372^f,50 \times 800}{801}$$

Ce capital, étant placé en rente 3 % au cours de 56,80, représente une rente de

$$\frac{3^f \times 4372,50 \times 800}{801 \times 56,80} = 230^f,65$$

à un demi-centime près par excès.

DE L'INTÉRÊT COMPOSÉ.

329. Nous avons supposé jusqu'à présent l'intérêt proportionnel à la durée du prêt, quelle que fût cette durée; l'intérêt est alors *simple*; mais on fait quelquefois une autre convention dans les placements de capitaux: on suppose qu'à la fin de chaque

année l'intérêt est ajouté au capital pour porter intérêt à son
tour ; c'est ce qu'on nomme l'intérêt *composé*. Dans les questions d'intérêt composé, au lieu de donner le taux pour 100, en
donne le taux pour 1 fr., c'est-à-dire l'intérêt que rapporterait
1 fr. en un an ; c'est le centième du taux ordinaire. Ainsi, quand
le taux est de 5 pour 100, le taux pour 1 fr. est de 0,05. Nous
ne résoudrons qu'un problème sur l'intérêt composé.

330. PROBLÈME. *Un capital est placé à intérêt composé à un
taux connu pendant un certain nombre d'années; quelle sera
la valeur de ce capital au bout de ce temps?*

Supposons, par exemple, qu'un capital de 650 francs soit placé
pendant 4 ans à intérêt composé au taux de 5 pour 100, ou de
0,05 pour 1 franc; quelle valeur aura le capital après les
4 ans ?

Au bout d'un an, 1 franc a rapporté $0^f,05$ d'intérêt, et sa valeur, à la fin de la première année est devenue $1^f + 0^f,05$ ou
$1^f,05$; un capital de 650 fr. aura acquis une valeur 650 fois plus
grande ou $1^f,05 \times 650 = 650^f \times 1,05$. Donc pour savoir ce que
devient un capital quelconque placé à 5 pour 100 pendant un an,
il suffit de multiplier ce capital par 1,05.

Cela posé, le nouveau capital placé pendant la seconde année
sera $650^f \times 1,05$; et pour savoir ce qu'il vaudra à la fin de
cette année, il faut le multiplier par 1,05, ce qui donne

$$650^f \times 1,05 \times 1,05 = 650^f \times 1,05^2.$$

De même le capital placé pendant la troisième année sera
$650^f \times 1,05^2$; et sa valeur à la fin de la troisième année s'obtiendra en multipliant ce nombre par 1,05, ce qui donnera

$$650^f \times 1,05^2 \times 1,05 = 650^f \times 1,05^3.$$

Enfin le capital placé pendant la quatrième année étant égal
à $650^f \times 1,05^3$, nous aurons sa valeur à la fin de la quatrième
année en multipliant encore par 1,05, ce qui nous donne

$$650^f \times 1,05^3 \times 1,05 = 650^f \times 1,05^4.$$

RÈGLE. *Pour trouver combien vaut après un certain nombre
d'années un capital placé à intérêt composé à un taux connu,
on ajoute à l'unité le taux pour 1 franc, et on élève cette
somme à une puissance marquée par le nombre d'années;
puis on multiplie le capital donné par cette puissance, et on
a la nouvelle valeur du capital.*

En faisant les calculs pour notre exemple, on trouve qu'au
bout de 4 ans, le capital de 650 francs est devenu $790^f,08$, à un
demi-centime près par excès.

331. CAISSES D'ÉPARGNE. On désigne sous ce nom des établissements de prévoyance où l'ouvrier laborieux peut aller déposer
ses économies à la fin de chaque semaine; on y reçoit depuis

1 franc jusqu'à 300 francs, et l'on remet au déposant un *livret* qui contient les reçus des dépôts successifs. Les sommes ainsi versées rapportent un intérêt qui est ordinairement de 4 0/0, et à la fin de chaque année, l'intérêt est ajouté au capital pour porter intérêt à son tour ; c'est-à-dire que c'est un placement à intérêt composé au taux de 0,04 pour un franc. La règle précédente servira alors pour calculer la somme qui reviendra au déposant lorsqu'il viendra retirer son dépôt.

RÉSUMÉ.

Intérêt simple. — 301. Définitions : intérêt, capital, taux. — 302, 303, 304. Calcul de l'intérêt d'un capital placé à un taux donné pendant un certain nombre d'années, ou de mois ou de jours. — 305. Règle générale comprenant tous les cas. — 306. Formule des intérêts simples. — 307, 308. Connaissant le taux de l'intérêt, la durée du prêt et l'intérêt, trouver le capital prêté ; solution au moyen de la formule des intérêts simples et par une règle de trois. — 309. Remarque pour le cas où le temps est exprimé en jours. — 310, 311. Connaissant le capital et l'intérêt qu'il rapporte pendant un temps donné, trouver le taux de l'intérêt ; solution par la formule et par une règle de trois. — 312. Remarque pour le cas où le temps est exprimé en jours. — 313, 314. Connaissant le capital placé, l'intérêt qu'il rapporte et le taux, trouver la durée du placement ; solution par la formule et par une règle de trois. — 315. Méthode des nombres et des diviseurs pour le calcul des intérêts. — 316. Méthode des parties aliquotes.

Rentes. — 317. Règles pour résoudre les trois problèmes sur les rentes. — 318. Rentes sur l'Etat. — 319, 320, 321. Solution des problèmes les plus simples auxquels donnent lieu les rentes sur l'Etat.

Escompte. — 322. Définitions : effets de commerce, billet, traite, mandat, lettre de change, échéance, valeur nominale, escompte. — 323. Escompte commercial ; règle pour le calculer. — 324. Escompte de plusieurs billets présentés le même jour. — 325. Escompte rationnel ; règle pour le calculer. — 326. L'escompte rationnel n'est pas plus juste que l'escompte commercial. — 327. Remise, commission, courtage, primes d'assurances. — 328. Problème sur le courtage, qui se résout comme une question d'escompte rationnel.

Intérêt composé. — 329. Définition. — 330. Calculer la valeur que prend un capital placé à intérêts composés pendant un certain temps ; règle générale. — 331. Caisses d'épargne.

EXERCICES.

1. Quel est l'intérêt d'une somme de 628 francs placés à 3 $\frac{1}{2}$ 0/0 pendant 2 ans 3 mois 21 jours ?

2. Quel est l'intérêt d'une somme de 3645 francs placés à 4 0/0 pendant 5 ans 9 mois ?

14.

3. Quel est l'intérêt de 62439 fr. placés à 9 0/0 pendant 2 mois 29 jours ?

4. Quel est l'intérêt de 672f,69 placés à 5 $\frac{1}{2}$ 0/0 pendant 3 ans 8 mois 22 jours ?

5. Quel est le capital qui, placé à 6 0/0 pendant 4 ans, a rapporté 520 fr. ?

6. Quel est le capital qui, placé à 4 $\frac{1}{2}$ 0/0 pendant 8 mois 9 jours, a rapporté 32f,81 ?

7. Quel est le capital qui, placé à 4 0/0 pendant 5 ans 8 mois 19 jours, a rapporté 292f,50 ?

8. Quel est le capital qui, placé à 7 $\frac{3}{4}$ 0/0 pendant 87 jours, a rapporté 434f,20 ?

9. A quel taux faut-il placer un capital de 790 fr. pendant 7 ans pour qu'il rapporte 248f,85 ?

10. 2691 fr. placés pendant 3 ans 7 mois 15 jours ont rapporté 484f,60 ; quel est le taux de l'intérêt ?

11. A quel taux faut-il placer 52000 fr. pour qu'ils rapportent 748 fr. en 3 mois 7 jours ?

12. A quel taux faut-il placer un capital pour qu'il soit doublé par ses intérêts en 25 ans ?

13. 6000 fr. placés dans une entreprise industrielle ont rapporté, en 4 ans, 3600 fr. ; quel est le taux de ce placement ?

14. Pendant combien de temps faut-il placer 400 fr. à 5 0/0 pour rapporter 97f,62 ?

15. Pendant combien de temps faut-il placer 1953f,40 à 4 $\frac{1}{4}$ 0/0 pour rapporter 504f,40 ?

16. Pendant combien de temps faut-il placer 28713 fr. à 3 0/0 pour rapporter 4947f,30 ?

17. Pendant combien de temps faut-il placer un capital à 5 0/0 pour qu'il soit doublé par ses intérêts ?

18. Résoudre les exercices 2 et 3 par la méthode des nombres et des diviseurs.

19. Résoudre les exercices 1 et 4 par la méthode des parties aliquotes.

20. Une personne qui doit 2400 fr. à une autre, lui remet successivement 800 fr. à la fin de chaque année pendant trois ans. Combien redoit-elle encore, les intérêts étant calculés à 5 0/0 ? On admet que sur chacun des à-compte, on doit d'abord prélever les intérêts échus, et porter ce qui reste en déduction du capital.

21. Une personne, qui doit 4500 fr., paie les à compte suivants :

<pre>
      au bout de 4 mois. . . . .   300 fr.
      6 mois plus tard. . . . .   200 fr.
      7 — id. —   . . . .   600 fr.
      11 — id, —   . . . .   900 fr.
</pre>

Etablir son compte, les intérêts étant complés à 6 0/0. Sur chaque à-compte on prélèvera d'abord les intérêts *échus* avant de les déduire du capital ; les intérêts ne sont échus qu'à la fin de chaque année.

22. Une personne prête 3000 fr. à raison de 4 0/0 par an, pour 5 ans. Au bout de 3 ans son débiteur lui offre le remboursement de 1500 fr. ; il accepte, mais à la condition que la somme restante portera intérêt à 5 0/0 ; combien touchera-t-il en tout d'intérêts dans les 5 ans ?

23. Un propriétaire afferme toutes ses propriétés pour 2300 fr. par an ; les impôts qui restent à sa charge s'élèvent à 134f,15 ; en supposant que le revenu net de sa propriété soit de $2\frac{1}{2}$ 0/0, on demande quelle est la valeur de cette propriété.

24. Un capitaliste a placé les $\frac{2}{3}$ de ses fonds à 4 0/0 et le reste à 5 0/0 ; il touche en tout 3400 fr. d'intérêt annuel ; quel est son capital ?

25. Un particulier a prêté une certaine somme à 5 0/0 ; au bout de 2 ans on la lui restitue avec les intérêts, et il place le tout dans une industrie qui lui donne un revenu de $7\frac{1}{2}$ 0/0. Sachant qu'alors l'intérêt annuel s'élève à 1450 fr., on demande quel était son capital primitif ?

26. Un négociant emprunte 5000 fr. à un banquier à 6 0/0 par an, mais indépendamment de l'intérêt, le banquier lui demande $\frac{1}{2}$ 0/0 de commission tous les trois mois, et il lui fait renouveler son billet tous les trois mois sur du papier timbré à 3 fr. On demande quel est réellement le taux auquel emprunte le négociant ?

27. Est-il plus avantageux de placer 2500 fr. de manière à avoir 140 fr. d'intérêt annuel, ou de les placer de manière à avoir 83f,50 d'intérêts au bout de 7 mois ?

28. Une terre à blé d'une contenance de 1ha,72 a été achetée à raison de 34 fr. l'are ; cette terre a produit 32 hectolitres de blé, valant 21f,50 l'hectolitre ; les frais de culture sont évalués à 15 0/0 du produit brut. On demande le produit net de cette terre et le taux auquel on a placé son argent.

29. La longueur totale des canaux français est de 1970 kilomètres ; en 6 ans, les frais d'exploitation se sont élevés à 21921852 francs, et les recettes brutes, à 25297327 francs. L'établissement de ces canaux a coûté 310000000 fr. environ ; on demande : 1° le revenu net annuel par kilomètre ; 2° le taux de l'intérêt que rapporte le capital dépensé.

30. Un particulier qui a placé des fonds dans une entreprise commerciale, retire au bout de 4 ans un intérêt égal aux $\frac{5}{12}$ des fonds placés. A quel taux a-t-il placé son argent ?

31. Un capital inconnu vaut, au bout de 7 ans, 10880 fr. capital et intérêts réunis ; le même capital, placé au même taux, pendant 12 ans,

vaut au bout de ce temps, 12580 fr., capital et intérêts réunis ; on demande quel est le capital placé et le taux de l'intérêt.

32. Combien coûteront 1200 fr. de rente 5 0/0 au cours de 85,15, courtage compris ?

33. Même question pour 1200 fr. de rente $4\frac{1}{2}$ 0/0 au cours de 80,60 ; et pour 1200 fr. de rente 3 $^0/_0$ au cours de 55,40.

34. Combien aura-t-on de rente 3 0/0 au cours de 56,20 pour un capital de 3800 fr. ?

35. Le même jour, la rente 3 0/0 était au cours de 57,10, et les obligations d'un chemin de fer, rapportant 24^f,25 par an, se vendaient 455 francs ; quelle est celle des deux valeurs qui donne le plus fort intérêt ?

36. Les obligations foncières rapportent 9^f,59 par semestre, impôt déduit ; si elles valent 460 fr., à quel taux place-t-on son argent en achetant ces obligations ?

37. L'emprunt de 3 milliards a été émis en rente 5 0/0 à raison de 84^f,50 pour 5 francs de rente ; et les souscripteurs qui paient la totalité en souscrivant bénéficient d'une remise de 6 0/0. On demande à quel taux réel est émis cet emprunt.

38. Un particulier, qui possède 125 obligations du chemin de fer de l'Ouest, les remet à un agent de change pour les échanger contre de la rente 3 0/0. Le cours de cette rente est de 55,40, et celui des obligations de l'Ouest est de 283 ; le courtage de l'agent de change est de $\frac{1}{8}$ 0/0 sur une seule des deux opérations. On demande : 1° combien ce particulier aura de rente ; 2° s'il fait une opération avantageuse, l'obligation de l'Ouest rapportant 14^f,40 par an.

39. Calculer l'escompte commercial d'un billet de 696 fr. payable dans 83 jours, le taux étant de 5 0/0.

40. Calculer l'escompte commercial d'un effet de 412^f,50 payable dans 47 jours, le taux étant de $4\frac{1}{2}$ 0/0.

41. Un billet à 56 jours d'échéance a subi un escompte de 14^f,20 à 4 0/0 ; quel était le montant du billet ?

42. Un billet de 730 fr., payable dans 69 jours, a subi un escompte de 10^f,50 ; quel est le taux de l'escompte ?

43. Calculer l'escompte total de quatre billets présentés le même jour à un banquier :

Le 1er de 739^f,50, payable dans 58 jours.
Le 2e de 815 fr.   —   90   —
Le 3e de 1450 fr.   —   42   —
Le 4e de 2645 fr.   —   30   —

le taux de l'escompte étant 5 0/0.

44. Un marchand achète en fabrique pour 14500 fr. de marchandises, et pour s'acquitter il remet au fabricant : 1° un billet de 5000 fr., payable dans 90 jours ; 2° un billet de 6000 fr., payable dans 40 jours ;

3° une certaine somme d'argent. Le taux de l'escompte étant 6 0/0, quelle est cette somme d'argent?

45. Calculer l'escompte rationnel d'un billet de 6325 fr., payable dans 2 mois 14 jours, le taux étant 6 0/0.

46. L'escompte rationnel d'un billet, payable dans 65 jours à 5 0/0, s'élève à 39 fr. ; quel est le montant de ce billet?

47. L'escompte rationnel d'un billet de 6000 fr. à 4 0/0 est de 47f,50 ; dans combien de jours arrive l'échéance de ce billet?

48. L'escompte rationnel d'un billet de 750 francs, payable dans 63 jours, est de 6f,51 ; quel est le taux de l'escompte?

49. Un capital de 6300 fr. est devenu en 105 jours 6454f,50, capital et intérêt réunis. A quel taux était-il placé?

50. Une personne a souscrit deux billets, l'un de 900 fr., payable dans 3 mois, l'autre de 1500 fr., payable dans 6 mois. Deux mois après elle offre de retirer ses deux billets et de les remplacer par un billet unique de 2438f,65, à 6 mois d'échéance ; quel est le taux de l'escompte?

51. Un libraire fait 15 0/0 de remise sur une fourniture de livres, et de plus il donne 13 exemplaires pour 12 ; à combien pour 100 s'élève en définitive la remise?

52. Un propriétaire fait assurer une maison valant 45000 fr., à raison de 60 centimes pour 1000 fr., et son mobilier évalué 12500 fr. à raison de 75 centimes pour 1000 fr. ; quelle prime paiera-t-il pour cette assurance?

53. Que devient un capital de 3200 fr., placé à intérêts composés à 4 0/0 pendant 5 ans?

54. Un ouvrier, qui a placé 300 fr. à la caisse d'épargne, les retire au bout de 3 ans ; quelle somme touchera-t-il, si le taux est de $3\frac{1}{2}$ 0/0 ?

55. Après 4 ans, un ouvrier retire ses fonds de la caisse d'épargne ; on lui remet 761f,15 ; quelle somme avait-il déposée? Le taux de l'intérêt est de $3\frac{1}{2}$ 0/0.

CHAPITRE IV

Partages proportionnels.

332. PROBLÈME. *Partager le nombre 272 en trois parties proportionnelles aux nombres 4, 6 et 7.*

Il faut trouver trois nombres dont la somme soit égale à 272, et qui aient entre eux les mêmes rapports que les nombres 4, 6 et 7 ;

en d'autres termes, le rapport du premier nombre au second doit être le même que le rapport 4 à 6 ; le rapport du premier nombre au troisième doit être le même que le rapport de 4 à 7, et enfin le rapport du second nombre au troisième doit être égal au rapport de 6 à 7.

Cela posé, pour plus de clarté dans le langage, je suppose qu'il s'agisse de partager 272 francs entre trois personnes proportionnellement aux nombres 4, 6 et 7. J'ajoute ces trois nombres.

$$4 + 6 + 7 = 17 ;$$

on peut évidemment résoudre le problème en divisant 272 fr. en 17 parties égales, et donnant 4 de ces parties à la 1re personne, 6 à la 2e et 7 à la 3e ; de cette manière, en effet, les parts seront bien proportionnelles aux nombres 4, 6 et 7, et la somme de ces parts sera égale à 272 fr., puisqu'elle vaudra $4 + 6 + 7$ ou 17 fois la 17e partie de 272. Or le 17e de 272 est $\dfrac{272}{17}$; les trois parts seront donc :

$$\frac{272}{17} \times 4 \quad , \quad \frac{272}{17} \times 6 \quad , \quad \frac{272}{17} \times 7.$$

RÈGLE. *Pour partager une somme en parties proportionnelles à des nombres donnés, on additionne ces derniers nombres ; on divise la somme à partager par ce total, et on multiplie le quotient obtenu successivement par chacun des nombres auxquels les parts doivent être proportionnelles.*

En faisant les calculs dans notre exemple, on a.

$$1^{re} \text{ part.} \ldots \quad \frac{272}{17} \times 4 = 16 \times 4 = 64$$

$$2^e \text{ part.} \ldots \quad \frac{272}{17} \times 6 = 16 \times 4 = 96$$

$$3^e \text{ part.} \ldots \quad \frac{272}{17} \times 7 = 16 \times 7 = \underline{112}$$

$$\text{Total.} \ldots \quad 272$$

Le total des trois parts est égal à 272, ce qui donne une vérification des calculs.

333. PROBLÈME. Partager 3437 fr. entre quatre personnes, proportionnellement aux nombres 148, 217, 815 et 2037.

J'additionne les quatre nombres

$$148 + 217 + 815 + 2037 = 3217 ;$$

les quatre parts sont alors

$$\frac{3437^f}{3217} \times 148, \quad \frac{3437^f}{3217} \times 217, \quad \frac{3437^f}{3217} \times 815, \quad \frac{3437^f}{3217} \times 2037.$$

Mais dans cet exemple, le quotient $\dfrac{3437}{3217}$ ne peut pas s'exprimer par un nombre entier ; et comme les parts sont des sommes d'argent, il faut les calculer à 0^f,01 près. Or ces parts s'obtiennent en multipliant le quotient par des nombres dont le plus grand, 2037, est compris entre 1000 et 10000 ; par suite, si l'erreur commise sur le quotient est moindre que $\dfrac{1}{10000}$ de centime, ou 0^f,000001, le produit de ce quotient par 2037 sera affecté d'une erreur moindre que $\dfrac{10000}{10000}$ de centime ou 1 centime ; il en sera de même, à plus forte raison, des produits de ce même quotient par les autres multiplicateurs plus petits, 148, 217 et 815. On devra donc calculer le quotient avec 6 chiffres décimaux ; on le multipliera ensuite par les quatre nombres 148, 217, 815 et 2037 ; et on ne gardera dans ces produits que deux décimales, en forçant la dernière, s'il y a lieu.

On trouve que le quotient de 3437 par 3217 est égal à 1,068386 à 0,000001 près ; les quatre parts sont alors

$$
\begin{aligned}
1^f{,}068386 \times 148 &= 158^f{,}12 \quad \text{à } 0^f{,}01 \text{ par défaut} \\
1^f{,}068386 \times 217 &= 231^f{,}84 \quad \text{à } 0^f{,}01 \text{ par excès} \\
1^f{,}068386 \times 815 &= 870^f{,}73 \quad \text{à } 0^f{,}01 \text{ par défaut} \\
1^f{,}068386 \times 2037 &= 2176^f{,}30 \quad \text{à } 0^f{,}01 \text{ par défaut} \\
\hline
\text{Total} \quad & 3436^f{,}99
\end{aligned}
$$

Le total des parts n'est pas exactemement 3437 fr ; il en diffère d'un centime ; cela est aisé à expliquer : puisque l'erreur de chaque part peut être voisine d'un demi-centime en plus ou en moins, l'erreur du total peut égaler 1 centime.

334. REMARQUE. Il peut se faire que les nombres auxquels les parts doivent être proportionnelles soient des fractions, comme dans l'exemple suivant :

Partager 624 en parties proportionnelles aux fractions $\dfrac{2}{3}$, $\dfrac{5}{7}$ et $\dfrac{4}{13}$.

Je réduis ces fractions au même dénominateur, ce qui donne les nouvelles fractions

$$\frac{182}{273}, \quad \frac{195}{273}, \quad \frac{84}{273};$$

si l'on rend ces fractions 273 fois plus grandes, ce qui revient à prendre leurs numérateurs, leurs rapports mutuels ne seront pas changés ; ainsi le rapport des deux premières fractions est

$$\frac{182}{273} : \frac{195}{273} = \frac{182 \times 273}{273 \times 195} = \frac{182}{195},$$

c'est précisément le rapport des numérateurs. Il résulte de là que l'on peut partager le nombre 624 en parties proportionnelles aux numérateurs des nouvelles fractions, et l'on est ainsi ramené au cas ordinaire.

RÈGLE. *Pour partager un nombre en parties proportionnelles à des fractions données, on réduit ces fractions au même dénominateur, et on partage le nombre proportionnellement aux numérateurs des nouvelles fractions.*

Dans notre exemple, les trois parts seront

$$\frac{624}{461} \times 182 = 246,35 \qquad \text{à } 0,01 \text{ près par défaut.}$$

$$\frac{624}{461} \times 195 = 263,95 \qquad \text{à } 0,01 \text{ près par excès.}$$

$$\frac{624}{461} \times 84 = 113,70 \qquad \text{à } 0,01 \text{ près par défaut.}$$

$$\text{Total} \quad \overline{624,00}$$

335. Enfin, on ramène encore aux partages proportionnels beaucoup de problèmes, où il s'agit de partager un nombre sous certaines conditions, pourvu que ces conditions permettent de trouver les rapports mutuels des parties.

EXEMPLE. Partager 4360 fr. entre trois personnes, de telle manière que la part de la première surpasse celle de la seconde d'un septième, et que la part de la seconde surpasse celle de la troisième de ses $\frac{2}{3}$.

Les conditions données reviennent à dire que la première part vaut les $\frac{8}{7}$ de la seconde, et que celle-ci vaut les $\frac{5}{3}$ de la troisième; par suite la première part est égale aux $\frac{8}{7}$ des $\frac{5}{3}$ ou aux $\frac{40}{21}$ de la troisième. Les trois parts sont donc proportionnelles aux nombres

$$\frac{40}{21}, \frac{5}{3}, 1.$$

ou, ce qui revient au même, aux nombres entiers

$$40, \quad 35, \quad 21.$$

Les parts seront donc

$$\frac{4360^{f}}{96} \times 40 = 1816^{f},67 \qquad \text{à } 0^{f},01 \text{ près par excès.}$$

$$\frac{4360^{f}}{96} \times 35 = 1589^{f},58 \qquad \text{à } 0^{f},01 \text{ près par défaut.}$$

$$\frac{4360^{f}}{96} \times 21 = 953^{f},75 \qquad \text{exactement.}$$

$$\text{Total} \quad \overline{4360^{f},00}$$

336. PROBLÈMES DE RÉPARTITION. Dans un grand nombre de cas, il faut partager une somme proportionnellement à des nombres donnés, ou, comme on dit habituellement, *répartir* une somme proportionnellement à ces nombres. Nous citerons comme exemple la répartition de l'impôt foncier, c'est-à-dire de celui qui pèse sur les immeubles de toute espèce. Une loi fixe le montant de cet impôt, et il faut ensuite le répartir entre toutes les propriétés proportionnellement à leurs revenus. Ces revenus évalués par des commissaires répartiteurs, ont été inscrits dans des registres que l'on conserve dans chaque commune; le total de tous ces nombres est connu; et alors, d'après la règle générale des partages proportionnels, il faut diviser le montant de l'impôt par le total des revenus, et multiplier ce quotient successivement par le revenu de chaque propriété pour savoir combien elle doit payer d'impôts. Le quotient du montant de l'impôt par le revenu total des immeubles du pays s'appelle le *centime le franc*; c'est l'impôt qu'il faudrait payer pour un revenu de 1 franc; on le calcule une fois pour toutes avec un grand nombre de décimales, et pour établir les rôles de la contribution foncière, on n'a qu'à multiplier ce nombre constant par le revenu de chaque parcelle, ce qui se fait rapidement, à l'aide de tables spéciales de multiplication. En réalité, on fractionne cette immense répartition : on répartit d'abord l'impôt entre les départements proportionnellement à leurs revenus; puis dans chaque département on répartit l'impôt total qu'il doit payer entre les divers arrondissements; la part de chaque arrondissement est répartie de même entre toutes les communes, et enfin dans chaque commune, la répartition se fait entre toutes les parcelles de terre et toutes les maisons.

L'impôt mobilier ou impôt sur les logements se répartit de même entre tous les habitants d'une commune proportionnellement à *la valeur locative* des lieux qu'ils habitent; seulement le centime le franc varie d'une ville à l'autre.

Avant la nouvelle loi militaire, le *contingent*, c'est-à-dire le nombre total des hommes appelés sous les drapeaux, était réparti entre tous les cantons, proportionnellement au nombre des jeunes gens inscrits dans chacun d'eux.

337. RÈGLES DE SOCIÉTÉ. Lorsque plusieurs personnes s'associent pour une entreprise, le partage du bénéfice ou de la perte entre tous les associés est encore un partage proportionnel, comme nous allons le voir. Il y a dans ces sortes de questions deux éléments à considérer pour chaque associé, sa mise de fonds et le temps pendant lequel elle est restée placée dans l'association. Si toutes les mises ont été placées pendant *le même temps*, ou si les mises, *toutes égales*, ont été placées pendant des temps différents, on a ce qu'on appelle une règle de société *simple*. Lorsque les mises sont différentes ainsi que les temps, on a une règle de société *composée*.

La règle de société simple n'offre pas de difficulté : il est clair, en effet, que si toutes les mises ont été placées pendant le même temps, les parts des associés dans le bénéfice comme dans la perte doivent être proportionnelles à leurs mises. De même, dans le cas beaucoup plus rare où des mises égales sont placées pendant des temps différents, les parts des associés doivent être proportionnelles à ces temps. Le bénéfice ou la perte seront donc répartis entre les associés proportionnellement à leurs mises dans le premier cas, et proportionnellement aux temps, dans le second cas.

338. Je laisse de côté le second cas, qui se présente très rarement, et je prends un exemple du premier.

EXEMPLE. Quatre personnes se sont associées pour une entreprise commerciale : la première a apporté 14000 fr. ; la seconde, 18000 fr. ; la troisième, 25000 fr., et la quatrième, 9000 fr. Cette entreprise donne un bénéfice total de 21342^f,50 qu'on propose de répartir entre les quatre associés.

Il suffit de partager 21342^f,50 en quatre parties proportionnelles aux mises

$$14000, \quad 18000, \quad 25000, \quad 9000,$$

ou bien aux nombres 1000 fois plus petits

$$14, \quad 18, \quad 25, \quad 9,$$

Les parts seront

$$\frac{21342^f,50}{66} \times 14 = 4527^f,20 \quad \text{à } 0^f,01 \text{ près par excès}$$

$$\frac{21342^f,50}{66} \times 18 = 5820^f,68 \quad \text{à } 0^f,01 \text{ près par défaut}$$

$$\frac{21342^f,50}{66} \times 25 = 8084^f,28 \quad \text{à } 0^f,01 \text{ près par défaut}$$

$$\frac{21342^f,50}{66} \times 9 = 2910^f,34 \quad \text{à } 0^f,01 \text{ près par défaut}$$

$$\text{Total.} \quad 21342^f,50$$

RÈGLE. *Pour répartir le bénéfice ou la perte dans une société où tous les associés ont laissé leurs mises pendant le même temps, on divise le bénéfice ou la perte par la somme des mises et on multiplie ce quotient successivement par chacune d'elles.*

339. Prenons maintenant une règle de société composée.

EXEMPLE. Trois associés ont mis dans une entreprise,

le premier 5000 fr. pendant 2 ans,

le second 3400 fr. — 1 an 7 mois,

le troisième 4000 fr. — 3 ans 2 mois ;

le bénéfice net est de 1532 fr. ; combien revient-il à chaque associé ?

Je réduis d'abord tous les temps en mois, ce qui donne 24 mois, 19 mois, 38 mois. Cela posé, j'observe que la mise de 5000 fr. pendant 24 mois a dû rapporter autant qu'une mise 24 fois plus forte pendant 1 mois ; le premier associé devra donc avoir la même part que s'il avait placé 5000 fr. $\times$ 24 pendant 1 mois ; de même le second associé aura autant que s'il avait placé 3400 fr. $\times$ 19 pendant 1 mois, et le troisième, autant que s'il avait placé 4000 fr. $\times$ 38 aussi pendant 1 mois.

Les durées des placements étant ainsi ramenées à l'égalité, il n'y a plus qu'à partager le bénéfice proportionnellement à ces nouvelles mises

$$5000 \times 24, \quad 3400 \times 19, \quad 4000 \times 38.$$

RÈGLE. *Dans une société où les associés ont placé des mises différentes pendant des temps différents, on répartit le bénéfice ou la perte proportionnellement aux produits qu'on obtient en multipliant chaque mise par le temps pendant lequel elle est restée dans l'association.*

Je fais les calculs dans l'exemple précédent ; les produits sont respectivement 120000, 64600 et 152000 ; il faut partager 1523 fr. en parties proportionnelles à ces trois nombres, ou mieux aux nombres 100 fois plus petits, 1200, 646 et 1520, dont la somme est 3366 ; les parts seront alors

$$\frac{1532^f}{3366} \times 1200 = 546^f,17 \quad \text{à } 0^f,01 \text{ près par excès}$$

$$\frac{1532^f}{3366} \times 646 = 294^f,02 \quad \text{à } 0^f,01 \text{ près par défaut}$$

$$\frac{1532^f}{3366} \times 1520 = 691^f,81 \quad \text{à } 0^f,01 \text{ près par défaut}$$

$$\text{Total} \quad 1532^f,00$$

340. REMARQUE. Dans les grandes sociétés industrielles, comme les compagnies de chemin de fer, le capital social est divisé en *actions* d'égale valeur, qui se vendent à la Bourse comme les titres de rente ; chaque année on distribue les bénéfices entre tous les actionnaires ; la part revenant à chaque action, qu'on appelle le *dividende*, s'obtient en divisant le bénéfice par le nombre des actions ; et la part de chaque actionnaire se calcule en multipliant le dividende par le nombre des actions qu'il possède. Cela revient à répartir le bénéfice entre les actionnaires proportionnellement au nombre d'actions de chacun d'eux.

RÉSUMÉ.

332. Partager un nombre en parties proportionnelles à des nombres donnés. — 333. Calculer les parts à 1 centime près, lorsque le quo-

tient de la somme à partager par le total des nombres proportionnels ne peut pas s'exprimer par un nombre entier. — 334. Partager un nombre en parties proportionnelles à des fractions. — 335. Partages qui peuvent se ramener à des partages proportionnels. — 336. Problèmes de répartition; répartition de l'impôt foncier. — 337. Règles de société; leur objet; règles de société simple et composée. — 338. Solution de la règle de société simple. — 339. Solution de la règle de société composée. — 340. Sociétés par actions; dividende.

EXERCICES.

1. Partager le nombre 1080 en parties proportionnelles aux nombres 10, 17, 11 et 7.

2. Partager le nombre 58 en parties proportionnelles aux nombres $\frac{3}{5}$, $\frac{2}{3}$ et $\frac{4}{7}$.

3. Partager 245 en parties proportionnelles aux nombres $\frac{3}{4}$, 2, $\frac{7}{8}$ et 3,5.

4. Partager 19 en deux parties telles que l'une soit les $\frac{5}{6}$ de l'autre.

5. La poudre de mine est formée de 31 parties de salpêtre, 9 de charbon et 10 de soufre. Combien y a-t-il de chacune de ces substances dans 281 kilogrammes de poudre de mine ?

6. La pierre calcaire pure se compose de 14 parties de chaux et 11 de gaz acide carbonique; combien pourra-t-on fabriquer de kilogrammes de chaux avec un mètre cube de pierre calcaire, dont la densité est 2,84 ?

7. Combien y a-t-il de cuivre, d'étain et de zinc dans une quantité de monnaie de bronze qui vaut 2443^f,25 ?

8. L'alliage des caractères d'imprimerie est composé de 19 parties de plomb et 6 d'antimoine; combien faudra-t-il de grammes de chacun de ces métaux pour obtenir un kilogramme de caractères ?

9. L'*or vert* est un alliage d'or et d'argent, dans la proportion de 7 parties d'or pour 3 d'argent; combien y a-t-il d'or et d'argent dans un bijou en or vert du poids de 18^{gr},454 ?

10. Une société est composée de trois associés qui ont apporté l'un 12000 fr., l'autre 7000 fr. et le dernier 19000 fr.; partager entre ces trois associés le bénéfice, qui est de 14841^f,20 ?

11. Pour établir une sucrerie, 5 personnes se sont associées et ont fourni

la 1re, 5 parts,
la 2e, 11 parts,
la 3e, 12 parts,
la 4e, 15 parts,
la 5e, 4 parts.

Le bénéfice net s'est élevé une année à 77034^f,50; combien reviendra-t-il à chaque associé ?

12. Trois personnes se succèdent dans une entreprise et y mettent le même capital; la première y reste pendant 5 mois; celle qui vient après reste 11 mois, et la dernière reste 8 mois; le bénéfice total étant de 685 fr., combien chacun aura-t-il gagné?

13. Dans une société par actions, qui compte 235 actions, un actionnaire, propriétaire de 14 actions, a touché un dividende de 3613 fr. 68 cent.; quel est le bénéfice total de la société?

14. Une société industrielle a produit, en un an, un bénéfice net de 64230 fr.; sur cette somme, le gérant touche 5000 fr. et on met en réserve 5 0/0 du reste; le nombre des actions étant de 1000, quel dividende touchera un actionnaire qui possède 24 actions?

15. Un marchand qui fait faillite laisse un actif de 12320 fr. et un passif de 22915 fr.; combien reviendra-t-il à un créancier à qui il était dû 5400 fr., sachant que les frais de liquidation se sont élevés à 13 0/0 de l'actif?

16. Quatre personnes associées ont apporté,
la 1re 15000 fr. pendant 1 an 5 mois,
la 2e 32000 fr. pendant 2 ans 3 mois,
la 3e 45000 fr. pendant 2 ans 8 mois,
la 4e 55000 fr. pendant 2 ans 8 mois;
l'entreprise donne un bénéfice de 25312 francs, quelle sera la part de chaque associé?

17. Trois propriétaires se réunissent pour faire à frais communs une dépense évaluée à 30000 fr. et conviennent de la répartir proportionnellement à la valeur de leurs propriétés, qui sont évaluées respectivement à 80000 fr., 60000 fr. et 240000 fr., et au risque que courent ces propriétés d'après leur position; ces risques ont été évalués par des experts et représentés par les nombres 35, 20, 18. Quelle sera la part contributive de chaque propriétaire dans la depense?

17. Partager 348 en trois parties telles que la première soit les $\frac{5}{4}$ de la seconde, et que la troisième surpasse de 18 les $\frac{3}{2}$ de la seconde.

18. Partager 36 en quatre parties telles que la première et la quatrième soient égales, que la seconde égale le double de la troisième, et que la troisième égale le tiers de la quatrième.

19. Quatre ouvriers ont fait en commun un ouvrage de terrassement payé 120 francs; le premier y a travaillé 7 jours et 11 heures par jour; le second, 9 jours et 10 heures par jour; le troisième, 3 jours et 9 h. $\frac{1}{2}$ par jour; le quatrième 13 jours et 8 heures par jour. Combien reviendra-t-il à chacun?

20. Six associés ont fait une entreprise pendant un an pour la fabrication du papier. Le premier a mis les $\frac{2}{9}$ des fonds; le deuxième a mis 4000 fr. de moins que le premier, le troisième 4000 fr. de moins que le deuxième; et ainsi de suite jusqu'au dernier. Le bénéfice brut s'est élevé aux $\frac{3}{8}$ de la mise totale, et les frais de fabrication aux $\frac{15}{128}$

de cette même mise. On demande : 1° quelle était la mise totale; 2° quelle était la mise de chaque associé ; 3° quel est le bénéfice net; 4° quelle sera la part de chaque associé dans ce bénéfice.

CHAPITRE V.

Problèmes sur les mélanges et les alliages.

341. Les problèmes dont il sera question dans ce chapitre sont de deux sortes : dans l'une, il s'agit de trouver la valeur du litre ou du kilogramme d'un mélange de marchandises, connaissant le volume ou le poids de chacune d'elles, et la valeur du litre ou du kilogramme de chacune, ou bien encore, de déterminer le titre d'un alliage obtenu en combinant plusieurs alliages dont les poids et les titres sont connus, etc. Dans l'autre, il s'agit de déterminer dans quelle proportion on doit mélanger deux substances ou combiner deux alliages pour obtenir un mélange de prix connu, ou un alliage ayant un titre déterminé. Les problèmes des deux sortes s'appellent *règles de mélange ou d'alliage* de première et de seconde espèce.

PREMIÈRE ESPÈCE.

342. PROBLÈME. On mélange 60 litres de vin à 0f,75 le litre, 40 litres de vin à 0f,55 le litre et 128 litres de vin à 0f,35 le litre; quel sera le prix d'un litre du mélange ?

$$
\begin{array}{llll}
60^{\text{lit}} \text{ de vin à } 0^f,75 \text{ valent } & 0^f,75 \times 60, \text{ ou} & 45^f \\
40^{\text{lit}} \quad — \quad 0^f,55 \quad — & 0^f,55 \times 40, \text{ ou} & 22^f \\
128^{\text{lit}} \quad — \quad 0^f,35 \quad — & 0^f,35 \times 128, \text{ ou} & 44^f,80 \\
\hline
228^{\text{lit}} \text{ du mélange valent} & & 111^f,80
\end{array}
$$

Les 228 litres du mélange valant 111f,80, un litre vaut

$$
\frac{111^f,80}{228} = 0^f,49,
$$

à un demi-centime près par défaut.

RÈGLE. *Pour calculer le prix du litre d'un mélange de vins, on multiplie le nombre de litres de chaque espèce par le prix du litre de cette espèce, on ajoute ces produits, et on divise le total par le nombre de litres du mélange.*

343. PROBLÈME. On fond ensemble quatre lingots d'argent,
le premier pesant 2^{kg},28 et au titre de 0,950,
le second — 0^{kg},537 — 0,816,
le troisième — 0^{kg},645 — 0,875,
le quatrième— 3^{kg},2 — 0,750;
quel est le titre de l'alliage ainsi obtenu?

Je rappelle que pour connaître la quantité d'argent pur que
contient un lingot, il faut multiplier son poids par son titre ; donc
les poids d'argent pur contenus dans les quatre lingots seront :

	Poids total.		Poids d'argent pur.
1er lingot,	2^{kg},28	2^{kg},28 $\times$ 0,950 =	2^{kg},166
2e —	0, 537	0, 537 $\times$ 0,816 =	0, 438192
3e —	0, 645	1, 645 $\times$ 0,875 =	1, 439375
4e —	3, 2	3, 2 $\times$ 0,740 =	2, 368
	7^{kg},662		6^{kg},411567

Donc 7^{kg},662 d'alliage renferment 6^{kg},411567 d'argent pur ;
par suite le titre, qui n'est autre chose que le rapport du poids
d'argent pur au poids total, est

$$\frac{6,411567}{7,662} = 0,837,$$

à 0,001 près par excès.

RÈGLE. *Pour avoir le titre de l'alliage obtenu en fondant
ensemble plusieurs alliages, on multiplie le poids de chaque
alliage composant par son titre, on ajoute tous ces produits,
et on divise la somme par le poids total de l'alliage obtenu.*

344. ÉCHÉANCE COMMUNE. Étant donnés plusieurs billets de
commerce ayant des échéances différentes, on veut les remplacer par un seul dont le montant soit égal à la somme des montants de tous les autres, et on demande quelle devra être l'é-
chéance de ce billet unique.

EXEMPLE. Un négociant a souscrit trois billets, le premier de
950 fr., payable dans 56 jours, le second de 340 fr., payable
dans 78 jours, et la troisième de 760 fr., payable dans 85 jours;
il veut les remplacer par un billet unique dont le montant soit
égal à la somme des montants des trois autres, c'est-à-dire à
2050 fr.; quelle sera la date de l'échéance de ce nouveau
billet ?

Comme le montant du nouveau billet est précisément égal à la
somme des montants de tous les autres, il suffit, pour qu'il puisse
les remplacer, que l'escompte du nouveau billet soit aussi égal à
la somme des escomptes de tous les autres. Or l'escompte du
premier billet est le même que celui d'un billet 56 fois plus fort
payable dans 1 jour ; en raisonnant de même sur les deux autres,

on voit qu'on peut remplacer les trois billets donnés par trois autres, tous payables dans 1 jour, et dont les montants respectifs seront

$$950^f \times 56 = 53200^{fr}$$
$$340^f \times 78 = 26520^{fr}$$
$$760^f \times 85 = 64600^{fr}$$
$$\text{Total} \qquad 144320^{fr}$$

les trois billets réunis auront donc le même escompte qu'un billet de 144320 fr. payable dans un jour, et il n'y a plus qu'à chercher l'échéance d'un billet de 2050 fr., ayant le même escompte; c'est une règle de trois simple inverse qui se résout ainsi:

Si 144320 fr. subissent un escompte pour 1 jour, 1 franc subira le même escompte pour un nombre de jours 144320 fois plus grand, c'est-à-dire pour 144320 jours, et 2050 fr. produiraient le même escompte en 2050 fois moins de temps; le nombre de jours demandé est donc:

$$\frac{144320}{2050} = \frac{950 \times 56 + 340 \times 78 + 760 \times 85}{2050} = 70 \text{ jours}$$

RÈGLE. *Pour obtenir l'échéance d'un billet équivalent à plusieurs autres, on multiplie le montant de chaque billet par le nombre de jours à écouler jusqu'au jour de son échéance, on additionne tous ces produits et on divise le total par le montant du nouveau billet, qui est égal à la somme des montants de tous les autres.*

On voit, par cette règle, que le problème de l'échéance commune est bien un problème de mélange de première espèce.

345. MOYENNE ARITHMÉTIQUE. On appelle *moyenne arithmétique* entre plusieurs nombres le quotient de leur somme par leur nombre : ainsi la moyenne arithmétique des cinq nombres 57, 69, 48, 61 et 80 est

$$\frac{57 + 69 + 48 + 61 + 80}{5} = \frac{315}{5} = 63$$

On fait usage des moyennes pour obtenir avec plus d'exactitude la valeur d'une quantité qui a été mesurée plusieurs fois, lorsque les valeurs trouvées ne sont pas toutes égales : quelque soin que l'on apporte dans la mesure d'une quantité, on n'est jamais certain de ne pas commettre d'erreurs, surtout quand les opérations que l'on fait pour chaque mesure sont nombreuses. Comme en général, il n'y a pas de raison pour que ces erreurs soient dans un sens plutôt que dans un autre, il est probable qu'une valeur moyenne entre celles qu'on a obtenues sera moins fautive que l'une quelconque d'entre elles ; on adoptera alors pour mesure exacte la moyenne arithmétique des valeurs trouvées directement

EXEMPLES. I. Une même longueur a été mesurée à plusieurs reprises, et on a trouvé les nombres suivants :

$$235^m, 40 \; ; \; 234^m, 90 \; ; \; 235^m, 20 \; ; \; 235^m, 60 \; ;$$

quelle valeur devra-t-on adopter ?

La moyenne arithmétique entre ces quatre nombres, c'est-à-dire

$$\frac{235, 40 + 234, 90 + 235, 20 + 235, 60}{4} = \frac{941, 10}{4} = 235^m,275$$

II. On a pesé un corps à plusieurs reprises et on a trouvé les poids suivants :

$$17^{gr}, 258 \; ; \; 17^{gr}, 246 \; ; \; 17^{gr}, 252 \; ;$$

quel poids faut-il adopter ?

La moyenne de ces poids, c'est-à-dire

$$\frac{17, 258 + 17, 246 + 17, 252}{3} = \frac{51, 756}{3} = 17^{gr}, 252.$$

346. Les règles de mélange de première espèce conduisent aussi à prendre la moyenne arithmétique de plusieurs nombres, par exemple, quand on mélange des quantités *égales* de vins de prix différents, ou qu'on fond ensemble des poids *égaux* de lingots ayant des titres différents, etc.

EXEMPLE : On fond ensemble des poids égaux de quatre alliages d'or dont les titres sont :

$$0,912 \; ; \quad 0,907; \quad 0,840 ; \quad 0,861;$$

quel est le titre de l'alliage ainsi obtenu ?

Prenons 1 gramme de chaque alliage; les quantités d'or pur contenues dans les divers lingots seront :

1er lingot	0gr,912
2e —	0gr,907
3e —	0gr,840
4e —	0gr,861
Total . . .	3gr,520

les 4 grammes de l'alliage final contiennent donc 3gr,520 d'or pur et par suite le titre est

$$\frac{3,520}{4} = 8,880;$$

On voit donc que le titre est la moyenne artithmétique des titres des quatre alliages donnés.

SECONDE ESPÈCE

347. PROBLÈME. Dans quelle proportion faut-il mélanger deux

espèces de vin, l'un à 52 francs l'hectolitre, l'autre à 75 francs l'hectolitre, pour obtenir du vin à 60 francs l'hectolitre?

Pour chaque hectolitre de vin à 52 francs, le prix sera trop faible de

$$60^f - 52^f = 8^f ;$$

et pour chaque hectolitre de vin à 75 francs, le prix sera trop grand de

$$75^f - 60^f = 15^f ;$$

Donc en vendant 60 fr. l'hectolitre du premier vin, on gagnerait 8 fr. par hectolitre ; et en vendant 60 fr. l'hectolitre du second vin, on perdrait 15 fr. par hectolitre ; pour établir la compensation, il faudra que les quantités de vin de chaque espèce soient telles que le produit de 8 fr. par le nombre d'hectolitres du premier soit égal au produit de 15 fr. par le nombre d'hectolitres du second. Cette condition sera remplie si l'on prend 15 hectolitres du premier vin et 8 du second ; donc le rapport du nombre d'hectolitres du premier vin au nombre d'hectolitres du second est $\frac{15}{8}$, c'est-à-dire qu'il est inverse du rapport $\frac{8}{15}$ des différences entre le prix moyen 60 fr. et les prix 52 fr. et 75 fr. des deux espèces de vin.

RÈGLE. *Lorsqu'on veut mélanger des vins de deux qualités de manière que le mélange ait un prix déterminé, il faut que les quantités des deux espèces de vin soient inversement proportionnelles aux différences entre le prix du mélange et les prix des deux espèces de vin.*

348. On arrive au même résultat par un raisonnement moins abstrait.

Pour fixer les idées, supposons qu'on veuille former 100 hectolitres du mélange. Si l'on prenait 100 hectolitres du premier vin, le prix serait trop faible de

$$8^f \times 100 = 800^f ;$$

Si l'on remplace un hectolitre du premier vin par un hectolitre du second, le prix augmentera de

$$75^f - 52^f = 23^f ;$$

Et pour qu'il augmente de 800 fr., il faudra prendre du second vin un nombre d'hectolitres égal à

$$\frac{800}{23} = \frac{100}{23} \times 8$$

De même, en prenant 100 hectolitres du second vin, le prix total serait trop fort de

$$15^f \times 100 = 1500^f ;$$

si l'on remplace un hectolitre du second vin par un hectolitre du premier, le prix diminuera de

$$75^f - 52^f = 23^f ;$$

et pour qu'il diminue en tout de 1500 fr., il faudra prendre un nombre d'hectolitres du premier vin égal à

$$\frac{1500}{23} = \frac{100}{23} \times 15 ;$$

ainsi les quantités qu'il faut prendre sont,

$$\text{pour le premier vin} \quad \frac{100}{23} \times 15,$$

$$\text{pour le second vin} \quad \frac{100}{23} \times 8,$$

et on voit que le rapport de ces deux quantités est bien égal à $\frac{15}{8}$ comme nous l'avions déjà trouvé.

349. PROBLÈME. Deux alliages d'or sont, l'un au titre de 0,845, l'autre, au titre de 0,920 ; dans quelle proportion faut-il les combiner pour avoir un alliage au titre de 0,900 ? Combien faudra-t-il prendre de grammes de chacun d'eux pour obtenir un kilogramme d'alliage au titre de 0,900 ?

Chaque gramme du premier alliage contient $0^{gr},845$ d'or pur, et chaque gramme de l'alliage qu'on veut former en contient $0^{gr},900$; il manque donc à chaque gramme du premier alliage une quantité d'or pur égale à

$$0^{gr},900 - 0^{gr},845 = 0^{gr},065 ;$$

au contraire, chaque gramme du second alliage contient un excès d'or pur égal à

$$0^{gr},920 - 0^{gr},900 = 0^{gr},020.$$

Pour que l'alliage final soit au titre voulu, il faut que la quantité d'or pur qui manque au premier alliage soit égale à l'excès que contient le second ; et pour cela que le nombre de grammes du premier, multiplié par 0,065, donne le même produit que le nombre de grammes du second multiplié par 0,020 : on y arrive en prenant 20 gr. du premier et 65 gr. du second ; car

$$20 \times 0,065 = 65 \times 0,020 ;$$

les poids des deux alliages doivent donc être dans le rapport de 20 à 65, c'est-à-dire qu'ils doivent être inversement proportionnels aux nombres 65 et 20, ou aux nombres 1000 fois plus petits 0,065 et 0,020.

RÈGLE. *Pour former un alliage d'un titre déterminé avec deux alliages de titres connus, il faut combiner ces deux al-*

liages en quantités inversement proportionnelles aux diffé-rences entre leurs titres respectifs et le titre de l'alliage qu'on veut obtenir.

350. Il nous reste à résoudre la seconde partie du problème, mais c'est un partage proportionnel à faire ; il faut partager 1 kilog. en parties proportionnelles à 20 et 65, ce qui donne

$$\text{pour le premier lingot,} \quad \frac{1^{kg}}{85} \times 20$$

$$\text{pour le} \quad 2^e \quad - \quad \frac{1^{kg}}{85} \times 65$$

On peut encore arriver à la solution par un autre raisonne-ment. A chaque gramme du premier alliage, il manque une quantité d'or pur égale à $0^{gr},065$; donc si l'on prenait 1000 gr. du premier alliage, il manquerait une quantité d'or pur égale à $0^{gr},065 \times 1000 = 65$ gr. Si maintenant l'on remplace 1 gr. du premier alliage par 1 gr. du second, la quantité d'or pur aug-mente de $0^{gr},920 - 0^{gr},845 = 0^{gr},085$; et pour l'augmenter de 65 gr., il faudra prendre un nombre de grammes du second al-liage égal à

$$\frac{65^{gr}}{0,085} = \frac{65000^{gr}}{85} = \frac{1^{kg}}{85} \times 65,$$

ce qui est bien le résultat précédemment trouvé.

Un raisonnement identique prouverait que le poids du premier lingot doit être égal à

$$\frac{1^{kg}}{85} \times 20$$

Faisons les calculs, en exprimant les poids en grammes, à $0^{gr},001$ près, et nous aurons :

$$1^{er} \text{ lingot.} \dots \frac{1000^{gr}}{85} \times 20 = 325^{gr},294$$

$$2^e \quad - \quad \frac{1000^{gr}}{85} \times 65 = 763^{gr},706$$

$$\text{Total} \quad \dots \quad 1000^{gr},000$$

351. Un certain nombre de problèmes se résolvent comme les questions de mélange et d'alliage que nous venons de traiter ; nous n'en donnerons qu'un exemple.

PROBLÈME. Un particulier a placé 50000 fr., partie à 4 %, partie à 5 %, et il retire de ce placement un revenu total de 2340 fr. Quel capital a-t-il placé à 4 %, et quel capital a-t-il placé à 5 % ?

Si les 50000 fr. étaient placés à 5 %, le revenu total serait

$$\frac{5^f \times 50000}{100} = 2500 \text{ fr.},$$

revenu qui surpasse le revenu réel de

$$2500 \text{ fr.} - 2340 \text{ fr.} = 160 \text{ fr.}$$

Si l'on suppose que 100 fr. soient placés à 4 %, au lieu d'être placés à 5 %, le revenu baissera de 1 fr. ; donc pour qu'il diminue de 160 fr., on devra placer à 4 % 160 fois 100 fr. ou 16000 fr. ; le reste, ou 34000 fr., devra être placé à 5 %.

Vérification. 34000 fr. à 5 % rapportent annuellement

$$\frac{5 \times 34000}{100} = 1700 \text{ f.} ;$$

16000 fr. à 4 % rapportent annuellement

$$\frac{4 \times 16000}{100} = 640 \text{ fr.}$$

la somme de ces deux revenus est

$$1700^{\text{f}} + 640^{\text{f}} = 2340 \text{ fr.}$$

ce qui est bien le revenu donné.

RÉSUMÉ.

341. Division en deux classes des problèmes de mélange et d'alliage. — 342. Problème de mélange de première espèce. — 343. Problème d'alliage de première espèce. — 344. Problème de l'échéance commune. — 345. Moyenne arithmétique entre plusieurs nombres ; usage des moyennes arithmétiques pour avoir la valeur d'une grandeur dont on connaît plusieurs mesures. — 346. Usage des moyennes arithmétiques dans certains cas particuliers des problèmes de mélange et d'alliage de première espèce.

347, 348. Problème de mélange de seconde espèce. — 349, 350. Problème d'alliage de seconde espèce. — 351. Problèmes qui se ramènent à des problèmes d'alliage ou de mélange de seconde espèce.

EXERCICES.

1. Un fermier mélange 29 hectolitres de blé à 18 fr. l'hectolitre et 50 hectolitres de blé à 21 f, 50 l'hectolitre, quel est le prix de l'hectolitre du mélange ?

2. Un marchand de vin mêle 4 pièces de vin à 85 fr. la pièce, 7 pièces de vin à 61 fr. la pièce, et une pièce d'eau ; quel sera le prix d'une pièce de ce mélange ?

3. Un marchand de vin fait un mélange de trois tonneaux de vin ; le premier de 272 litres, lui coûte 130 fr.; le second de 228 litres lui coûte 105 fr. et le troisième de 140 litres, lui coûte 92 fr.; combien devra-t-il vendre le litre du mélange pour gagner 15 pour 100 ?

4. Dans une usine, on emploie 27 ouvriers à 3 f, 50 par jour, 10 ouvriers à 5 fr. par jour, 80 ouvriers à 3 fr. par jour, et 20 manœuvres à 2 fr. par jour. Quel est le prix moyen de la journée de travail dans cette usine ?

5. On fond ensemble trois lingots d'argent : le premier au titre de 0,950 pèse 225 gr.; le second, au titre de 0,800 pèse 450 gr.; et le troisième, au titre de 0,900 pèse 325 gr.; calculer le titre de l'alliage ainsi obtenu.

6. On fond ensemble 12 grammes d'or au titre de 0,800, 30 grammes d'or au titre de 0,880 et 90 grammes d'or au titre de 0,920. Quel sera le titre de l'alliage ainsi obtenu ?

7. On fond ensemble 42 grammes d'argent au titre de 0,870, 18 grammes d'argent au titre de 0,950 et 12 grammes d'argent pur ; quel est le titre de l'alliage obtenu ?

8. On fond ensemble 52 grammes d'or au titre de 0,916 et 7 grammes de cuivre ; quel est le titre de l'alliage ainsi obtenu ?

9. Un négociant qui a souscrit trois billets, l'un de 750 fr. payable dans 18 jours, le second de 1050 fr., payable dans 45 jours, et le troisième de 1400 fr., payable dans 63 jours, veut les remplacer par un billet unique de 3200 fr.; quelle devra être l'échéance de ce billet unique ?

10. On mélange par parties égales des vins à 0 f, 80 à 0 f, 75 à 0 f, 60 et à 0 f, 45 le litre ; quel sera le prix du mélange ?

11. On mélange par parties égales de l'huile à 280 fr. le quintal et de l'huile à 190 fr. le quintal ; quel sera le prix du mélange ?

12. On fond ensemble des poids égaux d'argent au titre de 0,800, au titre de 0,835 et au titre de 0,950 ; quel sera le titre de l'alliage ainsi obtenu ?

13. Trois billets de 500 fr. chacun, ont leurs échéances dans 28 jours, 37 jours et 41 jours ; quelle devra être l'échéance d'un billet de 1500 fr. destiné à les remplacer ?

14. Combien faut-il mélanger ensemble de deux espèces de vin, l'un à 0 f, 40 le litre, l'autre à 0 f, 75 le litre, pour obtenir 272 litres de vin à 0 f, 50 le litre ?

15. On a deux lingots d'argent, l'un au titre de 0,950, l'autre au titre de 0,800 ; quel poids de chacun d'eux faudra-t-il fondre ensemble pour avoir 600 grammes d'argent au titre de 0,835 ?

16. On a un lingot d'or au titre de 0,917 ; combien faudra-t-il prendre de grammes de ce lingot et de grammes de cuivre pour avoir, en fondant le tout ensemble, un alliage au titre de 0,900 ?

17. Combien faut-il prendre de grammes d'argent au titre de 0,915, pour qu'en les fondant avec 180 grammes d'argent au titre de 0,800, on obtienne un alliage au titre de 0,850 ?

18. On a 250 gr. d'or au titre de 0,750 ; combien faudra-t-il y ajouter d'or pur pour avoir un alliage au titre de 0,900 ? Combien pourra-t-on faire de pièces de 20 fr. avec l'alliage ainsi obtenu ?

19. Combien faudra-t-il prendre de grammes de deux lingots d'argent, l'un au titre de 0,840, l'autre au titre de 0,912, pour avoir un alliage au titre de 0,885, et qui ait une valeur intrinsèque de 615 francs ?

20. Deux lingots d'or, le premier au titre de 0,900, l'autre au titre de 0,860, ont des poids tels qu'en les fondant ensemble on obtiendrait un alliage au titre de 0,900 ; d'autre part la valeur du premier lingot surpasse celle du second de 2866 ^{f}, 458. Trouver le poids et la valeur de chacun des lingots.

21. Deux lingots d'argent, l'un au titre de 0,850, l'autre au titre de 0,950 pèsent ensemble 1 kilogramme, et valent ensemble 202 ^{f}, 91 ; quel est le poids de chacun d'eux ?

22. Deux lingots d'or, le premier au titre de 0,920, l'autre au titre de 0,850, ont des poids tels que le premier est les $\dfrac{2}{11}$ du second. Ces deux lingots réunis valent 4532^f,40 ; quel est le poids de chacun d'eux ?

23. Avec 40 pièces, les unes de 100 fr., les autres de 10 fr., on veut faire la longueur du mètre ; combien devra-t-on prendre de pièces de chaque espèce ? La pièce de 100 fr. a un diamètre de 35 millimètres et la pièce de 10 fr. a un diamètre de 19 millimètres.

24. Même problème avec 37 pièces de 50 francs et de 2 francs, la première ayant un diamètre de 28 millimètres, et la seconde un diamètre de 27 millimètres.

25. On fond ensemble 72 grammes de cuivre et 28 grammes de zinc ; la densité du cuivre est 8,85 ; celle du zinc est 7,19 ; quelle est la densité de l'alliage obtenu ?

26. La densité de l'eau de mer est 1,026 ; dans quelles proportions faut-il la mélanger avec l'eau pure pour que la densité devienne 1,01 ?

27. Si l'on suppose qu'en fondant ensemble de l'or et de l'argent, le volume total des deux métaux ne change pas, dans quelle proportion faut-il allier ces deux métaux pour que la densité de l'alliage soit 15 ? La densité de l'or est 19,26 , celle de l'argent est 10,47.

LIVRE VI.

DES RACINES.

CHAPITRE I.

Racine carrée.

352. On appelle *carré* d'un nombre le produit de ce nombre par lui-même ; ainsi le carré de 5 est $5 \times 5 = 25$; le carré de 10 est $10 \times 10 = 100$, etc.

On appelle *racine carrée* d'un nombre un second nombre qui, élevé au carré, reproduit le premier ; ainsi la racine carrée de 64 est 8, parce que le carré de 8 est égal à 64. On indique la racine carrée d'un nombre par le signe $\sqrt{}$, sous lequel on place le nombre ; on écrira ainsi

$$\sqrt{64} = 8.$$

On ne peut pas toujours extraire exactement la racine carrée d'un nombre entier : prenons par exemple le nombre 20 ; ce nombre est compris entre 16 qui est le carré de 4, et 25 qui est le carré de 5 ; donc la racine carrée de 20 est comprise entre 4 et 5 ; par conséquent cette racine ne peut pas s'exprimer par un nombre entier ; on démontre même qu'il est impossible aussi de l'exprimer exactement par un nombre fractionnaire. Dans ce cas on appelle racine carrée du nombre *à une unité près*, la racine carrée du plus grand carré entier contenu dans le nombre ; ainsi la racine carrée de 20, à une unité près, est 4, parce que 16 est le plus grand carré entier contenu dans le nombre 20, et que la racine carrée de 16 est 4. Ce sont les racines carrées des nombres entiers à une unité près que nous allons d'abord apprendre à calculer ; et pour cela nous établirons un principe qui nous est indispensable.

353. Principe. *Le carré de la somme de deux nombres est égal à la somme des carrés de ces nombres augmentée de deux fois le produit de ces mêmes nombres.*

Je prends la somme $4 + 7 = 11$, par exemple ; au lieu de faire le carré de 11, on peut faire les carrés de 4 et de 7, puis le double produit des nombres 4 et 7, et ajouter tous ces nombres; on aura le même résultat.

$$\begin{aligned} \text{Carré de } 4 &= 16 \\ \text{Carré de } 7 &= 49 \\ 2 \text{ fois } 4 \times 7 &= 56 \\ \hline \text{Total.} \qquad & 121 \end{aligned}$$

le total 121 est bien égal au carré de 11, comme on peut le vérifier.

Démonstration. Pour multiplier $4 + 7$ par $4 + 7$, c'est-à-dire pour répéter $4 + 7$ fois le multiplicande, nous pouvons le répéter d'abord 4 fois, puis 7 fois et ajouter les résultats. Or pour répéter 4 fois la somme $4 + 7$, je puis répéter 4 fois chacune des parties ; ce qui donne $4 \times 4 + 7 \times 4$, ou $4^2 + 7 \times 4$. De même, pour répéter 7 fois la somme $4 + 7$, on peut répéter 7 fois chaque partie, ce qui donne $4 \times 7 + 7 \times 7$ ou encore $7 \times 4 + 7^2$. Si l'on additionne ces deux produits partiels, on voit qu'on aura d'abord 4^2 et 7^2, puis 2 fois le produit 7×4, ce qui est bien conforme à l'énoncé.

$$\begin{array}{r} 4 + 7 \\ 4 + 7 \\ \hline 4^2 + 7 \times 4 \\ 4 \times 7 + 7^2 \\ \hline 4^2 + 7 \times 4 \times 2 + 7^2 \end{array}$$

354. Conséquence. *Le carré d'un nombre composé de dizaines et d'unités se compose du carré des dizaines, du double produit des dizaines par les unités et du carré des unités.*

Ainsi soit le nombre 38 qui est égal à 30+8 ; pour faire le carré de 38, nous pourrons appliquer le principe précédent ; nous aurons:

$$38^2 = 30^2 + 30 \times 8 \times 2 + 8^2.$$

Pour faire ces calculs, j'observe que le carré de 30 se fait en élevant 3 au carré, et ajoutant deux zéros, en d'autres termes, que le carré de 3 *dizaines* est égal à 9 *centaines*. De même le double produit de 30 par 8 est terminé par un zéro, c'est un nombre de *dizaines* qu'on obtient en faisant le double produit de 3 par 8, ce qui donne 48 dizaines. Alors le carré de 38 est égal à

9 centaines $+$ 48 dizaines $+$ 64 unités $=$ 1444.

355. Nous distinguons deux cas dans la recherche de la racine carrée des nombres entiers, suivant que le nombre donné est inférieur ou supérieur à 100.

1er CAS. *Le nombre donné est plus petit que* 100.

Comme 100 est le carré de 10, tout nombre plus petit que 100 a sa racine carrée plus petite que 10 ; par suite la racine carrée à une unité près n'a qu'un chiffre, et on l'obtiendra immédiatement en comparant le nombre donné aux carrés des dix premiers nombres. Voici ces carrés :

Nombres.... 1, 2, 3, 4, 5, 6, 7, 8, 9, 10.
Carrés..... 1, 4, 9, 16, 25, 36, 49, 64, 81, 100.

Cette table, qu'il faut savoir par cœur, permet de trouver immédiatement le plus grand carré contenu dans le nombre donné, et par suite sa racine carrée à une unité près.

EXEMPLE. Quelle est la racine carrée de 53 à une unité près ?

Le plus grand carré entier contenu dans 53 est 49, dont la racine est 7. 7 est la racine carrée de 53 à une unité près.

356. 2e CAS. *Le nombre donné est plus grand que* 100.

RÈGLE GÉNÉRALE. Pour extraire la racine carrée d'un nombre entier, on partage ce nombre en tranches de deux chiffres à partir de la droite, la dernière tranche à gauche pouvant n'avoir qu'un chiffre.

On extrait alors la racine carrée du plus grand carré contenu dans la première tranche à gauche, et on a ainsi le premier chiffre de la racine ; on fait le carré de ce chiffre et on le soustrait de la première tranche à gauche.

A la droite du reste, on abaisse la tranche suivante, et on divise les dizaines du nombre ainsi obtenu par le double du premier chiffre de la racine ; le quotient est le second chiffre de la racine, ou un chiffre trop fort. Pour l'essayer, on l'écrit à la droite du double du premier chiffre de la racine, et on multiplie le résultat par le chiffre à vérifier ; ce chiffre est bon si le produit trouvé peut se soustraire du nombre qu'on a formé en abaissant la seconde tranche à la droite du premier reste. Si cette soustraction n'est pas possible, on diminue d'une unité le chiffre qu'on vient d'essayer, et on opère de même sur le nouveau chiffre ; on continue ainsi jusqu'à ce qu'on puisse faire la soustraction indiquée, et on a alors le second chiffre de la racine qu'on écrit à la droite du premier, et un second reste.

A la droite du second reste, on abaisse la tranche suivante du nombre donné, et on divise les dizaines du nombre ainsi obtenu par le double de la partie déjà trouvée à la racine, le quotient est le troisième chiffre de la racine, ou un chiffre trop fort. Pour l'essayer, on l'écrit à la droite du double de la racine, et on multiplie le résultat par le chiffre à vérifier ; ce chiffre est bon si le produit peut se retrancher du nombre formé en abaissant la troisième tranche à droite du second reste. Si le chiffre est trop fort, on le diminue d'une unité, et on essaye de même le nouveau chiffre ; on continue ainsi jusqu'à ce qu'on puisse faire la soustraction indiquée, et on a alors le troisième chiffre de la racine qu'on écrit à la suite des deux premiers, et un troisième reste.

A la droite de ce troisième reste, on abaisse la tranche suivante du nombre, et on opère comme précédemment, en continuant les mêmes opérations jusqu'à ce qu'on ait abaissé l'une après l'autre, toutes les tranches du nombre donné.

EXEMPLE I. Extraire la racine carrée du nombre 4624.

J'écris le nombre donné et je tire à sa droite un trait vertical, pour le séparer de sa racine.

$$
\begin{array}{r|l}
46.24 & 68 \\
36 & \overline{128} \\
\hline
102.4 & 8 \\
102\ 4 & \overline{1024} \\
\hline
0 &
\end{array}
$$

Je partage ensuite le nombre en tranches de deux chiffres et j'extrais la racine carrée du plus grand carré entier contenu dans la première tranche à gauche, 46 ; cette racine est 6, et j'écris ce chiffre à la racine. Le carré de 6 est 36, que je soustrais de 46 ; il reste 10.

A la droite de ce reste, j'abaisse la deuxième tranche, ce qui me donne le nombre 1024, qui contient 102 dizaines ; je divise 102 par le double du premier chiffre 6 de la racine, c'est-à-dire par 12 ; le quotient est 8. Je l'écris à la droite du diviseur 12, ce qui me donne 128, et je multiplie 128 par le quotient lui-même ; le produit est 1024 qui peut se retrancher du nombre obtenu en abaissant la deuxième tranche à la droite du premier reste ; donc le chiffre 8 est bon, et je l'écris à la racine ; et comme le reste est 0, j'en conclus que 68 est la racine carrée exacte du nombre donné ; en d'autres termes, ce nombre est un carré parfait.

EXEMPLE II. Extraire la racine carrée du nombre 8174263.
Je dispose l'opération comme précédemment.

<pre>
8.17.42.63 │ 2859
4   │────────────────────────────
           │ 49 │ 48 │ 565 │ 5709
41.7   │   9 │   8 │   5 │   9
38 4   │──────┼──────┼───────┼──────
           │ 441 │ 384 │ 2825 │ 51381
  334.2
  282 5
  ─────
  5176.3
  5138 1
  ──────
    38 2
</pre>

Je partage le nombre en tranches de deux chiffres à partir de la droite, et j'extrais la racine carrée du plus grand carré entier contenu dans la première tranche à gauche, 8 ; j'obtiens ainsi le chiffre 2, que j'écris à la racine ; le carré de 2 est 4 que je retranche de la première tranche, et il reste 4.

A la droite de ce reste, j'abaisse la deuxième tranche, ce qui me donne le nombre 417, qui contient 41 dizaines ; je divise ce nombre 41 par le double du premier chiffre de la racine qui est 4 ; le quotient serait 10 ; mais le quotient devant être le deuxième chiffre de la racine ou un nombre trop fort, j'en conclus que 10 est trop fort, et j'essaie 9. A cet effet, j'écris ce chiffre 9 à la droite du double de la racine, et je multiplie le nombre 49 ainsi trouvé par 9 ; le produit est 441 qui ne peut pas se soustraire de 417 ; donc 9 est encore trop fort. J'essaie alors 8 de la même manière, et comme le produit de 48 par 8 peut se retrancher de 417, j'en conclus que 8 est le second chiffre de la racine et je l'écris à la droite du premier ; de plus je retranche de 417 le produit 48×8 ou 384, et j'ai le second reste 33.

A la droite de ce nombre, j'abaisse la troisième tranche du nombre donné, ce qui donne 3342 ; je sépare les 334 dizaines par un point, et je divise 334 par le double de la partie de la racine déjà trouvée, c'est-à-dire par le double de 28 ou par 56 ; le quotient 5 est le troisième chiffre de la racine ou un chiffre trop fort ; pour l'essayer, je l'écris à la droite du diviseur 56, et je multiplie par 5 le nombre ainsi obtenu, 565 ; le produit est 2825 qui peut se soustraire de 3342 ; j'en conclus que le troisième chiffre de la racine est 5, et j'ai le troisième reste en retranchant 2825 de 3342, ce qui donne 517.

A la droite de ce reste, j'abaisse la quatrième et dernière tranche du nombre, ce qui donne 51763 ; je divise les dizaines de ce nombre, c'est-à-dire 5176 par le double de la portion de la racine déjà trouvée, c'est-à-dire par le double de 285, ou 570. Le quotient est 9, qui est le quatrième chiffre de la racine ou un chiffre trop fort ; en l'essayant comme précédemment, on trouve qu'il est bon.

La racine carrée du nombre donné est donc 2859 à une unité près, et le reste est 382.

DÉMONSTRATION. Prenons le premier exemple, 4624. Ce nombre étant plus grand que 100, sa racine carrée est plus grande que 10, elle se compose donc de dizaines et d'unités, et le nombre 4624, qui contient le carré de cette racine, contiendra le carré des dizaines de la racine, le double produit des dizaines par les unités et le carré des unités (Voy. le n° 354).

Mais le carré des dizaines de la racine est un nombre exact de centaines qui ne peut être contenu que dans les 46 centaines du nombre proposé ; en extrayant la racine du plus grand carré entier contenu dans 46, j'aurai donc le chiffre des dizaines de la racine ou un chiffre trop grand ; d'ailleurs le chiffre 6 que l'on trouve n'est pas trop fort, parce que le carré de 6 dizaines étant contenu dans 46 centaines est à plus forte raison contenu dans 4624 ; la racine carrée de 4624 est donc au moins égale à 6 dizaines.

Du nombre 4624 je retranche le carré de 6 dizaines, ce qui se fait en retranchant le carré de 6 de 46, et abaissant 24 à la droite du reste ; le nombre 1024 ainsi formé ne contient plus que le double produit des dizaines de la racine par les unités et le carré des unités. Or le produit du double des dizaines par les unités étant un nombre exact de dizaines, ne peut se trouver que dans les 102 dizaines du nombre 1024 ; en divisant donc 102 par le double des dizaines de la racine, c'est-à-dire par 12, on aura un quotient 8 qui sera le chiffre des unités ou un chiffre trop fort. Pour le vérifier, j'écris ce chiffre 8 à côté du double des dizaines, et je multiplie le résultat, 128, par 8 ; le produit contiendra 8×8, c'est-à-dire le carré des unités, et le produit de 12 dizaines par 8, c'est-à-dire le double produit des dizaines par les unités. Pour que le chiffre 8 soit bon, il faut donc que le produit 128×8 puisse se retrancher de 1024 ; c'est ce qui a lieu ici ; donc 8 est bien le chiffre des unités de la racine.

Comme de plus le reste est nul, il en résulte que le nombre donné 4624 est précisément égal à la somme des trois quantités suivantes :

Le carré de 6 dizaines,
Le double produit de 6 dizaines par 8 unités,
Et le carré de 8 unités ;
donc 4624 est exactement le carré de 68, ou, en d'autres termes, 68 est la racine carrée exacte de 4624.

Un raisonnement pareil, quoiqu'un peu plus long, s'appliquerait au second exemple, et justifierait ainsi la règle générale.

357. RACINE CARRÉE A 0,1 OU A 0, 01 OU A 0,001... PRÈS. Nous donnerons sans démonstration la règle qui sert à trouver la racine carrée d'un nombre quelconque, entier, décimal ou fractionnaire à 0, 1 ou à 0, 01 ou à 0, 001.... près.

RÈGLE. *Pour avoir à moins de 0, 1 ou de 0, 01 ou de 0, 001, etc., la racine carrée d'un nombre quelconque, on exprime* d'abord ce nombre en décimales en prenant deux fois plus de chiffres décimaux qu'on n'en veut avoir à la racine. Puis on extrait la racine carrée du nombre décimal ainsi obtenu comme s'il était entier, en mettant une virgule à la racine lorsqu'on abaisse la première tranche décimale du nombre.

EXEMPLE I. Calculer à 0,0001 près la racine carrée de 2.

J'écris le nombre 2 sous la forme d'un nombre décimal en le faisant suivre d'une virgule et de zéros; et comme on veut quatre décimales à la racine, j'ajoute huit zéros au nombre 2, ce qui donne 2,00000000, et j'extrais ensuite la racine carrée de ce nombre décimal d'après la règle précédente. Voici l'opération :

```
2,00.00.00.00 | 1,4142
10.0
  96            24 | 281 | 2824 | 28282
                 4 |   1 |    4 |     2
  40.0          96 | 281 |11296 | 56564
  28 1
  1190.0
  1129 6
    6040.0
    5656 4
      383 6
```

La racine demandée est 1,4142.

EXEMPLE II. Extraire à 0,01 près la racine carrée du nombre 34,369.

La racine carrée devant avoir deux décimales, le nombre donné doit en avoir quatre ; je lui ajoute un zéro, et j'extrais la racine du nombre 34,3690 ainsi obtenu :

```
34,36.90 | 5,86
25
          108 | 1166
93.6        8 |    6
86 4      864 | 6996
  729.0
  699 6
   29 4
```

La racine demandée est 5,86.

EXEMPLE III. Extraire à 0,001 près la racine carrée de $\frac{3}{7}$.

Je réduis cette fraction en décimales, en calculant six chiffres décimaux, puisque la racine doit en avoir trois ; cela donne 0,428571, et j'extrais la racine de ce nombre décimal.

$$\begin{array}{c|c}
0,\overline{42}.\overline{85}.\overline{71} & 0,654 \\
\;\;36 & \overline{125} \;\;|\;\; 1304 \\
\hline
\;\;68.5 & \;\;5 \;\;|\;\;\;\; 4 \\
\;\;62\;5 & \overline{625} \;\;|\;\; \overline{5216} \\
\hline
\;\;607.1 & \\
\;\;521\;6 & \\
\hline
\;\;\;\;85\;5 & \\
\end{array}$$

La racine demandée est 0, 654.

MOYENNE PROPORTIONNELLE. On appelle *moyenne proportion-nelle* entre deux nombres la racine carrée de leur produit. Ainsi la moyenne proportionnelle entre 4 et 9 est

$$\sqrt{4 \times 9} = \sqrt{36} = 6.$$

La moyenne proportionnelle entre 2, 5 et 4, 9 est

$$\sqrt{2,5 \times 4,9} = \sqrt{12,25} = 3,5.$$

RÉSUMÉ.

352. Carré d'un nombre ; racine carrée d'un nombre ; racine carrée à une unité près. — 353. Carré de la somme de deux nombres. — 354. Carré d'un nombre composé de dizaines et d'unités. — 355. Racine carrée d'un nombre plus petit que 100. — 356. Extraction de la racine carrée d'un nombre plus grand que 100 ; règle et démonstration. — 357. Racine carrée d'un nombre avec une approximation décimale donnée. — 358. Moyenne proportionnelle entre deux nombres.

EXERCICES.

1. Extraire à une unité près la racine carrée des nombres
324 ; 1034 ; 3125 ; 4615 ; 8719 ; 42356 ; 841619 ; 765900 ; 62418029.

2. Extraire à 0,01 près la racine carrée des nombres
37 ; 48 ; 301 ; 4637 ; 82915 ; 64,8 ; 961,56 ; 0,4837 ; 634,004.

3. Extraire à 0,001 près la racine carrée des nombres
27 ; 452 ; 309 ; 170 ; 4,25 ; 19,06 ; 0,356 ; 0,0854 ; 0,673245·

4. Extraire à 0,0001 près la racine carrée des nombres suivants :
3,141 ; 172,5 ; 17,6345 ; 0,36472 ; 0,00643 ; 0,0857 ; 0,26857219.

5. Extraire à 0,0001 près la racine carrée des fractions suivantes :

$$\frac{3}{8}\; , \quad \frac{9}{13}\; , \quad \frac{14}{23}\; , \quad \frac{615}{2807}\; , \quad \frac{9}{62408}\; .$$

6. Extraire à 0,0001 près la racine carrée de la racine carrée de 2, la racine carrée de la racine carrée de 3.

7. Calculer à 0,0001 près les expressions suivantes :

$$\sqrt{2-\sqrt{2}}, \quad \sqrt{3+\sqrt{2}}, \quad \sqrt{10-2\sqrt{5}}, \quad \sqrt{5+\sqrt{17}}, \quad \sqrt{5-\sqrt{5}}.$$

8. Calculer la moyenne proportionnelle entre les nombres 18 et 50, entre les nombres 20 et 245, entre les nombres 88 et 198, entre les nombres 51,45 et 9,45, entre les nombres $\dfrac{8}{11}$ et $\dfrac{50}{99}$.

9. Le produit d'un nombre par son quart est égal à 162 ; quel est ce nombre ?

10. Trouver un nombre tel que son tiers multiplié par son cinquième donne 60 ?

11. La somme des carrés de deux nombres est 218, et la différence de ces mêmes carrés est 120 ; quels sont ces nombres ?

12. En diminuant un nombre de ses $\dfrac{3}{11}$, et multipliant le résultat par le nombre lui-même, on obtient 792 ; quel est le nombre ?

13. Une somme de 600 francs, placée à intérêts composés pendant 2 ans, s'est accrue de 74 f, 16 ; quel est le taux de l'intérêt ?

14. Dans un même lieu, la durée des oscillations d'un pendule est proportionnelle à la racine carrée de sa longueur. On a trouvé que chacune des oscillations d'un pendule de 0 m, 50 de longueur a une durée de 0s, 71 ; on demande quelle longueur il faudra donner à un pendule pour que les oscillations aient une durée d'une seconde.

15. Admettant les données du problème précédent, on demande combien un pendule de 0 m, 24 de longueur fera d'oscillations dans une heure.

CHAPITRE II.

Racine cubique.

359. On appelle *cube* d'un nombre le produit de trois facteurs égaux à ce nombre ; ainsi le cube de 5 est

$$5 \times 5 \times 5 = 125$$

Il résulte de là que pour faire le cube d'un nombre, on en forme d'abord le carré, et qu'on multiplie ensuite ce carré par le nombre lui-même. En effet, pour former le produit $5 \times 5 \times 5$, on multiplie d'abord les deux premiers facteurs, ce qui donne le carré de 5 ou 25, et on multiplie ensuite ce carré par 5.

On appelle *racine cubique* d'un nombre un autre nombre qui, élevé au cube, reproduit le premier ; ainsi la racine cubique de 8 est 2, parce que le cube de 2 est égal à 8. On indique la racine cubique d'un nombre par le signe $\sqrt[3]{}$, sous lequel on place le nombre proposé ; on écrira ainsi :

$$\sqrt[3]{8} = 2$$

On ne peut pas toujours extraire exactement la racine cubique d'un nombre entier : prenons par exemple le nombre 98 ; ce nombre est compris entre le cube de 4, qui est 64, et le cube de 5 qui est 125 ; sa racine cubique est donc comprise entre 4 et 5 ; par conséquent cette racine ne peut pas s'exprimer par un nombre entier ; on démontre même qu'il est impossible de l'exprimer exactement par un nombre fractionnaire. Dans ce cas on appelle racine cubique du nombre *à une unité près*, la racine cubique du plus grand cube entier contenu dans le nombre ; ainsi la racine cubique de 98 à une unité près est 4, parce que 64 est le plus grand cube entier contenu dans 98, et que la racine cubique de 64 est 4. Nous allons d'abord apprendre à extraire la racine cubique d'un nombre entier à une unité près.

360. Nous distinguerons deux cas, suivant que le nombre donné est inférieur ou supérieur à 1000.

1er CAS. *Le nombre donné est plus petit que* 1000.

Le cube de 10 est 1000 ; donc tout nombre plus petit que 1000 a une racine cubique inférieure à 10 ; par suite sa racine cubique à une unité près n'a qu'un chiffre et on l'obtiendra immédiatement en comparant le nombre donné aux cubes des dix premiers nombres, dont voici le tableau :

Nombres. . 1, 2, 3 4, 5, 6, 7, 8, 9, 10.
Cubes . . . 1, 8, 27, 64, 125, 216, 343, 512, 729, 1000.

Cette table, qu'il faut savoir par cœur, permet de trouver immédiatement le plus grand cube entier contenu dans le nombre donné, et par suite, sa racine cubique à une unité près.

EXEMPLE : Quelle est la racine cubique de 412 à une unité près ?

Le plus grand cube entier contenu dans 412 est 343, dont la racine cubique est 7 ; ce nombre 7 est donc la racine cubique de 412 à unité près.

361. 2e CAS. *Le nombre donné est plus grand que* 1000.

RÈGLE GÉNÉRALE. *Pour extraire la racine cubique d'un nombre entier, on partage ce nombre en tranches de trois chiffres à partir de la droite, la dernière tranche à gauche pouvant n'avoir qu'un ou deux chiffres.*

On extrait alors la racine cubique du plus grand cube entier contenu dans la première tranche à gauche, et on a ainsi le premier chiffre de la racine ; on fait le cube de ce chiffre, et on le soustrait de la première tranche à gauche.

16

A la droite du reste, on abaisse la tranche suivante, et on divise les centaines du nombre ainsi obtenu par le triple carré du premier chiffre de la racine ; le quotient est le second chiffre de la racine ou un chiffre trop fort. Pour l'essayer, on l'écrit à la droite du premier chiffre, et on fait le cube de ce nombre de deux chiffres ; si le second chiffre trouvé est bon, ce cube peut se soustraire des deux premières tranches du nombre donné ; si cette soustraction n'est pas possible, on diminue d'une unité le chiffre qui vient d'être essayé ; et on vérifie de même le nouveau chiffre ; on continue ainsi jusqu'à ce qu'on puisse faire la soustraction indiquée, et on a alors les deux premiers chiffres de la racine et un second reste.

A la droite du second reste, on abaisse la tranche suivante du nombre donné, et on divise les centaines du nombre ainsi obtenu par le triple carré de la partie de la racine déjà trouvée ; le quotient est le troisième chiffre de la racine ou un chiffre trop fort. On vérifie ce chiffre comme on a fait pour le second ; et on continue l'opération jusqu'à ce qu'on ait abaissé l'une après l'autre toutes les tranches du nombre.

EXEMPLE I. Extraire la racine cubique du nombre 48,614.

J'écris le nombre donné, et je tire un trait vertical à sa droite pour le séparer de sa racine cubique. Je partage ensuite ce nombre en tranches de trois chiffres à partir de la droite, et j'extrais la racine cubique du plus grand cube entier contenu dans la première tranche à gauche, 48 ; cette racine est 3, et j'écris ce chiffre à la racine ; le cube de 3 est 27 que je retranche de 48 ; il reste 21.

```
48,614 | 36
 27     | 27
------  |----
 216,14 |
 46656  |
------
 1958
```

A la droite de ce reste j'abaisse la deuxième tranche, ce qui me donne le nombre 21614, qui contient 216 centaines ; je divise 216 par le triple carré du premier chiffre 3 de la racine, c'est-à-dire par 27 ; le quotient est 8. Je l'écris à la droite du premier chiffre, ce qui donne 38, et je fais le cube de 38, qui est 54872, nombre supérieur à 48614. J'essaye alors le chiffre 7, en faisant le cube de 37 ; ce cube est égal à 50653, nombre qui est encore supérieur à 48614 ; le chiffre 7 est donc encore trop fort, et j'essaye le chiffre 6 : le cube de 36 est 46656, qui peut se soustraire de 48614 ; 36 est donc la racine cubique de 48614 à une unité près ; et il reste 1958.

EXEMPLE II. Extraire la racine cubique du nombre 868956715.

Je dispose l'opération comme précédemment

```
368.956.715 | 717
   343       | 147 | 15123
   259.56    |
   357 911
    110457.15
     368018 813
      937902
```

Je partage le nombre en tranches de trois chiffres à partir de la droite et j'extrais la racine cubique du plus grand cube entier contenu dans la première tranche à gauche, 368 ; cette racine est 7 que j'écris à la droite du nombre ; le cube de 7 est 343 que je soustrais de la première tranche, et il reste 25.

A la droite de ce reste, j'abaisse la deuxième tranche, ce qui me donne le nombre 25956 qui contient 259 centaines ; je divise 259 par le triple carré de 7, c'est-à-dire par 147 ; le quotient est 1. Pour voir si c'est bien là le deuxième chiffre de la racine, je fais le cube de 71, qui est 357911, et comme ce cube peut se soustraire des deux premières tranches du nombre donné, j'en conclus que 1 est bien le deuxième chiffre de la racine, et le second reste est

$$368956 - 357911 = 11045.$$

A la droite de ce reste, j'abaisse la troisième tranche du nombre, ce qui donne 11045715 ; je sépare les 110457 centaines, et je divise 110457 par le triple carré de 71, qui est 15123 ; le quotient 7 est le troisième chiffre de la racine ou un chiffre trop fort. Pour le vérifier, je forme le cube de 717, ce qui donne 368018813, nombre inférieur au nombre donné. Donc 717 est la racine cubique de ce nombre à une unité près, et il reste 937902.

Nous ne démontrerons pas cette règle.

362. RACINE CUBIQUE A 0,1, OU A 0,01, OU A 0,001... PRÈS. Nous donnerons également la règle sans démonstration.

RÈGLE. *Pour avoir à moins de 0, 1 ou 0, 01 ou 0, 001.... près la racine cubique d'un nombre quelconque, on exprime d'abord ce nombre en décimales en prenant trois fois plus de chiffres décimaux qu'on n'en veut avoir à la racine. Puis on extrait la racine cubique du nombre décimal ainsi formé comme s'il était entier, en mettant une virgule à la racine lorsqu'on abaisse la première tranche décimale du nombre.*

EXEMPLE I. Extraire à 0,01 près la racine cubique de 5.

J'écris le nombre 5 sous la forme d'un nombre décimal, ayant six chiffres décimaux, ce qui donne 5,000000, et j'extrais la racine cubique de ce nombre décimal d'après la règle précédente :

$$
\begin{array}{r|l}
5{,}000.000 & 1{,}70 \\
40.00 & \overline{3\ \ |867} \\
\hline
4913 & \\
\hline
870.00 &
\end{array}
$$

La racine cubique de 5 à 0,01 près est 1,70.

EXEMPLE II. Extraire à 0,1 près la racine cubique de la fraction $\dfrac{48}{13}$.

Je réduis cette fraction en décimales, en calculant trois chiffres décimaux, ce qui donne 3,692, et j'extrais la racine cubique de ce nombre décimal

$$
\begin{array}{r|l}
3{,}692 & 1{,}5 \\
26.92 & \overline{3} \\
\hline
3275 & \\
\hline
317 &
\end{array}
$$

La racine cubique de $\dfrac{48}{13}$ à 0,1 près est 1,5.

RÉSUMÉ.

359. Cube d'un nombre ; racine cubique d'un nombre ; racine cubique à une unité près. — 360. Racine cubique d'un nombre plus petit que 1000 ; cubes des dix premiers nombres. — 361. Règle pour extraire la racine cubique d'un nombre entier plus grand que 1000. — 362. Racine cubique d'un nombre avec une approximation décimale donnée.

EXERCICES.

1. Extraire à une unité près la racine cubique des nombres 4913, 3375, 27000, 274625, 32414, 145817, 9612415, 32321019, 763461818.

2. Extraire à 0,01 près les racines cubiques des nombres suivants : 203 ; 7,21 ; 0,432 ; 0,04875 ; 17,624365.

3. Extraire à 0,001 près les racines cubiques des fractions : $\dfrac{3}{7}$, $\dfrac{2}{143}$, $\dfrac{18}{25}$, $\dfrac{59}{216}$, $\dfrac{647}{219342}$.

4. Calculer à 0,01 près chacune des expressions suivantes :

$$
\sqrt[3]{\dfrac{3-\sqrt{2}}{5+\sqrt[3]{10}}}
$$
$$
\sqrt{2}+\sqrt[3]{3}
$$

5. En divisant le tiers du cube d'un nombre par ce nombre lui-même, on obtient 27 ; quel est ce nombre ?

6. En multipliant le carré d'un nombre par le cinquième de ce nombre, on obtient 8575 ; quel est ce nombre ?

7. Trouver un nombre dont le cube soit égal aux $\frac{5}{12}$ des $\frac{7}{6}$ de $\frac{49}{15}$.

8. Un capital de 25000 fr., placé à intérêts composés pendant 3 ans, est devenu 28915 fr.; quel est le taux de l'intérêt ?

LIVRE VII.

MESURE DES AIRES ET DES VOLUMES.

CHAPITRE I.

Notions élémentaires de géométrie.

363. LIGNE DROITE. Tout le monde sait ce que c'est qu'une *ligne droite*; un fil très-fin et bien tendu nous offre l'image d'une ligne droite. Il est d'ailleurs évident que d'un point à un autre on ne peut mener qu'une ligne droite, et que cette ligne est le plus court chemin

Fig. 1.

entre les deux points. Pour abréger, nous dirons souvent *droite*, au lieu de *ligne droite*.

364. CIRCONFÉRENCE. La circonférence de cercle est une ligne courbe, dont tous les points sont à la même distance d'un point intérieur qu'on appelle *centre*.

Cette courbe se décrit avec un instrument appelé *compas* (fig. 2); on place une des pointes au centre, et on fait tourner

Fig. 2.

l'autre pointe, sans faire varier l'ouverture du compas; la pointe mobile décrit une circonférence.

Les lignes droites qui joignent le centre aux différents points de la circonférence s'appellent les *rayons* de cette circonférence ; tous ces rayons sont égaux ; dans la fig. 3, O est le centre, OA, OB, OE sont des rayons.

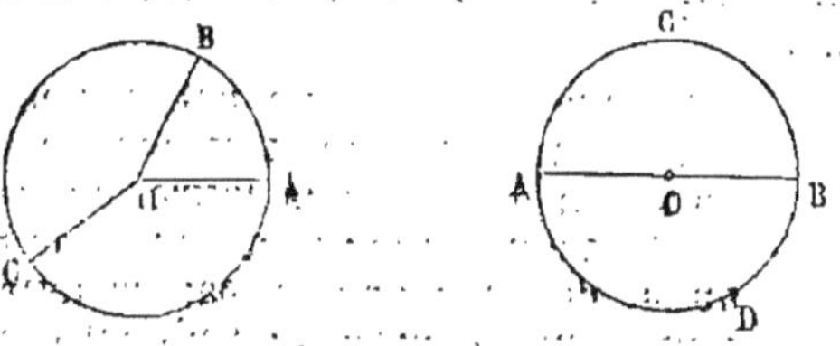

Fig. 3.   Fig. 4.

On appelle *diamètre* toute ligne qui passe par le centre et se termine des deux côtés à la circonférence ; telle est la ligne AB (fig. 4). Tout diamètre est double du rayon ; donc tous les diamètres sont égaux. De plus, tout diamètre divise la circonférence en deux parties égales : ainsi que l'on fasse tourner la partie supérieure ACB de la circonférence autour du diamètre AB, pour la replier sur la partie inférieure ADB, les deux parties s'appliqueront exactement l'une sur l'autre.

365. On appelle *arc de cercle* une portion quelconque de la circonférence. Pour comparer entre eux deux arcs de cercle pris sur une même circonférence, on se sert de divisions de cette circonférence qu'on appelle *degrés, minutes* et *secondes* ; le degré est la 360e partie de la circonférence, la minute est la 60e partie du degré, et la seconde est la 60e partie de la minute. Les degrés s'indiquent par un petit zéro placé à la droite du nombre et au-dessus, les minutes par un accent, les secondes, par deux accents. Ainsi un arc de 54 degrés 18 minutes 43 secondes s'écrira :

$$54^{\circ}\ 18'\ 43''$$

Il résulte de là qu'une circonférence contient 360 degrés,

$$60' \times 360 = 21600 \text{ minutes,}$$
et
$$60'' \times 21600 = 1296000 \text{ secondes.}$$

Le quart de la circonférence, qu'on appelle un *quadrant*, vaut 90 degrés, ou 5400 minutes ou 324000 secondes.

REMARQUE. Il importe de ne pas confondre les minutes et les secondes de degré avec les minutes et les secondes de temps, et par suite de ne jamais employer les accents pour désigner les mesures de temps.

Les nombres composés de degrés, de minutes et de secondes sont des nombres complexes, dont le calcul est identique à celui que nous avons exposé dans le chapitre précédent, nous n'y reviendrons pas.

366. ANGLE. On appelle angle l'ouverture plus ou moins grande que laissent entre elles deux lignes droites qui se coupent. Le point où les deux droites se rencontrent s'appelle le som-

met de l'angle, et les deux lignes droites qui forment l'angle se nomment les côtés de cet angle. Ainsi dans la figure 5, les lignes droites AB et AC sont les deux côtés d'un angle, dont A est le sommet.

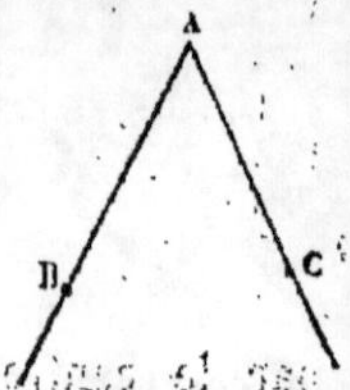

Un angle se désigne habituellement par trois lettres, une au sommet et une sur chaque côté; on a soin d'énoncer la lettre du sommet entre les deux autres; ainsi on dit l'angle BAC; on peut aussi désigner l'angle par la lettre du sommet toute seule, pourvu qu'il n'y ait pas de confusion possible.

Fig. 5.

Concevons qu'une droite AB restant fixe (fig. 6) une droite mobile tourne autour du point A dans le sens de la flèche, et s'écarte de plus en plus de la droite fixe, la droite mobile formera alors avec la droite fixe un angle de plus en plus grand; ainsi l'angle DAB est plus grand que l'angle CAB. Il résulte de là que la grandeur d'un angle ne dépend pas de la grandeur de ses côtés, mais seulement de l'écartement plus ou moins grand de ces deux lignes, qu'on peut supposer prolongées indéfiniment.

Fig. 6.

367. MESURE DES ANGLES. Soit AOB un angle quelconque, (fig. 7). du sommet O de cet angle comme centre, décrivons une circonférence ayant d'ailleurs un rayon quelconque; puis évaluons en degrés, minutes et secondes l'arc AB compris entre les côtés de l'angle; ce nombre de degrés, minutes et secondes sera la *mesure* de l'angle AOB

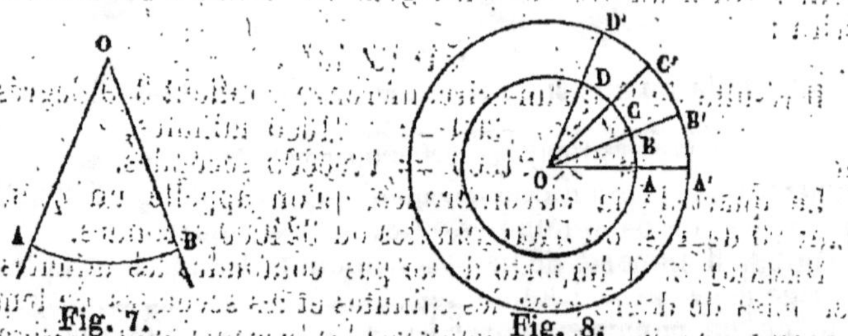

Fig. 7.   Fig. 8.

Pour bien comprendre l'exactitude de ce procédé de mesure, considérons des angles égaux, juxtaposés les uns aux autres, comme les angles AOB, BOC, COD (fig. 8), et du sommet commun O pris comme centre, décrivons une circonférence qui rencontre les côtés de ces angles aux points A, B, C, D; il est bien évident que les arcs AB, BC, CD compris entre les côtés de ces trois angles égaux, sont eux-mêmes égaux, et par conséquent ont le même nombre de degrés, minutes et secondes. De plus, si l'on considère l'angle AOC formé des deux angles égaux AOB et BOC, et par conséquent double de l'angle AOB, l'arc AC compris entre les deux côtés de l'angle AOC est aussi double de l'arc AB compris entre les côtés de l'angle AOB ; de même si l'on prend les deux angles AOD et AOB, dont le premier est triple du second, l'arc AD correspondant au premier de ces angles est aussi le triple de l'arc AB correspondant au second angle. Donc, lorsqu'un angle est double, triple, etc., d'un autre, le nombre de degrés, minutes et secondes du premier est aussi double, triple, etc. du nombre de degrés, minutes et secondes du deuxième. Cette évaluation des angles en degrés, minutes et secondes constitue donc une mesure exacte de leur grandeur.

Si l'on se servait d'une circonférence de rayon différent, la mesure de l'angle en degrés, minutes et secondes resterait la même ; ainsi, sur la figure, si l'arc AB vaut 18°, par exemple, l'arc A′B′ vaudra aussi 18° ; car cela revient à dire que si le premier est égal aux $\dfrac{18}{360}$ de la circonférence dont il fait partie, l'arc A′B′ vaudra aussi les $\dfrac{18}{360}$ de la circonférence dont il fait partie, ce qui est manifestement évident.

On appelle angle *d'un degré, d'une minute, d'une seconde,* un angle qui, placé au centre d'une circonférence quelconque, intercepte entre ses côtés un arc d'un degré, d'une minute, d'une seconde. De même, un angle de 2°, 3°, 4°, etc. est un angle qui, placé au centre d'une circonférence, intercepte un arc de 2°, 3°, 4°, etc. Par exemple, l'angle de 52° 27′ 43″, placé au centre d'une circonférence, interceptera entre ses côtés un arc de 52° 27′ 43″.

368. Pour mesurer un angle sur le papier, on emploie un instrument appelé *rapporteur* ; c'est un demi-cercle en corne

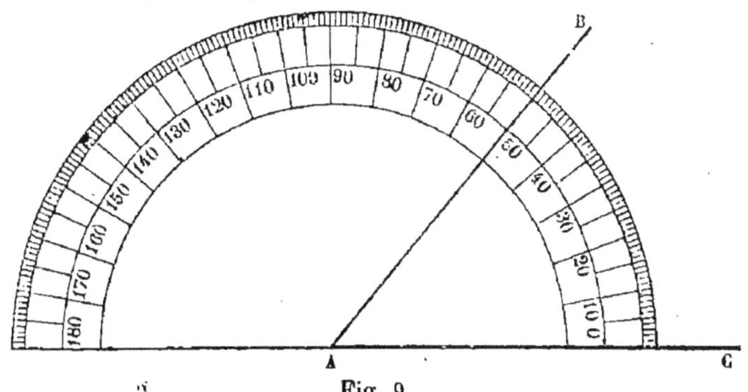

Fig. 9.

transparente ou en cuivre ; son bord est divisé en degrés ; le diamètre qui passe par les deux divisions extrêmes est gravé sur le rapporteur, et le centre est marqué par un point ; le nombre des divisions est de 180, moitié de la circonférence entière, qui vaut 360°.

Proposons-nous de mesurer avec le rapporteur l'angle BAC ; on place le rapporteur sur cet angle, de manière que le centre coïncide avec le sommet A de l'angle, et que le diamètre soit dirigé suivant l'un des côtés AC ; l'autre côté de l'angle tombe sur une des divisions de l'instrument qu'il suffit de lire pour connaître la mesure de l'angle en degrés ; dans la figure, l'angle BAC vaut 50 degrés.

Pour mesurer les angles sur le terrain, en fait usage d'instruments divers, *graphomètres*, *cercles*, etc., dont la partie essentielle est toujours un cercle divisé en degrés et fractions de degré.

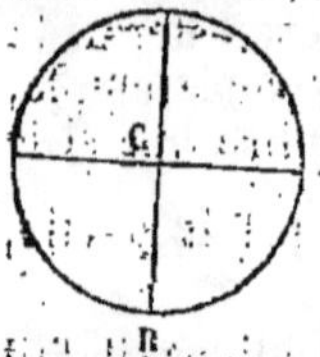

369. ANGLE DROIT, AIGU, OBTUS. Un angle peut varier de 0° à 180° ; on appelle angle *droit*, l'angle de 90° ; cet angle, placé au centre d'une circonférence, intercepte entre ces côtés un arc égal au quart de la circonférence. Ainsi, partageons une circonférence en quatre parties égales (fig. 10), et joignons les points de division au centre C ; les quatre angles ainsi formés seront droits.

Fig. 10.

Un angle est dit *aigu*, quand il est plus petit qu'un angle droit, *obtus*, quand il est plus grand qu'un angle droit.

370. PERPENDICULAIRES, OBLIQUES. Deux lignes droites soit dites *perpendiculaires*, lorsque l'angle qu'elles forment est droit ; telles sont les lignes AC et CB (fig. 10). Les perpendiculaires se tracent au moyen d'un instrument appelé *équerre* et qui

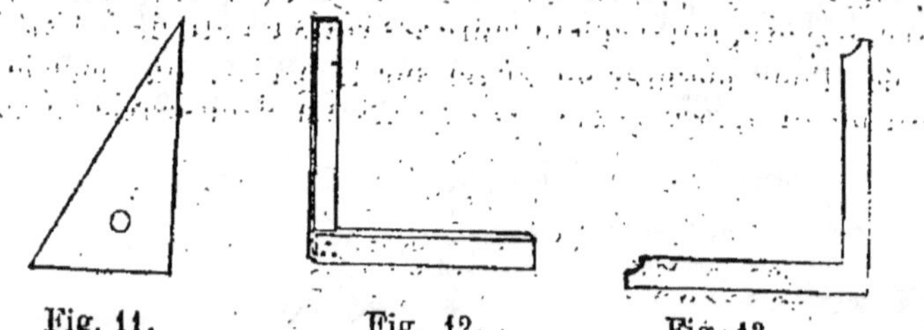

Fig. 11.   Fig. 12.   Fig. 13.

prend diverses formes suivant les circonstances ; nous représentons ici l'équerre du dessinateur, celle du menuisier et celle du tailleur de pierre ; dans les arts industriels, on dit souvent que deux lignes droites tombent d'équerre l'une sur l'autre au lieu de dire qu'elles sont perpendiculaires.

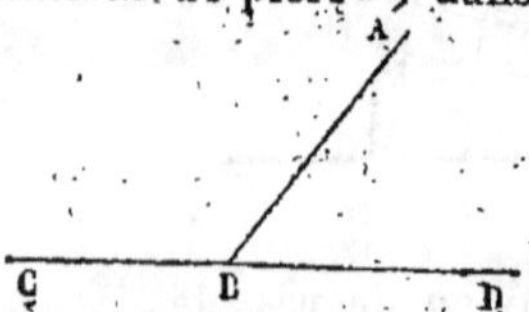

Deux droites qui se rencontrent, et qui ne sont pas perpendiculaires, sont *obliques* l'une sur l'autre ; ainsi la droite AB est oblique sur la droite CD (fig. 14).

Fig. 14.

On prouve en géométrie que si d'un point pris en dehors d'une ligne droite, on lui mène une perpendiculaire, cette perpendiculaire est la ligne la plus courte qu'on puisse mener de ce point à la droite ; on dit, pour cette raison, qu'elle mesure la *distance* du point à la droite.

371. PARALLÈLES. Deux droites sont dites *parallèles*, lorsqu'elles sont partout à égale distance l'une de l'autre ; telles sont les lignes AB et CD (fig. 15). Pour construire deux droites parallèles, on peut élever en deux points différents G et H d'une ligne CD deux perpendiculaires égales GE et HF à cette ligne, puis joindre les extrémités E et F de ces deux perpendiculaires par une ligne droite AB ; cette ligne sera parallèle à CD. On a encore d'autres moyens de construire des parallèles soit avec une règle et une équerre, soit avec une règle et un compas.

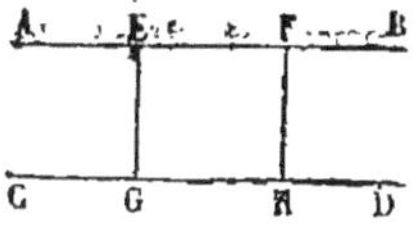

Fig. 15.

372. POLYGONES. On appelle *polygone* une figure fermée, limitée de tous côtés par des lignes droites, qui se coupent ; ces lignes droites s'appellent les *côtés* du polygone et, leurs points d'intersection successifs s'appellent les *sommets* du polygone. La figure ci-jointe représente un polygone de six côtés, dont les sommets sont A, B, C, D, E et F. Les angles formés par deux côtés consécutifs s'appellent les *angles* du polygone. Enfin les lignes droites qui joignent deux sommets non consécutifs du polygone portent le nom de *diagonales* ; telles sont les lignes AC, AD, AE.

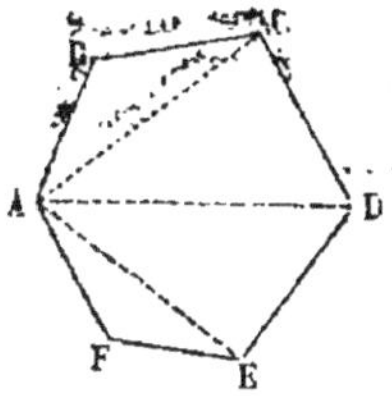

Fig. 16.

373. Le polygone le plus simple est celui de trois côtés, qu'on appelle un *triangle* ; telle est la figure ABC. Parmi les triangles, il convient de distinguer le triangle *rectangle*, ainsi nommé parce qu'il a un angle droit ; l'équerre du dessinateur (fig. 11) a la forme d'un triangle rectangle.

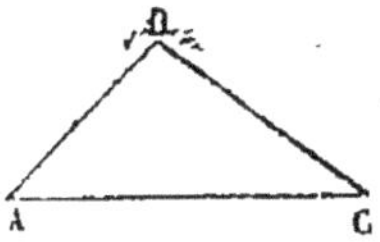

Fig. 17.

374. On appelle *quadrilatère* tout polygone qui a quatre côtés. Parmi les quadrilatères, nous distinguerons :

1° Le *trapèze* (fig. 18), dont deux côtés opposés sont parallèles ;

Fig. 18.

2° Le *parallélogramme*, dont les quatre côtés sont parallèles deux à deux (fig. 19).

3° Le *losange*, dont les quatre côtés sont égaux (fig. 20) ; on démontre en géométrie que le losange a aussi ses côtés parallèles deux à deux ;

Fig. 19

4° Le *rectangle*, dont les quatre angles sont droits (fig. 21) ;

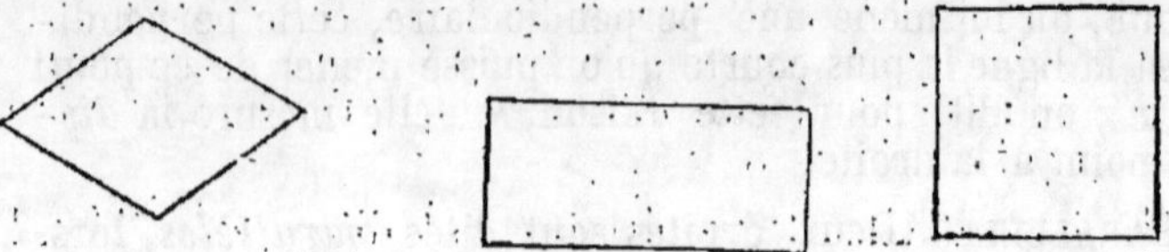

Fig. 20.   Fig. 21.   Fig. 22.

5° Le *carré*, dont les quatre côtés sont égaux, et dont les quatre angles sont droits (fig. 22).

RÉSUMÉ.

363. Ligne droite. — 364. Circonférence de cercle ; manière de la tracer ; rayon ; diamètre. — 365. Arcs de cercle; division de la circonférence en degrés, minutes et secondes. — 366. Angles ; idée qu'on doit se faire de la grandeur d'un angle. — 367. Mesure des angles au moyen des arcs de cercle ; évaluation des angles en degrés, minutes et secondes. — 368. Rapporteur. — 369. Angles droit, aigu, obtus. — 370. Perpendiculaire, oblique ; distance d'un point à une droite. — 371. Parallèles. — 372. Polygones ; côtés, angles, sommets, diagonales. — 373. Triangles ; triangle rectangle. — 374. Quadrilatères ; trapèze, parallélogramme, losange, rectangle, carré.

EXERCICES.

1. Convertir en secondes les angles suivants :

$$4° \ 17' \ 28'',3$$
$$25° \ 19' \ 29''$$
$$112° \ 48' \ 37''$$
$$172° \ 38' \ 45''$$

2. Décomposer en degrés, minutes et secondes les angles suivants :

$$529815''$$
$$215612''$$
$$324714''$$
$$76428''$$

3. Additionner les nombres de l'exercice 1.

4. Multiplier et diviser successivement par 2, 3, 4, 5, 6, 7, 8, 9, 10 les nombres suivants :

$$23° \ 18' \ 47''$$
$$87° \ 13' \ 14''$$
$$61° \ 28' \ 52''$$
$$127° \ 51' \ 7''$$

5. Étant donnés les deux angles suivants :

$$161° \ 15' \ 19''$$
$$24° \ 55' \ 20''$$

chercher combien de fois le premier contient le second, où plutôt à quelle fraction du second le premier est égal.

6. On prend souvent par unité d'angle l'angle droit, qui vaut 90° ; rapporter à cette unité les angles suivants :

$$15° \ 17' \ 28''$$
$$37° \ 15' \ 10''$$
$$79° \ 24'$$
$$120° \ 30'$$
$$0° \ 40' \ 25''$$

c'est-à-dire chercher à quelle fraction de l'angle droit chacun de ces angles est égal.

7. La somme des trois angles d'un triangle est égale à 2 angles droits ; les deux premiers ont respectivement pour valeurs

$$61° \ 27' \ 26''$$
$$88° \ 49' \ 50''$$

trouver la valeur du troisième.

8. La somme des angles d'un quadrilatère est égale à 4 angles droits; les valeurs des trois premiers sont :

$$102° \ 14'$$
$$29° \ 54'$$
$$88° \ 36'$$

trouver la valeur du quatrième.

9. La somme des angles d'un triangle et égale à 2 angles droits ; le premier est égal à 69° 18' 51″, les deux autres sont égaux entre eux ; trouver leur valeur commune.

10. Deux villes qui ne sont pas situées sur le même méridien, ont des heures différentes, et les horloges de celle qui est à l'est avancent sur les horloges de l'autre d'un temps qui se calcule à raison d'une heure pour 15° de différence dans les longitudes. Cela posé, la longitude de Brest est de 6° 49' 42″ à l'Ouest de Paris ; quelle heure est-il à Paris, quand il est midi à Brest ?

11. Même question pour Paris et Rome, sachant que la longitude de cette dernière ville est de 10° 7' 3″ à l'Est de Paris.

12. Des expériences précises ont établi que la différence des heures des observatoires de Paris et de Londres est de 9ᵐ 20ˢ, 63 ; quelle est la différence de longitude des deux observatoires ?

CHAPITRE II.

Mesure des aires.

375. DÉFINITIONS. On appelle *aire* ou *superficie* d'une figure fermée, la portion du plan limitée par le contour de cette figure.

Deux figures qui diffèrent par la forme et par les dimensions, peuvent néanmoins avoir la même superficie; on dit alors qu'elles sont *équivalentes* ; ainsi deux terres, l'une rectangulaire, l'autre triangulaire, peuvent être équivalentes.

On a choisi pour *unité superficielle* l'aire du carré qui a pour côté l'unité de longueur : suivant qu'on prend pour unité de longueur le mètre, ou le décamètre, ou l'hectomètre, etc., on prend pour unité d'aire le mètre carré, ou le décamètre carré, ou l'hectomètre carré, etc. Toutes ces unités ont entre elles des rapports simples ; nous avons vu que *chacune d'elles vaut* 100 *fois celle qui la suit immédiatement par ordre de grandeur.*

On appelle *bases* d'un parallélogramme deux côtés opposés quelconques, et *hauteur* la distance de ces deux bases, c'est-à-dire la longueur de la perpendiculaire abaissée d'un point de l'une des bases sur l'autre. Dans un rectangle, la base et la hauteur sont deux côtés consécutifs du rectangle ; on les appelle souvent les deux *dimensions* du rectangle.

On appelle *base* d'un triangle l'un quelconque des côtés, et *hauteur* la longueur de la perpendiculaire abaissée du sommet opposé sur la base.

On appelle *bases* d'un trapèze les deux côtés parallèles du trapèze, et *hauteur*, la distance des deux bases, c'est-à-dire la longueur de la perpendiculaire abaissée d'un point de l'une des bases sur l'autre base.

376. THÉORÈME. *L'aire d'un rectangle a pour mesure le produit du nombre qui mesure sa base par le nombre qui mesure sa hauteur.*

Je considère d'abord le cas où les deux côtés du rectangle sont des multiples exacts de l'unité de longueur ; supposons, par exemple, que la base du rectangle ABDC soit égale à 7 mètres, et

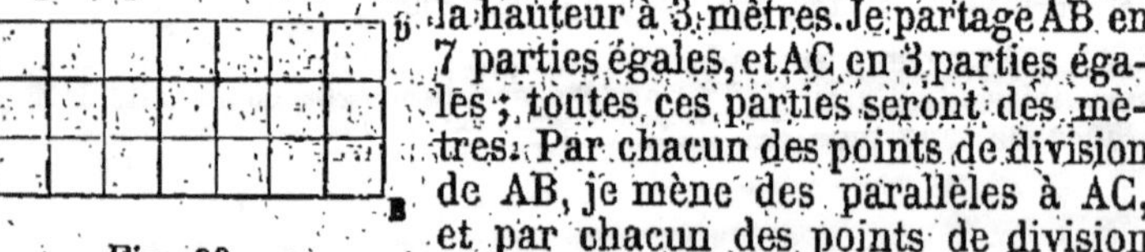

la hauteur à 3 mètres. Je partage AB en 7 parties égales, et AC en 3 parties égales ; toutes ces parties seront des mètres. Par chacun des points de division de AB, je mène des parallèles à AC, et par chacun des points de division de AC, des parallèles à AB ; ces lignes

Fig. 23.

décomposent le rectangle en carrés qui ont tous un mètre de côté, et qui sont, par conséquent des mètres carrés ; pour avoir l'aire du rectangle, il suffit de trouver le nombre des mètres carrés qu'il contient ; or 7 de ces carrés sont rangés le long de AB et forment une première tranche ; et le rectangle tout entier renferme 3 tranches pareilles ; son aire est donc égale à 3 fois 7 mètres carrés, ou bien à

$$7 \times 3 = 21 \text{ mètres carrés} ;$$

elle est donc bien exprimée par le produit des nombres qui mesurent la base et la hauteur.

Supposons en second lieu que les dimensions du rectangle ne soient pas des multiples exacts de l'unité de longueur ; prenons, par exemple, un rectangle dont la base soit égale à $5^m,2$, et dont la hauteur soit égale à $1^m,84$. Pour ramener ce cas au précédent, je prends le centimètre pour unité de longueur, et par suite, le centimètre carré pour unité d'aire ; la base du rectangle sera 520 centimètres, et sa hauteur, 184 centimètres ; donc, d'après la démonstration précédente, l'aire du rectangle sera égale à

$$520 \times 184 = 95680 \text{ centimètres carrés.}$$

Pour exprimer cette aire en mètres carrés, il faut diviser le nombre précédent par 10000, ce qui donne $9^{m\cdot q},5680$; or on aurait obtenu ce même nombre en faisant le produit des nombres décimaux 5,2, et 1,84 qui représentent la base et la hauteur du rectangle exprimées en mètres ; donc enfin, dans tous les cas, l'aire d'un rectangle s'obtient en multipliant les deux nombres qui mesurent sa base et sa hauteur.

377. REMARQUE. On énonce ordinairement ce théorème d'une manière plus courte en disant :

L'aire d'un rectangle est égale au produit de sa base par sa hauteur.

Mais il ne faut pas oublier : 1° que le produit de la base par la hauteur signifie le produit des nombres qui mesurent la base et la hauteur ; 2° que ces deux dimensions du rectangle doivent être mesurées avec une même unité de longueur, et qu'alors l'aire du rectangle est exprimée en unités superficielles correspondantes ; c'est-à-dire que si l'on mesure la base et la hauteur au moyen du décimètre, par exemple, l'aire sera exprimée en décimètres carrés . Cette observation s'applique également aux théorèmes suivants sur la mesure des aires.

EXEMPLE. Une terre rectangulaire a une longueur de $457^m,8$, et une largeur de $258^m,5$; trouver sa contenance en hectares.

Les deux dimensions étant données en mètres, leur produit fera connaître la surface de cette terre en mètres carrés ; cette surface sera donc

$$457,8 \times 258,5 = 118341^{m\cdot q},30$$

et il n'y a plus qu'à diviser ce nombre par 10000 pour exprimer cette surface en hectares ; cela donne $11^{h\cdot},834130$, ou 11 hectares 83 ares 41 centiares 30 décimètres carrés.

378. CONSÉQUENCE. *L'aire d'un carré est égale au carré de son côté.*

En effet le carré n'est autre chose qu'un rectangle dont les deux dimensions sont égales , le produit de ces deux dimensions est donc égal au carré de l'une d'elles.

EXEMPLE. Une cour a la forme d'un carré dont le côté est égal à $24^m,3$; quelle est sa superficie ?

Elle est égale à

$$24,3 \times 24,3 = 24,3^2 = 590^{m.q.},49$$

ou 5 décamètres carrés 90 mètres carrés 49 décimètres carrés.

379. THÉORÈME. *L'aire d'un triangle est égale à la moitié du produit de sa base par sa hauteur.*

Soit ABC un triangle dont la base est BC, et la hauteur, AD. Par le sommet A, je mène une parallèle à la base BC, et des points B et C, je mène des perpendiculaires à BC ; je forme ainsi un rectangle BCFE qui a la même base BC que le triangle, et la même hauteur, puisque les lignes parallèles EF et BC sont partout à la même distance et que par conséquent AD = BE.

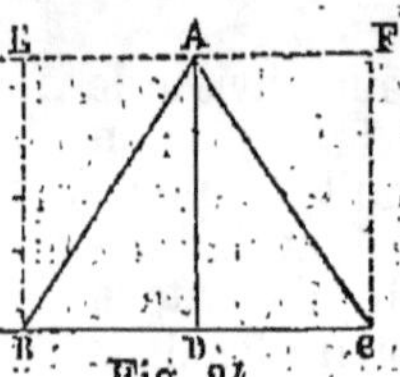

Fig. 24.

Cela posé, le triangle ABD est visiblement la moitié du rectangle ADBE, et de même le triangle ADC est la moitié du rectangle ADCF (1); donc le triangle ABC est la moitié du rectangle BCEF de même base et de même hauteur; or l'aire du rectangle a pour mesure le produit de sa base par sa hauteur ; donc l'aire du triangle a pour mesure la moitié du produit de sa base par sa hauteur.

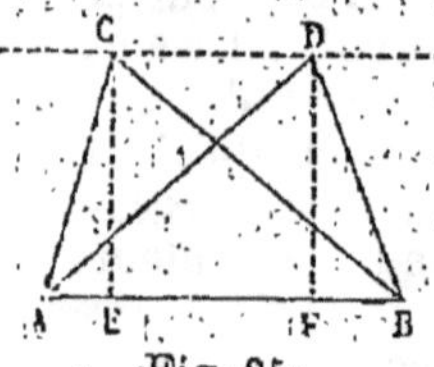

Fig. 25.

380. CONSÉQUENCE. Si deux triangles ABC, ABD, ont même base AB, et leurs sommets C et D sur une même parallèle à la base, ils sont équivalents ; car leurs hauteurs CE, DF sont égales, et les deux triangles, ayant même base et même hauteur, ont la même mesure.

381. THÉORÈME. *L'aire d'un parallélogramme a pour mesure le produit de sa base par sa hauteur.*

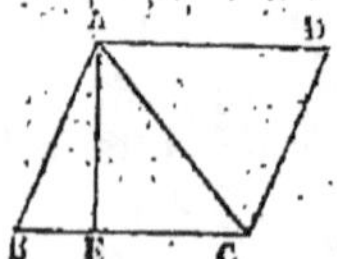

Fig. 26.

Soit ABCD un parallélogramme ayant pour base BC et pour hauteur AE ; je mène la diagonale AC ; elle divise le parallélogramme en deux triangles ABC et ADC qui sont évidemment égaux ; donc le parallélogramme ABCD est double du triangle ABC, qui a d'ailleurs même base et même hauteur, or le triangle a pour mesure la moitié du

____

(1) Pour montrer que le triangle ABD est en effet la moitié du rectangle ADBE, on peut prendre une feuille de papier rectangulaire, la couper en deux suivant la diagonale, et on vérifiera alors aisément que ces deux parties peuvent être appliquées l'une sur l'autre et par conséquent sont égales.

produit de sa base par sa hauteur : donc le parallélogramme a pour mesure le produit de sa base par sa hauteur.

382. THÉORÈME. *L'aire d'un trapèze a pour mesure la demi-somme de ses bases multipliée par sa hauteur.*

Soit ABCD un trapèze dont les bases sont AD et CB, et dont la hauteur est CE ; je décompose ce trapèze en deux triangles par la diagonale AC ; le premier, ADC, a pour base la base inférieure AD du trapèze et pour hauteur, la hauteur CE du trapèze ; la mesure de son aire est

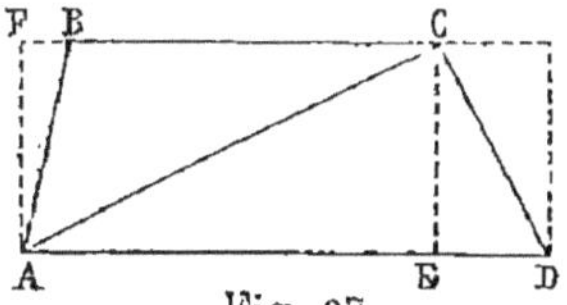

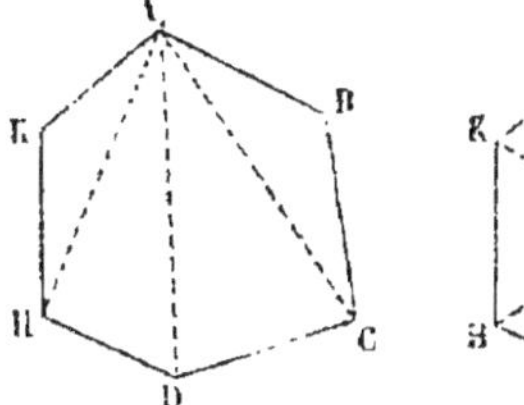

Fig. 27.

$$\frac{1}{2}\, AD \times CE ;$$

le second triangle ACB a pour base la base supérieure CB du trapèze et pour hauteur la perpendiculaire AF qui est égale à CE, puisque les deux parallèles AD et CB sont partout également distantes ; la mesure de ce second triangle est donc

$$\frac{1}{2}\, CB \times CE ;$$

alors le trapèze aura pour mesure la moitié de sa base inférieure multipliée par sa hauteur, plus la moitié de sa base supérieure multipliée par la hauteur, c'est-à-dire la demi-somme de ses bases multipliée par sa hauteur.

383. PROBLÈME. *Mesurer l'aire d'un polygone.*

Première méthode. On décompose le polygone donné en triangles, soit par des diagonales menées du même sommet, soit par des lignes menées d'un point intérieur à tous les sommets (fig. 28). On calcule ensuite séparément l'aire de chaque triangle et en ajoutant toutes ces aires, on obtient celle du polygone.

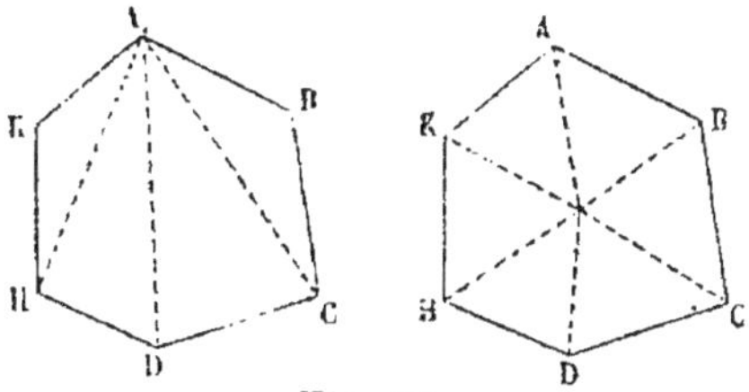

Fig. 28.

384. *Deuxième méthode.* On mène une diagonale CK du polygone, et de tous les sommets, on abaisse des perpendiculaires AP, BR, DQ, HN, LM sur cette diagonale ; le polygone se trouve ainsi décomposé en triangles et en trapèzes rectangles ; on calcule les aires de ces triangles et de ces trapèzes, et on les ajoute. Or on a :

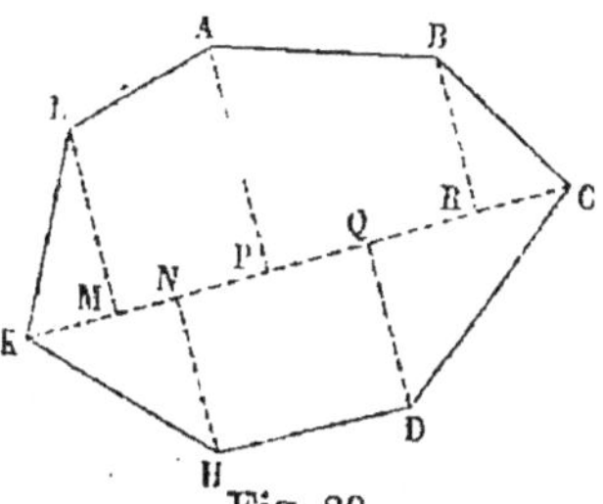

Fig. 29.

$$\text{triangle KLM} = \frac{1}{2}\,\text{ML} \times \text{KM},$$

$$\text{trapèze LMPA} = \frac{\text{LM} + \text{AP}}{2} \times \text{MP},$$

$$\text{trapèze APRB} = \frac{\text{AP} + \text{BR}}{2} \times \text{PR},$$

$$\text{triangle BRC} = \frac{1}{2}\,\text{BR} \times \text{RC},$$

$$\text{triangle DCQ} = \frac{1}{2}\,\text{DQ} \times \text{CQ},$$

$$\text{trapèze DQNH} = \frac{\text{DQ} + \text{NH}}{2} \times \text{NQ},$$

$$\text{triangle KNH} = \frac{1}{2}\,\text{NH} \times \text{KN};$$

ces valeurs nous montrent qu'il suffira de mesurer les perpendiculaires abaissées sur la diagonale, et les diverses portions de cette diagonale.

385. *Troisième méthode.* On peut toujours *convertir un polygone en un triangle équivalent*, et l'on n'a plus qu'à mesurer l'aire de ce triangle ; voici la méthode à suivre. Soit ABCDH un polygone quelconque, je prends trois sommets consécutifs B, C, D de ce polygone et je mène la diagonale BD ; puis je prolonge le côté AB, et par le point C, je mène une parallèle à BD jusqu'à la rencontre du côté AB prolongé au

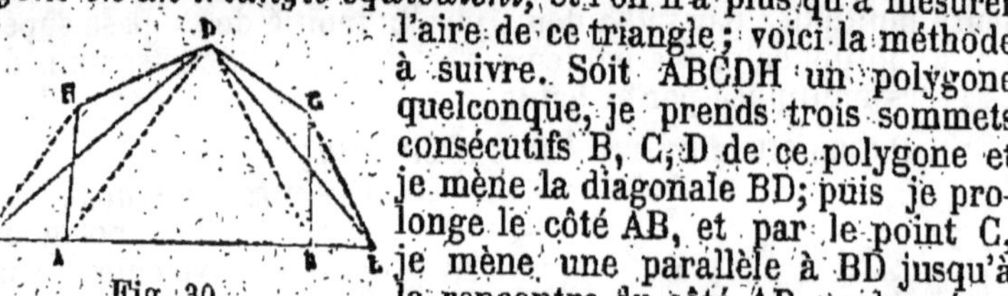

Fig. 30.

point L ; enfin je joins DL ; les deux triangles BDC, BDL, qui ont même base BD et leurs sommets C et L sur une parallèle à la base sont équivalents (V. le n° 380) ; je puis alors remplacer le triangle BDC par le triangle BLD et j'ai, au lieu du polygone ABCDH, le polygone ALDH, qui a un côté de moins.

En opérant de même sur les trois sommets consécutifs A, H, D du nouveau polygone, on obtiendra le triangle KDL équivalent au polygone ALDH, et par suite au polygone ABCDH.

REMARQUE. La deuxième méthode est préférable aux deux autres sur le terrain ; sur le papier, c'est la troisième qui est la plus rapide.

386. PPROBLÈME. *Trouver la mesure d'une figure terminée par une ligne courbe.*

On prend sur la ligne courbe une suite de points a, b, c, d, assez rapprochés pour que le polygone obtenu en les joignant deux à deux diffère peu de la figure donnée ; puis on détermine l'aire de ce polygone, en employant de préférence la méthode de la décomposition en trapèzes et en triangles rectangles. Ainsi, dans le cas de la figure, on déterminera les aires des trapèzes *amnb*, *bnpc*, *cpqd*, celles des triangles rectangles A*ma*, C*qd*, et celle du triangle ABC, et on additionnera toutes ces aires.

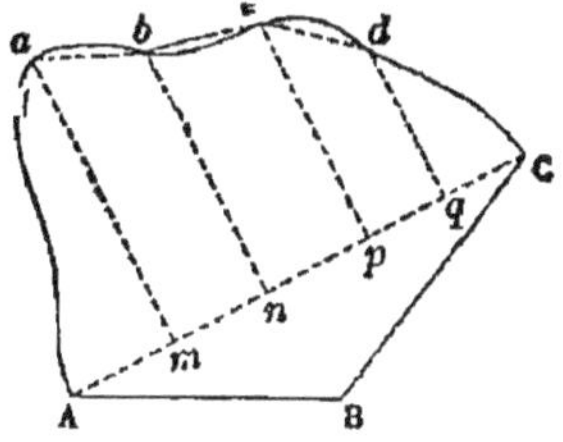

Fig. 31.

387. THÉORÈME. *L'aire d'un cercle est égale à la longueur de la circonférence multipliée par la moitié du rayon.*

Supposons qu'on entoure un cercle avec un fil très-fin, puis qu'on développe ce fil en ligne droite ; la longueur de cette ligne droite sera ce que nous appelons la longueur de cette circonférence.

Considérons alors un cercle quelconque et divisons sa circonférence en parties égales aux points A, B, C, D...; puis joignons ces points de division deux à deux ; nous formerons ainsi un polygone ABCD..., dont l'aire différera d'autant moins de celle du cercle que le nombre de ses côtés sera plus grand. Or on peut évaluer facilement l'aire de ce polygone, en le décomposant en triangles par des rayons aboutissant aux divers sommets ; ces triangles OAB, OBC..., sont tous égaux,

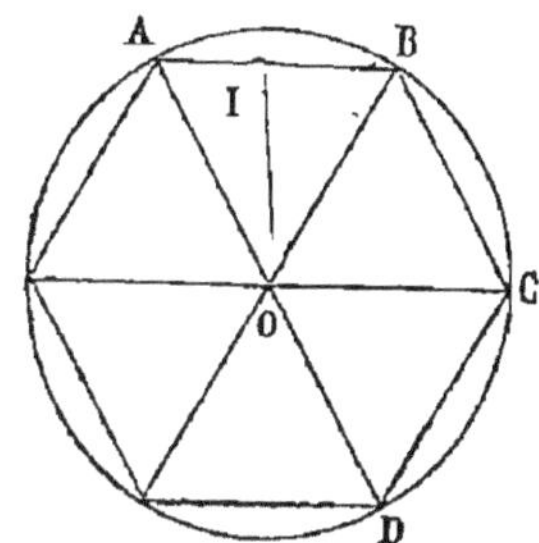

Fig. 32.

et par conséquent, ont des hauteurs égales ; leurs bases sont les côtés successifs du polygone ; donc la somme de tous ces triangles a pour mesure la demi-somme de leurs bases multipliée par la hauteur OI ; en d'autres termes, l'aire du polygone a pour mesure la moitié du produit de son contour par la longueur OI.

Supposons maintenant qu'on augmente indéfiniment le nombre des divisions de la circonférence ; l'aire du polygone se rapprochera de plus en plus de celle du cercle, et en même temps le contour du polygone se rapprochera de la longueur de la circonférence, et la ligne OI tendra à devenir égale au rayon. Donc, l'aire du cercle aura pour mesure la moitié du produit de sa circonférence par le rayon.

388. REMARQUE. On démontre que la demi-circonférence s'obtient en multipliant le rayon par un nombre constant qu'on désigne par la lettre grecque π, et dont la valeur est 3,1416 à 0,0001 près, c'est-à-dire qu'on a :

$$\frac{1}{2}\text{ circonf.} = \text{rayon} \times 3,1416$$

Or l'aire du cercle est égale à la demi-circonférence multipliée par le rayon ; donc

$$\text{Aire du cercle} = \text{rayon} \times 3,1416 \times \text{rayon}$$

ou enfin, en changeant l'ordre des facteurs,

$$\text{Aire du cercle} = 3,1416 \times \text{rayon} \times \text{rayon}$$

ce qu'on énonce ainsi :

L'aire d'un cercle est égale au carré du rayon, multiplié par le nombre π.

EXEMPLE. Trouver l'aire d'un disque circulaire dont le diamètre est de 37 millimètres.

Le rayon est égal à $\dfrac{37^{mm}}{2} = 18^{mm},5$ et alors l'aire est égale à

$$18,5^2 \times 3,1416 = 1075^{mm\,q},21 \text{ à } 0,01 \text{ près.}$$

RÉSUMÉ.

375. Définitions, aire, figures équivalentes ; choix de l'unité d'aire ; bases et hauteur d'un parallélogramme, d'un triangle, d'un trapèze. — 376. Mesure de l'aire d'un rectangle. — 377. Les deux dimensions d'un rectangle doivent être exprimées au moyen de la même unité de longueur. — 378. Aire d'un carré. — 379. Aire d'un triangle. — 380. Deux triangles qui ont même base et leurs sommets situés sur une parallèle à la base, sont équivalents. — 381. Aire d'un parallélogramme. — 382. Aire d'un trapèze. — 383, 384, 385. Mesure de l'aire d'un polygone par la décomposition en triangles, par la décomposition en trapèzes et en triangles rectangles, par la conversion en un triangle équivalent. — 386. Mesurer l'aire d'une figure terminée par une ligne courbe. — 387. Aire du cercle. — 388. Expression de cette aire au moyen du rayon.

EXERCICES.

1. Un champ rectangulaire a 362^m de longueur, et 142^m de largeur ; évaluer sa superficie en hectares, ares et centiares.

2. La contenance d'un jardin rectangulaire est de 15^a,28 ; sa longueur est de 46^m,80 ; quelle est sa largeur ?

3. La *perche*, ancienne mesure de superficie, était un carré de 18 *pieds* de côté ; le pied était le sixième de la *toise*, et la toise vaut 1^m,94904 ; trouver en mètres carrés la valeur de la perche et celle de *l'arpent* qui valait 100 perches.

4. On veut parqueter une chambre rectangulaire de 6^m,75 de lon-

gueur sur 5ᵐ,24 de largeur avec des planches de sapin de 10 centimètres de largeur sur 1ᵐ,92 de longueur; combien faudra-t-il de ces planches ?

5. On veut carreler une cuisine avec des carreaux ayant 144 millimètres de côté ; la superficie de la cuisine est de 23ᵐ·ᵠ·,725 ; combien faudra-t-il de ces carreaux ?

6. On emploie pour couvrir une maison des tuiles plates rectangulaires de 25 centimètres de longueur sur 17 centimètres de largeur ; le toit est à deux pentes, et chaque partie a la forme d'un rectangle de 14ᵐ de longueur sur 6ᵐ,25 de haut; les tuiles en se recouvrant perdent les $\frac{3}{5}$ de leur surface. Combien faudra-t-il de tuiles pour recouvrir ce toit ?

7. La hauteur d'un appartement est de 2ᵐ,90 déduction faite de la corniche et du soubassement, et le contour est de 21 mètres. Combien faudra-t-il de rouleaux de papier pour tapisser cette pièce ? Le rouleau a 8ᵐ de longueur et 50 centimètres de largeur ; mais on perd 2 centimètres sur la largeur, à cause du recouvrement.

8. Un jardin rectangulaire a 23ᵐ·,50 de largeur sur 48ᵐ,60 de longueur ; tout autour règne une plate-bande de 0ᵐ,80 de largeur, et à l'intérieur de cette plate-bande, un chemin rectangulaire de 1ᵐ,05 de largeur. Quelle est la surface de la portion de ce jardin qui est consacrée à la culture ?

9. Un terrain à bâtir a la forme d'un carré de 21ᵐ,75 de côté, et a été payé à raison de 118 fr. le mètre carré, sous la condition que l'acheteur ferait bâtir une maison à pans coupés aux quatre angles, de manière à enlever à chaque angle un triangle rectangle dont chaque côté de l'angle droit soit égal à 2 mètres ; quelle sera la superficie de la maison, et à combien reviendra en réalité le mètre carré du terrain bâti ?

10. La surface d'un rectangle est de 96ᵐ·ᵠ·; si on diminue sa hauteur de 2 mètres, sans changer la base, la surface diminue de 16ᵐ·ᵠ·; quelles sont les dimensions de ce rectangle ?

11. Le contour d'un champ rectangulaire est de 524ᵐ, et sa base est les $\frac{4}{5}$ de sa hauteur ; quelle est sa surface ?

12. Une terre a la forme d'un trapèze dont les deux bases sont égale à 167ᵐ et à 216ᵐ; la hauteur est de 68ᵐ,50; trouver la superficie de cette terre.

13. Un toit à quatre pentes se compose de deux trapèzes égaux et de deux triangles égaux ; la base inférieure de chaque trapèze est égale à 18ᵐ,20, et la base supérieure à 3ᵐ,60 ; la base de chaque triangle est égale à 14ᵐ,60, et la hauteur des trapèzes, égale à celle des triangles vaut 2ᵐ,55 ; quelle est la surface de ce toit ?

14. Dans les parquets en *point de Hongrie*, les feuilles ont la forme de parallélogrammes; on suppose que la base soit égale à 68 centimètres, et la hauteur à 12 centimètres; combien faudra-t-il de feuilles pour couvrir une surface de 39 mètres carrés ?

15. La surface d'un trapèze est égale à 128 m. q. ; sa hauteur est

17.

égale à 7^m,45, et l'une des bases à 3^m,25 ; quelle est la longueur de l'autre base ?

16. Une feuille de zinc pèse 72 grammes par décimètre carré; on emploie pour fabriquer un tuyau de conduite 25 feuilles de zinc de 69 centimètres de long sur 33 centimètres de large ; quel sera le poids de ce tuyau ?

17. Un polygone se compose de trois triangles, dont voici les bases et les hauteurs :

1er triangle, 36^m,70 de base, 48^m,30 de hauteur,
2e — 49^m,50 — 60^m,50 —
3e — 49^m,50 — 48^m,20 —

trouver la surface de ce polygone.

18. Pour mesurer un quadrilatère irrégulier, on a mené l'une de ses diagonales qui a 85^m,18 de longueur, et l'on a abaissé des deux autres sommets sur cette diagonale deux perpendiculaires dont les longueurs respectives sont 50^m,25 et 47^m,80 ; trouver l'aire de ce quadrilatère.

19. Pour mesurer un polygone de sept côtés, on a mené une diagonale du 1er au 5e sommet, puis de tous les autres sommets, on a abaissé des perpendiculaires sur cette diagonale; on a ainsi décomposé le polygone en triangles et trapèzes rectangles dont voici les dimensions :

d'un côté de la diagonale,

	Bases.	Hauteur.
1er triangle.	19^m,20	11^m,40
1er trapèze	{ 19^m,20 } { 24^m,48 }	18^m,75
2e trapèze	{ 24^m,48 } { 9^m,56 }	16^m,22
2e triangle	9^m,56.	2^m,88

de l'autre côté de la diagonale,

	Bases.	Hauteur.
1er triangle.	20^m,53	17^m,50
trapèze	{ 20^m,53 } { 21^m,08 }	19^m,40
2e triangle	21^m,08	12^m,35

Trouver l'aire de ce polygone.

20. Une corbeille circulaire, tracée dans un jardin, a 3^m,20 de rayon; quelle est sa surface ?

21. Un jardin a la forme d'un rectangle de 60 mètres de longueur sur 52 mètres de largeur; les allées occupent une superficie de 214$^{m.q.}$; de plus le centre de ce jardin est occupé par un bassin de 4^m,50 de diamètre, entouré d'une bordure de gazon de 0^m,40 de largeur ; quelle est la superficie réservée à la culture ?

22. Une feuille de cuivre pèse 134^{gr},25 par décimètre carré; dans cette feuille, on découpe un disque circulaire de 0^m,32 de diamètre; quel sera son poids ?

23. Dans le fond d'un tiroir, ayant 0^m,504 de largeur sur 0^m,63 de longueur, on range des pièces de 2 francs, de telle sorte que chacune d'elles touche par ses bords les pièces voisines et les parois du tiroir. La pièce de 2 francs ayant 27 millimètres de diamètre, on de-

mande : 1° combien on en pourra mettre dans le fond du tiroir ; 2° quelle sera la valeur de la surface recouverte par toutes ces pièces.

24. Même problème pour la pièce de 20 francs qui a 21 millimètres de diamètre. Montrez que la surface recouverte par les deux sortes de pièces est la même.

25. L'*ellipse* ou *ovale des jardiniers* est une courbe qui a deux axes inégaux ; on démontre que son aire est égale au produit des deux demi-axes, multiplié par le nombre π. Dans un jardin, une pelouse a la forme d'une ellipse dont le grand axe est égal à 11^m,60, et le petit a 8^m,90 ; trouver l'aire de cette ellipse.

26. L'aire d'un carré est égale à 261^m,939 ; quel est le côté de ce carré ?

27. L'aire d'un rectangle est égale à 947 mètres carrés, et la base est les $\frac{4}{5}$ de la hauteur ; trouver à 0^m,01 près les deux dimensions de ce rectangle.

28. La place de l'Étoile à Paris, a la forme d'un cercle, et sa superficie est de 450 ares ; quel est le rayon de ce cercle ?

CHAPITRE III.

Des polyèdres.

389. On appelle *plan* ou *surface plane* une surface telle que, si l'on y pose une règle dans toutes les directions possibles, cette règle s'applique exactement sur la surface. Telle est la surface d'une table bien dressée, d'une tablette de marbre ou de pierre ; telle est surtout la surface d'une eau tranquille, qui offre l'image la plus exacte d'un plan.

390. Une ligne droite qui tombe sur un plan, est dite *perpendiculaire à ce plan*, lorsqu'elle est perpendiculaire à toutes les

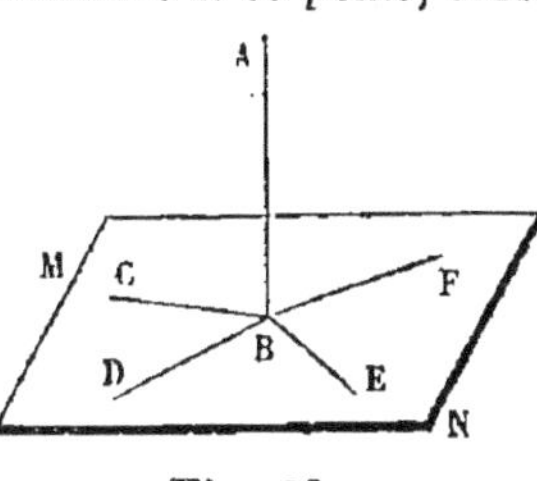

Fig. 33.

droites qui passent par son pied dans ce plan. Ainsi soit MN un plan, AB une ligne qui coupe ce plan au point B, et BC, BD, BE, BF des lignes menées par le point B sur le plan dans toutes les directions ; si la ligne AB est perpendiculaire à la fois à toutes ces lignes, on dit qu'elle est perpendiculaire au plan. Le point B où la perpendiculaire rencontre le plan s'appelle le *pied* de cette ligne.

Lorsqu'une ligne est perpendiculaire à un plan, réciproquement on dit que le plan est perpendiculaire à la droite.

On a un exemple simple d'une droite perpendiculaire à un plan, si l'on prend la *verticale* et un plan *horizontal*. La surface d'une eau tranquille est un plan horizontal ; la verticale, c'est la direction du fil à plomb ; l'expérience prouve que cette direction est perpendiculaire à toutes les lignes droites qu'on peut tracer sur un plan horizontal ; par conséquent, un plan horizontal et une verticale sont perpendiculaires.

391. Si d'un point pris hors d'un plan, on mène une perpendiculaire à ce plan, cette ligne est la plus courte qu'on puisse mener de ce point au plan, et par conséquent, elle mesure la *distance* de ce point au plan.

392. On dit que deux plans sont *parallèles* lorsqu'ils sont partout à égale distance, c'est-à-dire, quand les perpendiculaires abaissées de tous les points du premier sur le second sont égales. Ainsi deux plans horizontaux sont parallèles.

393. POLYÈDRES. On appelle *polyèdre* un corps terminé de tous côtés par des plans. Ces plans se coupent deux à deux suivant des lignes droites qu'on nomme les *arêtes* du polyèdre. Les arêtes situées dans un même plan, déterminent des polygones qu'on appelle les *faces* du polyèdre. Enfin les sommets de ces polygones s'appellent les sommets du polyèdre.

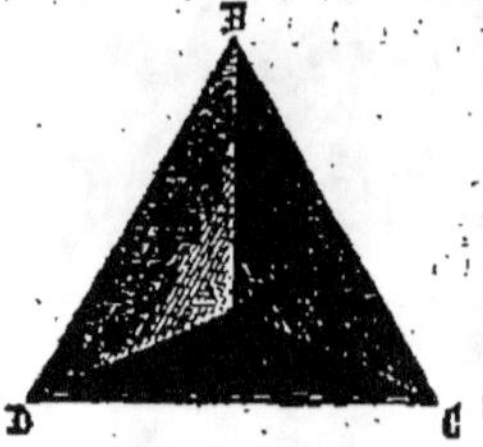

Fig. 34.   Le plus simple des polyèdres est le *tétraèdre* (fig. 34) qui a quatre faces triangulaires ; il a 6 arêtes et 4 sommets A, B, C, D.

394. PRISMES. On nomme *prisme* un polyèdre qui a deux faces polygonales égales et parallèles, ABCDE, A'B'C'D'E', réunies l'une à l'autre par des parallélogrammes ABB'A', BCC'B', etc. Les deux polygones égaux et parallèles ABCDE, A'B'C'D'E' s'appellent les *bases* du prisme, et les parallélogrammes ABB'A', BCC'B', etc. sont les *faces latérales* ou les *pans*; on donne encore le nom d'*arêtes latérales* aux lignes égales et parallèles AA', BB', CC', etc. qui joignent deux à deux les sommets des deux bases.

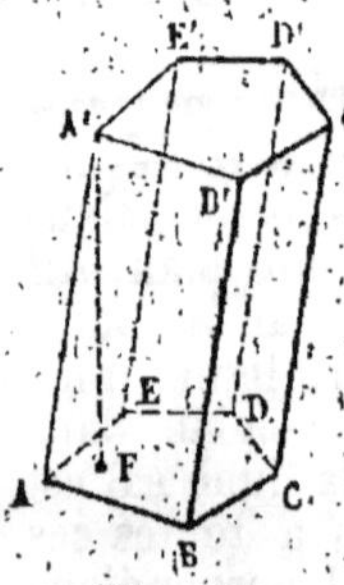

Fig. 35.   On distingue les prismes par le nombre des côtés de leurs bases, ou, ce qui revient au même, par le nombre de leurs pans ; ainsi, suivant que la base est un triangle ou un quadrilatère, etc., le prisme est dit *triangulaire, quadrangulaire*, etc. on dit encore que c'est un prisme à trois pans, à quatre pans, etc.

On dit qu'un prisme est *droit*, lorsque les arêtes latérales sont perpendiculaires aux plans des bases ; dans le cas contraire, le prisme est *oblique*.

On appelle *hauteur* d'un prisme la distance des plans des deux bases ; si d'un point quelconque de la base supérieure, du point A' par exemple, on abaisse une perpendiculaire A'F sur le plan de la base inférieure, cette ligne est la hauteur du prisme. Quand le prisme est droit, sa hauteur n'est autre chose que l'une quelconque des arêtes latérales.

395. PARALLÉLIPIPÈDES. On donne le nom de *parallélipipède* au prisme qui a pour base un parallélogramme (fig.36) ; il est clair que toutes les faces d'un parallélipipède sont des parallélogrammes.

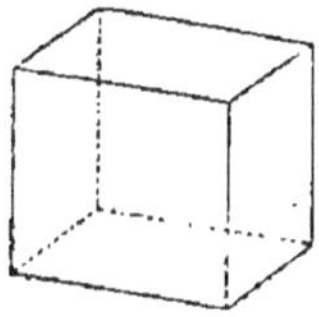

Le parallélipipède est *droit*, quand les arêtes latérales sont perpendiculaires aux plans des bases.

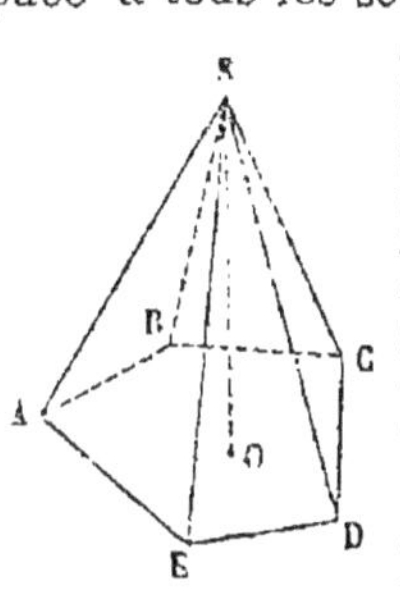

Fig. 36.

On appelle parallélipipède *rectangle* un parallélipipède droit dont la base est un rectangle. On emploie beaucoup le parallélipipède rectangle; c'est la forme qu'on donne aux briques, aux pierres de taille, aux poutres et à une foule d'autres objets. Les six faces d'un parallélipipède rectangle sont des rectangles égaux deux à deux. Les trois arêtes qui partent d'un même sommet s'appellent les trois *dimensions* du parallélipipède.

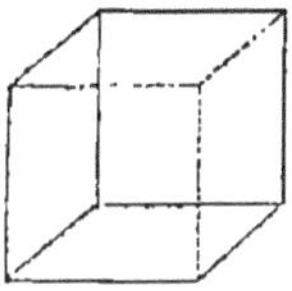

On appelle *cube* un parallélipipède rectangle dont toutes les faces sont des carrés égaux (fig.37), toutes les arêtes sont égales, et l'une quelconque porte le nom de *côté* du cube.

Fig. 37.

396. PYRAMIDES. On appelle pyramide un polyèdre compris entre un polygone plan ABCDE et les triangles que l'on obtient en joignant un point S de l'espace à tous les sommets de ce polygone (fig. 38). Le polygone ABCDE est la *base* de la pyramide, et le point S en est le *sommet* ; les triangles SAB, SBC, SCD... s'appellent les *faces latérales* de la pyramide, et les arêtes SA, SB, SC... qui partent du sommet, prennent le nom d'*arêtes latérales*. On appelle *hauteur* de la pyramide la longueur de la perpendiculaire SO, abaissée du sommet sur le plan de la base.

Une pyramide est dite *triangulaire*, *quadrangulaire*, *polygonale*, quand la base est un triangle, un quadrilatère, un polygone. La pyramide triangulaire n'est autre chose qu'un tétraèdre.

Fig. 38.

Si l'on coupe une pyramide SABCDE par un plan parallèle à

sa base, et qu'on enlève la pyramide supérieure S*abcde*, le polyèdre restant s'appelle une *pyramide tronquée*, ou un *tronc de*

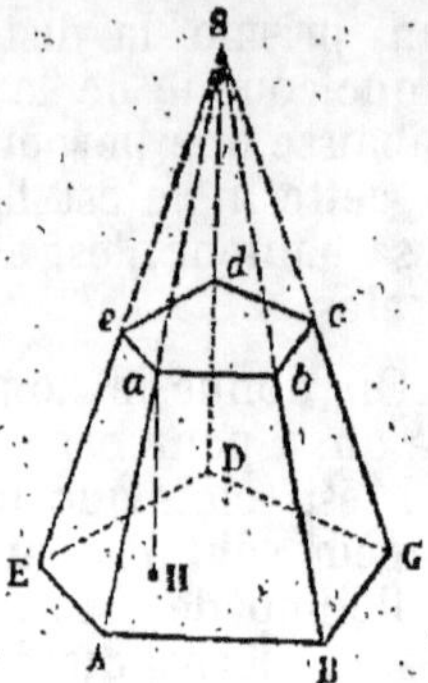

Fig. 39.

pyramide à bases parallèles. Les deux polygones ABCDE, *abcde*
s'appellent les deux *bases* du tronc, et la distance de leurs plans,
*a*H, se nomme la hauteur du tronc.

RÉSUMÉ.

389. Définition du plan. — 390. Droite perpendiculaire à un plan ;
plan horizontal, ligne verticale. — 391. Distance d'un point à un plan.
— 392. Plans parallèles. — 393. Polyèdres, faces, arêtes, sommets. —
394. Prismes ; bases et hauteur d'un prisme ; prisme droit ; prisme
oblique. — 395. Parallélipipèdes ; parallélipipède droit ; parallélipipède rectangle ; cube. — 396. Pyramides ; base, hauteur ; tronc de
pyramide à bases parallèles.

CHAPITRE IV.

Mesure des volumes et des surfaces des corps.

VOLUME DES POLYÈDRES.

397. DÉFINITIONS. Pour mesurer le volume d'un corps, il faut,
avant tout, choisir l'unité de volume. On est convenu de prendre
pour *unité de volume le volume du cube qui a pour côté l'unité
de longueur.* En France, où les unités de longueur usitées sont
le mètre, ses multiples et ses sous-multiples, les unités de vo-

lume seront des cubes ayant pour côtés le mètre, le décimètre, le centimètre, le millimètre, ou bien le décamètre, l'hectomètre, le kilomètre et le myriamètre. On donne le nom de *mètre cube*, au cube qui a un mètre de côté; et on appelle de même *décimètre cube, centimètre cube*, etc., les cubes qui ont pour côtés le décimètre ou le centimètre, etc.

398. Toutes ces unités de volume ont entre elles des rapports très-simples : on a fait voir en arithmétique, et nous démontrerons bientôt que le mètre cube vaut 1000 décimètres cubes, celui-ci, 1000 centimètres cubes, etc ; et, en général, que *chacune des unités de volume vaut* 1000 *fois celle qui la suit immédiatement par ordre de grandeur*. Il résulte de là que, pour passer d'une de ces unités à une autre, il suffira de multiplier ou de diviser les nombres qui expriment les volumes par 1000, ou par 1000000, ou par 1000000000, etc.; si, par exemple, un volume est exprimé en centimètres cubes, et qu'on veuille le rapporter au mètre cube, ou au décimètre cube, il suffira de diviser le nombre qui représente ce volume par 1000000 ou par 1000.

399. On emploie encore sous le nom de *mesures de capacité* des unités de volume qui dérivent des précédentes; ce sont, le *litre*, qui équivaut à un décimètre cube, le *décalitre*, qui vaut 10 litres, l'*hectolitre*, qui vaut 100 litres, le *décilitre* qui est la 10e partie du litre, et le *centilitre* qui en est la 100e partie.

400. THÉORÈME. *Le volume d'un parallélipipède rectangle a pour mesure le produit de ses trois dimensions.*

Je suppose d'abord que les dimensions du parallélipipède rectangle soient des multiples de l'unité de longueur. Soit ABCDEFGH un parallélipipède rectangle dont les arêtes CD, CA et CH sont respectivement égales à 5 mètres, 2 mètres et 3 mètres. La base ABCD du parallélipipède contient 5 × 2 ou 10 mètres carrés (n° 376), sur chacun de ces mètres carrés, on pourra placer un mètre cube, comme on le voit en CMNO ; on aura ainsi une tranche de 10 mètres cubes, et cette tranche n'aura qu'un mètre de hauteur ; pour remplir tout le parallélipipède, il faudra trois tranches pareilles. Le parallélipipède contiendra donc en tout 5 × 2 × 3 ou 30 mètres cubes ; son volume est donc exprimé par le produit de ses trois dimensions.

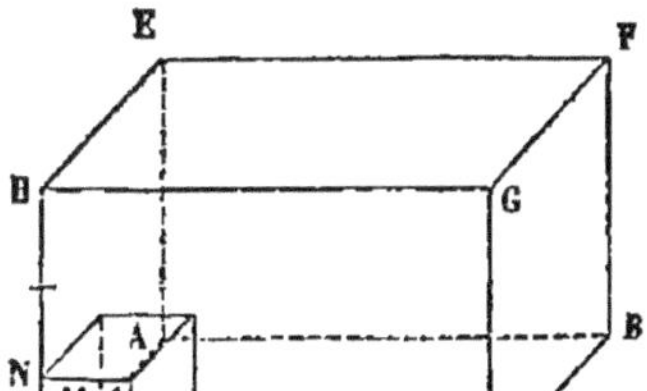

Fig. 40.

En particulier, considérons un cube dont le côté soit égal à 10 fois l'unité de longueur, il contiendra 10 × 10 × 10 ou 1000 fois l'unité de volume; ce qui démontre que le mètre cube vaut 1000 décimètres cubes, le décimètre cube, 1000 centimètres cubes, et ainsi de suite.

Prenons maintenant un parallélipipède rectangle dont les dimensions soient quelconques ; supposons, par exemple, qu'elles soient égales à 2^m,5, 4^m,92 et 0^m,69 ; j'exprime toutes ces longueurs au moyen d'une unité assez petite pour qu'elles soient représentées par des nombres entiers ; il faudra ici les rapporter au centimètre, elles seront alors égales à 250 centimètres, 492 centimètres, et 69 centimètres. La démonstration précédente prouve que le volume du parallélipipède rectangle est égal à 250 × 492 × 69 ou à 8487000 centimètres cubes ; mais le centimètre cube est la millionième partie du mètre cube ; donc ce volume, rapporté au mètre cube comme unité, sera 8^{mc},487000 ; or, d'après la règle de la multiplication des nombres décimaux, ce nombre aurait pu être obtenu en multipliant les trois nombres décimaux 2,50, 4,92 et 0,69 ; par conséquent le volume du parallélipipède rectangle est encore mesuré par le produit de ses trois dimensions ; C. Q. F. D.

401. REMARQUE. Il résulte de la démonstration même que les trois dimensions devront être exprimées au moyen de la même unité de longueur, et alors le volume sera exprimé en unités correspondantes.

EXEMPLE. Une tablette de marbre a 1^m,80 de longueur, 0^m,35 de largeur et 26 millim. d'épaisseur, quel est son volume ?

J'exprime toutes les dimensions en mètres et alors le volume en mètres cubes sera

$$1,80 \times 0,35 \times 0,026 = 0^{mc},01638,$$

ou 16 décimètres cubes 380 centimètres cubes.

402. CONSÉQUENCES I. La base du parallélipipède est un rectangle, dont l'aire a pour mesure le produit de ses deux dimensions ; il en résulte que *un parallélipipède rectangle a pour mesure le produit de sa base par sa hauteur.*

403. II. Le cube est un parallélipipède rectangle, dont toutes les dimensions sont égales, donc *le volume du cube a pour mesure le cube de son côté.* C'est à cause de cette propriété que l'on a donné le nom de cube à la troisième puissance d'un nombre.

404. THÉORÈME. *Le volume d'un parallélipipède quelconque a pour mesure le produit de sa base par sa hauteur.*

La base d'un parallélipipède est un parallélogramme dont il faudra d'abord mesurer la surface, on multipliera ensuite cette aire par la hauteur du parallélipipède, et on aura le volume. Nous ne démontrerons pas ce théorème.

405. THÉORÈME. *Le volume d'un prisme a pour mesure le produit de sa base par sa hauteur.*

Ce théorème comprend les deux précédents ; car un parallélipipède est un prisme dont la base est un parallélogramme.

406. THÉORÈME. *Le volume d'une pyramide a pour mesure le tiers du produit de sa base par sa hauteur*.

Il résulte de cet énoncé que toute pyramide est le tiers du prisme de même base et de même hauteur.

407. THÉORÈME. *Le volume d'un tronc de pyramide à bases parallèles est égal à la somme des volumes de trois pyramides ayant pour hauteur commune la hauteur du tronc et pour bases respectives, la base inférieure du tronc, sa base supérieure et une moyenne proportionnelle entre ces deux bases*.

408. REMARQUE. L'application des théorèmes précédents exige que l'unité d'aire qui sert à mesurer la base, et l'unité de longueur qui sert à mesurer la hauteur, soient des unités correspondantes.

409. APPLICATIONS. Une pile de bûches a la forme d'un parallélipipède rectangle, les bûches ont 1^m, 26 de longueur ; la pile à 3^m,40 de long, et 2^m,60 de hauteur ; combien contient-elle de stères ?

Il suffit de multiplier les trois dimensions, ce qui donne pour le volume,

$$1,26 \times 3,40 \times 2,60 = 11^{m\cdot,c}. 1384,$$

Ou bien, 11 stères 138 décimètres cubes environ.

II. Une colonne prismatique en pierre à 4^m,20 de hauteur, et le polygone de base a une superficie de 6 décimètres carrés 50 centimètres carrés. Quel est le volume de cette colonne et son poids, en supposant que la densité de la pierre soit 2,5 ?

J'exprime d'abord la hauteur et la base en unités correspondantes : ici je prendrai, par exemple, le décimètre et le décimètre carré ; alors le volume, en décimètres cubes, sera

$$6,50 \times 42 = 273 \text{ décimètres cubes ;}$$

le poids en kilogrammes sera

$$273 \times 2,5 = 682^{kg\cdot}, 5$$

III. La plus grande pyramide d'Egypte a pour base un carré de 232^m,75 de côté ; sa hauteur est de 146 mètres ; quel est son volume ?

L'aire de la base s'obtient en faisant le carré de 232,75, et alors le volume de la pyramide est

$$\frac{1}{3} 232,75^2 \times 146 = 2636398^{mc}., 032,$$

ou 2 hectomètres cubes 636 décamètres cubes, 390 mètres cubes, 32 décimètres cubes. On voit que cette pyramide a un volume très-considérable ; on s'en fera une idée plus nette en supposant qu'avec les matériaux qui la composent on fasse un mur de 2 mètres de hauteur et de 0m,40 d'épaisseur : la longueur de ce mur serait alors

$$\frac{2636398,032}{2 \times 0,40} = 3270497 \text{ mètres,}$$

ou 3270 kilomètres environ ; un pareil mur pourrait faire le tour de la France.

IV. L'obélisque de Luxor est un tronc de pyramide très-allongé, à bases carrées, surmonté sur sa petite base d'une pyramide ir- régulière. Le côté de la base inférieure a 2m,42 de longueur, ce- lui de la base supérieure, 1m,54 ; la distance des deux bases est égale à 21m,60, et la hauteur de la pyramide à 1m,20. Trouver le poids de l'obélisque, sachant que le mètre cube du granit dont il est formé pèse 2750 kilogrammes.

Cherchons d'abord son volume : l'aire de la grande base du tronc est $2,42^2 = 5^{mq},8564$; celle de la petite base est $1,54^2 = 2^{mq},3716$; la moyenne proportionnelle entre les deux bases est $\sqrt{2,42^2 \times 1,54^2}$ ou bien, $2,42 \times 1,54 = 3^{mq},7268$; j'ajoute ces trois nombres, ce qui me donne 11,9548. Le volume du tronc de pyramide est alors :

$$11,9548 \times \frac{21,60}{3} = 86^{mc},074560.$$

Le volume de la pyramide sera de même

$$2,3716 \times \frac{1,20}{3} = 0^{mc},948640 :$$

et le volume total de l'obélisque sera enfin

$$86^{mc},07456 + 0^{mc},94864 = 87^{mc},0232.$$

Alors son poids est :

$$2750^{kg} \times 87,0232 = 239313^{kg},8.$$

ou 2393 quintaux métriques environ.

SURFACES ET VOLUMES DES CORPS RONDS.

410. DÉFINITIONS. Un *cylindre* est un corps engendré par la ro- tation d'un rectangle ACDK autour d'un de ses côtés CD (fig. 41); les deux côtés CA et DK, en tournant décrivent deux cercles égaux, et le côté AK, parallèle à l'axe CD, décrit une surface courbe qu'on appelle la *surface latérale* du cylindre. Les deux cercles s'appellent les deux *bases* du cylindre, et la longueur de l'axe CD s'appelle la *hauteur*.

On peut assimiler un cylindre à un prisme ayant un nombre

indéfini de .pans : considérons un prisme droit ABCDE... A′B′C′ D′E′..., dont les bases soient des polygones réguliers, et traçons les cercles qui passent par les sommets de ces deux polygones. Si

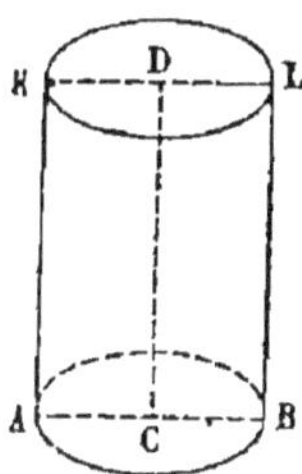

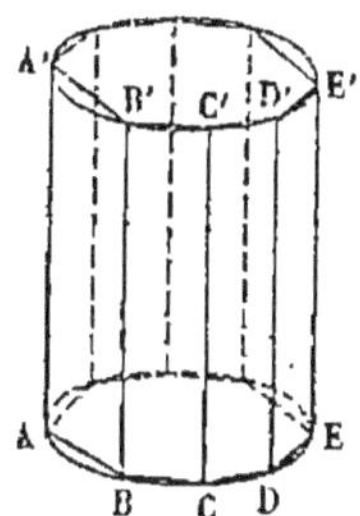

Fig. 41. Fig. 42.

nous supposons maintenant qu'on construise des prismes ayant tous pour bases des polygones réguliers inscrits dans les mêmes cercles, et ayant un nombre de plus en plus grand de faces, leurs bases finiront par se confondre sensiblement avec les deux cercles et le prisme deviendra alors un cylindre.

Un *cône* est un corps engendré par la rotation d'un triangle rectangle SOA autour d'un des côtés de l'angle droit SO ; le côté OA, en tournant, décrit un cercle qu'on appelle la *base* du cône ; le côté SA décrit une surface courbe qu'on appelle la *surface latérale* du cône. Le point S s'appelle le *sommet* du cône, la perpendiculaire SO, abaissée du sommet sur le plan de la base, se nomme la *hauteur* du cône, et la ligne SA s'appelle le *côté*.

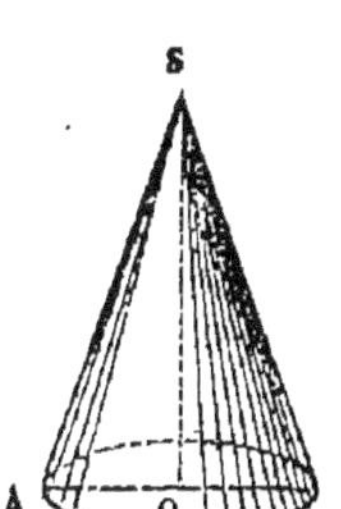

Fig. 43.

De même que le cylindre peut être assimilé à un prisme ayant un nombre de faces extrêmement grand, le cône peut être considéré comme une pyramide dont la base est un polygone régulier ayant un nombre de côtés extrêmement grand et se confondant alors sensiblement avec un cercle.

On appelle *tronc de cône à bases parallèles* le solide qu'on obtient en coupant un cône par un plan parallèle à sa base et enlevant le cône ainsi détaché ; les deux *bases* du tronc de cône sont les deux cercles supérieur et inférieur qui le limitent, la *hauteur* du tronc de cône est la distance des plans des deux bases, et le *côté* est la différence des côtés des deux cônes.

411. THÉORÈME. *La surface latérale d'un cylindre est égale à la circonférence de la base multipliée par la hauteur.*

EXEMPLE. Un tuyau cylindrique en tôle a 60 centimètres de

hauteur, et 106 millimètres de diamètre ; trouver en centimètres carrés la surface de la tôle employée pour faire ce tuyau.

La circonférence de la base est égale au diamètre multiplié par le nombre π ; donc la surface du tuyau est, en centimètres carrés,

$$10,6 \times \pi \times 60 = 3,1416 \times 636 = 1998^{c\,q} \text{ environ.}$$

412. Théorème. *Le volume d'un cylindre est égal à la surface de la base multipliée par la hauteur.*

Même énoncé que pour le volume du prisme.

Exemple. Un vase cylindrique a un diamètre de 28 centimètres et une profondeur de 45 centimètres ; quelle est sa capacité en litres ?

Je prends le décimètre pour unité de longueur, puisqu'on demande le volume en décimètres cubes. Le rayon de la base est alors $1^{dm},4$, et la surface de cette base est égale à $1,4^2 \times \pi$; la capacité du vase est donc

$$1,4^2 \times \pi \times 4,5 = 8,82 \times 3,1416 = 27^l,71,$$

à un demi-centilitre près par excès.

413. Théorème. *La surface latérale d'un cône est égale à la moitié du produit de son côté par la circonférence de sa base.*

Exemple. Une *forme à sucre* a la figure d'un cône creux en cuivre ; le diamètre de la base est égal à 24 centimètres, et le côté du cône est égal à 61 centimètres ; quelle est la surface de la feuille de cuivre qui a servi à faire cet appareil ?

La circonférence de la base est égale à $24^c \times \pi$; et la surface demandée, exprimée en centimètres carrés, vaut

$$\frac{1}{2} 24 \times \pi \times 61 = 732 \times 3,1416 = 2299^{c\,q},65$$

environ, ou 2300 cent. carrés, à un demi-centimètre carré près par excès, ou enfin, 23 décimètres carrés.

414. Théorème. *Le volume d'un cône est égal au tiers du produit de la surface de sa base multipliée par sa hauteur.*

Même énoncé que pour le volume de la pyramide.

Exemple. Trouver le volume d'un pain de sucre dont la hauteur est égale à 48 centimètres et le diamètre de base à 20 centimètres. Le volume en centimètres cubes sera

$$\frac{1}{3} 10^2 \times \pi \times 48 = 1600 \times 3,1416 = 5026^{cc},56,$$

ou simplement 5 décimètres cubes 27 centimètres cubes.

415. Théorème. *La surface latérale d'un tronc de cône est égale à la demi-somme des circonférences des bases multipliée par le côté.*

EXEMPLE. Un abat-jour de lampe en papier a la forme d'un tronc de cône dont le côté est égal à 17 centimètres ; les diamètres des circonférences des deux bases sont égaux à 31 centimètres et à $7^c,5$; trouver la surface du papier employé dans cet abat-jour.

Les circonférences des deux bases ont pour longueur respectives

$$31^c \times \pi \text{ et } 7^c,5 \times \pi ;$$

leur demi-somme est $\dfrac{31 + 7,5}{2} \times \pi$; et la surface du tronc du cône est

$$\frac{31 + 7,5}{2} \times \pi \times 17 = 327, 25 \times 3,1416 = 1028^{c\cdot q},0886,$$

ou 10 décimètres carrés 28 centimètres carrés 9 millimètres carrés environ.

416. THÉORÈME. *Le volume d'un tronc de cône est égal à la somme des volumes de trois cônes ayant pour hauteur commune la hauteur du tronc et pour bases respectives, la base inférieure du tronc, la base supérieure et une moyenne proportionnelle entre ces deux bases.*

Désignons pour plus de simplicité par R et r les rayons des deux bases du tronc et par H sa hauteur ; la base inférieure du tronc aura pour mesure $R^2 \times \pi$, et l'autre $r^2 \times \pi$; la moyenne proportionnelle entre ces deux bases sera

$$\sqrt{R^2 \times \pi \times r^2 \times \pi} = \sqrt{R^2 \times r^2 \times \pi^2} = R \times r \times \pi ;$$

par conséquent, le volume du tronc de cône sera

$$\frac{1}{3} R^2 \times \pi \times H + \frac{1}{3} r^2 \times \pi \times H + \frac{1}{3} R \times r \times \pi \times H ;$$

or, au lieu de multiplier séparément par $\dfrac{1}{3}$, par π et par H les trois quantités R^2, r^2 et $R \times r$, on peut multiplier la somme de ces quantités par le produit $\dfrac{1}{3} \times \pi \times H$, et l'on a ainsi, pour exprimer le volume du tronc de cône, la formule

$$\frac{1}{3} \times \pi \times H \times (R^2 + r^2 + R \times r).$$

EXEMPLE. Trouver la capacité d'un seau qui a la forme d'un tronc de cône, et dont les diamètres sont 26 centimètres et 32 centimètres, et la profondeur, 39 centimètres.

Je prends le décimètre pour unité de longueur, et j'applique la formule précédente ; la capacité de ce seau sera alors

$$\frac{1}{3}\,\pi\times 3,9\times(1,6^{\,2}+1,3^{\,2}+1,6\times 1,3)=$$

$$8,229\times 3,1416 = 25^{\,1},85,$$

à un demi-centilitre près.

417. DÉFINITIONS. On appelle *sphère* un corps tel que tous les points de sa surface sont également éloignés d'un point intérieur appelé *centre*. Les lignes menées du centre aux différents points de la surface, et qui sont toutes égales, s'appellent des *rayons*. Toute ligne passant par le centre et terminée des deux côtés à la surface de la sphère, s'appelle un *diamètre*. Le diamètre est le double du rayon, et par conséquent tous les diamètres sont égaux.

Si l'on coupe une sphère par un plan quelconque, la courbe d'intersection est un cercle; si le plan coupant passe par le centre de la sphère, la courbe s'appelle un *grand cercle*; les cercles obtenus en coupant la sphère par des plans qui ne passent pas au centre, se nomment des *petits cercles*.

La terre a sensiblement la forme d'une sphère; cette sphère tourne en 24 heures autour d'un de ses diamètres PP', qu'on appelle l'*axe* de la terre; les extrémités P et P' s'appellent les *pôles*; l'un est le *pôle boréal*, l'autre le *pôle austral*. Si on mène par le centre O un plan perpendiculaire à l'axe, il coupera sa surface suivant un grand arc ABC, qui s'appelle l'*équateur*. Tout plan passant par l'axe coupe la surface du globe terrestre suivant un grand cercle qu'on appelle un *méridien*; tel est le cercle PDP'C; PAP', PBP' sont deux demi-méridiens. Si l'on coupe enfin le globe terrestre par des plans perpendiculaires à l'axe, ils déterminent des petits cercles tels que DME, FGH, qui portent le nom de *parallèles*; les *cercles polaires* et les *tropiques* sont des parallèles.

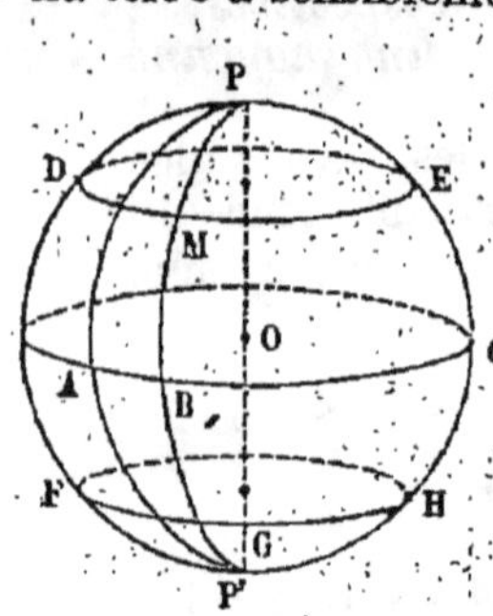

Fig. 44.

418. THÉORÈME. *La surface d'une sphère est égale à quatre fois la surface d'un grand cercle.*

Soit R le rayon de la sphère; la surface d'un grand cercle est égale à $R^2\times\pi$; donc la surface de la sphère sera égale à $R^2\times 4\,\pi$.

EXEMPLE. Trouver la surface du globe terrestre.

La circonférence d'un méridien est égale à 40000000ᵐ ou à 40000ᵏᵐ; alors le diamètre de la terre est égal à $\dfrac{40000\,\text{km}.}{\pi}$

et son rayon à $\dfrac{20000 \text{ km.}}{\pi}$; par suite sa surface sera en kilomètres carrés

$$\frac{20000^2}{\pi^2} \times 4\,\pi = \frac{20000^2 \times 4}{\pi} = \frac{1600000000}{3,1416} = 509396000^{\text{kmq}\cdot}$$

environ.

419. **THÉORÈME.** *Le volume d'une sphère est égal à sa surface multipliée par le tiers du rayon.*

Soit R le rayon de la sphère, sa surface est égale à $4R^2 \times \pi$; donc son volume sera

$$4R^2 \times \pi \times \frac{R}{3} = \frac{4}{3} R^3 \times \pi \;;$$

EXEMPLES I. Calculer le volume d'une sphère qui a 1 décimètre de diamètre.

Le rayon est égal à $0^{\text{dm}\cdot},5$; alors le volume en décimètres cubes est

$$\frac{4}{3}\, 0,5^3 \times \pi = \frac{0,5 \times 3,1416}{3} = 0^{\text{dmc}\cdot},5236$$

ou environ 524 centimètres cubes.

II. Calculer en myriamètres cubes le volume de la terre.

La circonférence d'un grand cercle est égale à 4000^{M}; donc le diamètre est égal à $\dfrac{4000^{\text{M}}}{\pi}$, et le rayon à $\dfrac{2000^{\text{M}}}{\pi}$; le volume, en myriamètres cubes, sera donc

$$\frac{4}{3}\, \frac{2000^3}{\pi^3} \times \pi = \frac{4 \times 8000000000}{3 \times \pi^2} = 1080730000^{\text{M.c.}}$$

environ.

APPLICATIONS DIVERSES.

420. *Cuber* un corps, c'est en déterminer le volume en mètres cubes, décimètres cubes, etc. *Jauger* un vase, c'est en déterminer la capacité en litres, décalitres, hectolitres, décilitres et centilitres.

421. *Cubage d'un massif de maçonnerie.* Lorsqu'il s'agit d'un mur ordinaire ou d'un massif ayant la forme d'un parallélipède rectangle, il suffit de faire le produit des trois dimensions.

Si l'on veut cuber un mur en talus, on le considère comme un prisme dont la hauteur est égale à la longueur du mur, et dont la base est le trapèze qu'on obtiendrait en coupant le mur par un plan perpendiculaire à sa direction ; on déterminera donc d'abord l'aire de ce trapèze en mesurant l'épaisseur du mur à la base et à la crête, ce qui donne les deux bases du trapèze, et la hauteur du mur, qui est la hauteur du trapèze ; ces mesures prises, on sait que le volume du mur est égal au produit de la demi-somme des épaisseurs à la base et à la crête par sa hauteur et sa longueur.

On s'y prend de même pour cuber un fossé ; on mesure sa largeur au fond et à la surface, et sa profondeur, puis on multiplie la demi-somme des largeurs par la profondeur ; ce qui donne l'aire de la section du fossé ; et en multipliant cette aire par la longueur, on a le volume du fossé.

422. *Cubage d'un tas de sable ou de gravier.* Les tas de sable ou de gravier sont ordinairement des polyèdres compris

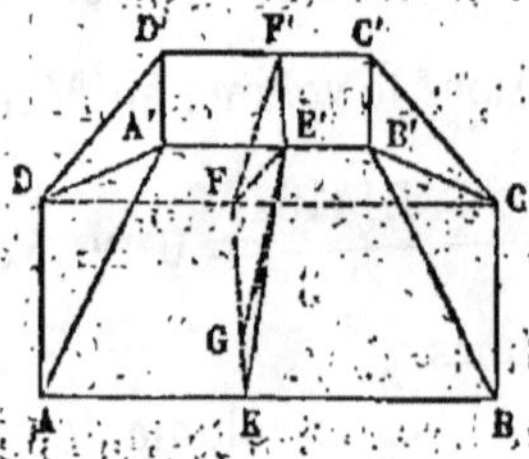

Fig. 45.

entre deux rectangles parallèles ABCD, A'B'C'D' et des faces latérales qui sont des trapèzes. Soit E'G la hauteur du tas de sable ; on démontre que le volume sera égal à

$$\frac{1}{6} AD \times E'G \times (2AB + A'B')$$

$$+ \frac{1}{6} A'D' \times E'G \times (AB + 2A'B').$$

La même formule servirait pour jauger une auge de maçon ou un tombereau.

EXEMPLE. Un tas de sable a 0^m,80 de hauteur ; les dimensions de sa base inférieure sont 3^m,20 et 1^m,80 ; celles de sa base supérieure sont 2^m et 0^m,95 ; quel est son volume ?

Ce volume sera

$$\frac{1}{6} \times 1,80 \times 0,80 \times (6,40 + 2)$$

$$+ \frac{1}{6} \times 0,95 \times 0,80 \times (3,20 + 4)$$

ou $\dfrac{12,096 + 5,472}{6} = \dfrac{17,568}{6} = 2^{mc},928.$

423. *Cubage d'un tronc d'arbre.* Lorsque le tronc d'arbre que

l'on veut cuber est bien rond et bien droit, on peut le considérer comme un tronc de cône et déterminer son volume par la formule ordinaire ; on mesure avec une ficelle les circonférences extrêmes et la longueur du tronc d'arbre ; on peut alors calculer les rayons R et r des deux bases et appliquer la formule. Lorsque les circonférences extrêmes sont peu différentes l'une de l'autre, on peut, sans erreur notable, regarder le tronc d'arbre comme un cylindre ayant pour diamètre le diamètre moyen de l'arbre, ce qui simplifie les calculs.

Exemple. La circonférence moyenne d'un sapin est égale à $1^m,17$; sa longueur est de $17^m,40$; trouver son volume.

Le diamètre moyen sera égal à $\dfrac{1^{m\cdot},17}{\pi}$, et le rayon moyen à $\dfrac{0^m,585}{\pi}$; donc, en regardant cet arbre comme un cylindre, on aura pour son volume

$$\frac{0,585^2}{\pi^2} \times \pi \times 17,40 = \frac{0,585^2 \times 17,40}{\pi} = \frac{5,954715}{3,1416} = 1^{mc},895,$$

ou simplement $1^{st\cdot},9$.

424. *Jaugeage d'un vase cylindrique, ou ayant la forme d'un tronc de cône.* Il suffit d'appliquer les théorèmes énoncés précédemment ; nous avons déjà donné des exemples.

425. *Jaugeage des tonneaux.* Les tonneaux n'ont pas une forme géométrique très-régulière, parce que les douves ont une courbure variable ; on ne peut donc pas avoir une formule rigoureuse pour l'évaluation de leur volume. On emploie un grand nombre de formules empiriques dont nous donnerons quelques-unes ; dans toutes, R désignera le plus grand rayon intérieur du tonneau ; c'est le rayon du *bouge* ; r représentera le rayon intérieur de chacun des fonds du tonneau ou rayon du *jable*, et H la longueur intérieure du tonneau. La formule la plus employée en France est celle de Dez :

$$V = \pi \times H \times \left[R - \frac{3}{8}(R - r) \right]^2.$$

En Angleterre on fait usage de la formule d'Oughtred :

$$V = \frac{1}{3}\pi \times H \times (2R^2 + r^2).$$

Enfin, on a proposé la formule suivante, qui est extrêmement simple, et qui donne ordinairement une approximation suffisante

$$V = 3,2 \times R \times r \times H.$$

Appliquons ces trois formules à un exemple ; supposons R $= 0^m,34$; $r = 0^m,30$; H $= 0^m,72$, et pour avoir la capacité en litres, rapportons toutes ces longueurs au décimètre. La formule de Dez donne :

$$V = 7,2 \times \pi \times [3,4 - 0,15]^2 = 238^{\text{lit.}},92$$

à un centilitre près par excès. La formule d'Oughtred donne

$$V = \frac{2 \times 7,2}{3} \times \pi\, (3,4^2 \times 2 + 3^2) = 242^{\text{lit.}},18$$

à moins d'un centilitre par excès. Enfin la dernière formule donne

$$V = 3,2 \times 3,4 \times 3 \times 7,2 = 235^{\text{lit.}},01$$

à un centilitre près. On voit par l'écart de ces résultats que chacune de ces formules ne peut être exacte que pour une forme spéciale de tonneaux.

RÉSUMÉ.

397. Choix de l'unité de volume. — 398. Unités de volume employées en France. — 399. Unités de capacité. — 400. Volume d'un parallèlipipède rectangle. — 401. Les trois dimensions doivent être exprimées au moyen de la même unité de longueur. — 402. Autre expression du volume du parallélipipède rectangle. — 403. Volume du cube. — 404. Volume d'un parallèlipipède quelconque. — 405. Volume d'un prisme. — 406. Volume d'une pyramide. — 407. Volume d'un tronc de pyramide. — 408. Les unités de longueur, d'aire et de volume doivent être des unités correspondantes. — 409. Applications des théorèmes précédents.

410. Définitions du cylindre, du cône, du tronc de cône. — 411. Surface latérale du cylindre. — 412. Volume du cylindre. — 413. Surface latérale du cône. — 414. Volume du cône. — 415. Surface latérale du tronc de cône. — 416. Volume du tronc de cône ; formule. — 417. Définition de la sphère ; rayons, diamètre ; grands cercles, petits cercles ; le globe terrestre. — 418. Surface de la sphère. — 419. Volume de la sphère.

420. Qu'entend-on par cuber un corps, jauger un vase ? — 421. Cubage d'un massif de maçonnerie ; cubage d'un fossé. — 422. Cubage d'un tas de sable ou de gravier. — 423. Cubage d'un tronc d'arbre. — 424. Jaugeage d'un seau cylindrique ou conique. — 425. Jaugeage des tonneaux.

EXERCICES.

1. On vend la quantité de blé contenue dans une chambre de $4^m,10$ de long sur $3^m,45$ de large, sur une épaisseur de $0^m,80$, à raison de $18^f,50$ l'hectolitre. Combien doit-on recevoir ?

2. On exige qu'un dortoir ait une capacité de 15 mètres cubes d'air par élève ; combien pourra-t-on mettre d'élèves dans un dortoir de $24^m,30$ de longueur, $7^m,50$ de largeur et $3^m,90$ de hauteur ?

3. Calculer le volume et le poids d'une poutre de chêne de $5^m.80$ de longueur et de $0,^m65$ sur $0^m,57$ d'équarrissage ; la densité du chêne est 0,93.

4. Une barre de fer de 6 centimètres de largeur sur 2 centimètres d'épaisseur pèse 33^{kg},54 ; la densité du fer étant 7,8, calculer sa longueur.

5. On a réduit en feuilles d'un millimètre d'épaisseur une masse de plomb pesant 735 kilogrammes ; la densité du plomb étant 11,35, trouver la surface totale de ces feuilles.

6. Les plaques de tôle employées pour la fermeture d'un magasin ont 5 millimètres d'épaisseur. Combien pèse le mètre carré de cette tôle, la densité étant 7,8?

7. Un mur en briques a un volume de 18 mètres cubes ; et les briques dont il est formé ont 22 centimètres de longueur, 11 centimètres de largeur et 55 millimètres d'épaisseur. Supposant que le volume du mortier soit le 30e de celui des briques, on demande combien on a employé de briques.

8. Au moyen d'une machine, on fabrique 1500 briques par heure. Quel est le poids de briques que l'on peut obtenir par jour avec cette machine, sachant que les dimensions de ces briques sont 0^m,26, 0^m,14, et 0^m,06 et que le mètre cube de briques pèse 2170 kilogrammes?

9. La surface totale extérieure d'un cube est égale à 96 décimètres carrés ; trouver son volume.

10. Un cube en bois creux a 3 centimètres d'épaisseur sur toutes les surfaces ; l'aire de l'une des faces extérieures est égal à 31$^{dm.q}$,25 ; quel est son volume intérieur?

11. Un cube creux en tôle a une capacité de 2^l,75 ; l'épaisseur de la tôle est de 0^{mm},8; calculer son poids, sachant que la densité de la tôle est de 7,8.

12. Un mur de soutènement a 12^m,50 de hauteur, y compris les fondations; l'épaisseur du mur est à la base de 1^m,75, et à la crête de 0^m,90; la longueur de ce mur étant de 24^m,60, on demande son volume.

13. Un cube en bois de chêne plein a 1 décimètre de côté ; on veut y creuser une cavité de forme cubique et telle que ce cube, placé dans l'eau, s'enfonce à 5 centimètres seulement. La densité du chêne étant 0,8, on demande quel sera le côté de cette cavité.

14. La glace a une densité de 0,918 ; un parallélipipède rectangle de glace, plongé dans l'eau de mer dont la densité est de 1,026, émerge à une hauteur de 0^m,50 ; quelle est la hauteur totale de ce parallélipipède?

15. Calculer l'épaisseur d'une pièce de 5 francs en argent, la densité de l'argent étant 10,47.

16. Un mur en pierres de taille a 8^m de longueur, 12^m,50, de hauteur et 0^m,50 d'épaisseur; la densité de la pierre de taille dont il est formé est 1,9. Ce mur est porté par trois colonnes de fonte; sachant que chaque millimètre carré de la section de ces colonnes ne doit pas supporter une charge supérieure à 12 kilogrammes, on demande quelle devra être la section de chacune de ces colonnes, et quel devra être leur diamètre, si elles sont cylindriques.

17. Un fil cylindrique de platine a 560 mètres de longueur et pèse 387 grammes ; la densité du platine étant égal à 23, on demande le diamètre de ce fil.

18. Trouver le volume de la maçonnerie qui est entré dans la construction d'un puits cylindrique de 4^m,75 de profondeur, et 1^m,24 de diamètre intérieur, sachant de plus que l'épaisseur uniforme de cette maçonnerie est de 0^m,35.

19. Un tuyau de conduite cylindrique en fonte a 2^m,25 de longueur; son diamètre intérieur est de 0^m,1, et son épaisseur est de 18 millimètres; la densité de la fonte étant de 7,2, trouver le poids de ce tuyau.

20. Un cylindre formé de deux cylindres de même diamètre, l'un de fer, l'autre de platine, doit avoir une densité moyenne de 13,596, la densité du fer étant 7,8 et celle du platine 23. Quel sera le rapport des longueurs des deux cylindres de fer et de platine?

21. Un réservoir en tôle se compose d'un cylindre auquel est ajouté un cône de même diamètre, et dont la hauteur est égale au diamètre. Ce diamètre étant égal à 2^m,60, on demande quelle devra être la hauteur du cylindre pour que le réservoir ait une capacité de 340 hectolitres.

22. Quel est le volume d'un cône dont la base a 43 centimètres de diamètre, et dont la hauteur est de 1^m,26 ?

23. Une boule de métal ayant un décimètre de rayon a été recouverte d'une feuille d'or de 0^{mm},1 d'épaisseur; la densité de l'or est 19,36; quel est le poids de cet or ?

24. 100 grains sphériques de plomb pèsent 0^{gr},526; la densité du plomb étant 11,35, on demande le diamètre d'un de ces grains.

25. Un ballon sphérique a un volume de 523^{mc}; quel est son diamètre? Quelle est la surface du taffetas qui a été nécessaire pour le construire ?

26. Trouver le volume d'une chaudière formée d'un cylindre terminé par deux demi-sphères de même rayon que le cylindre. Le rayon du cylindre est égal à 0^m,72, et la longueur totale de la chaudière à 4^m,15.

27. Un tonneau a 0^m,56 de diamètre au bouge, 0^m,44 au jable et 0^m,66 de longueur; quelle est sa contenance ?

28. Le volume d'un cube est égal à 9^{cc},4 ; quel est, à un millimètre près, le côté de ce cube ?

29. Les trois dimensions d'un parallélipipède rectangle sont proportionnelles aux nombres 3, 4 et 5, et son volume est de 52^{dmc},68 ; trouver les longueurs de ses trois arêtes, à un centimètre près.

30. Une sphère d'or pèse 1 kilogramme ; la densité de l'or étant égale à 19,26, on demande de trouver à un millimètre près le rayon de cette sphère.

31. Le litre a la forme d'un cylindre dont la hauteur est double du diamètre ; trouver à un millimètre près le diamètre et la hauteur de ce cylindre.

32. Même question pour le litre en bois, dont la hauteur est égale au diamètre.

1455. — Abbeville. Imp. Briez, C. Paillart et Retaux.

FACULTÉ DE MÉDECINE DE PARIS

THÈSE